Leitfaden zum Berechnen und Entwerfen
von
Lüftungs- und Heizungs-Anlagen

Ein Hand- und Lehrbuch
für Ingenieure und Architekten

Von

Dr. Ing. H. Rietschel
Geheimer Regierungsrat und Professor

unter Mitwirkung von

Dr. techn. K. Brabbée
Professor an der Kgl. Technischen Hochschule zu Berlin

Fünfte, neubearbeitete Auflage

Zweiter Teil

Mit 31 Tabellen, 33 Tafeln und 4 Hilfsblättern

Springer-Verlag Berlin Heidelberg GmbH 1913

ISBN 978-3-662-00256-8   ISBN 978-3-662-00276-6 (eBook)
DOI 10.1007/978-3-662-00276-6

Inhaltsverzeichnis.

Zweiter Teil.

I. Tabellen.

II. Tafeln.

III. Hilfsblätter zur Annahme und Berechnung der Rohrleitungen von Warmwasserheizungen.

Gewicht, Volumen, Dichtigkeit und Wassergehalt der Luft sowie Spannung des Wasserdampfes für verschiedene Temperaturen.

Temperatur	1 cbm trockene Luft			Spannung des Wasserdampfes in mm Quecksilber	Gehalt an Wasserdampf bei Normalbarometerstand und gesättigtem Zustande in	
	wiegt bei Normalbarometerstand kg	von 0^0 gibt cbm von t^0 $(1 + a t)$	von t^0 gibt cbm von 0^0 $\left(\dfrac{1}{1 + a t}\right)$		1 cbm Luft kg	1 kg Luft kg
— 20	1,396	0,927	1,079	0,927	0,0011	0,0008
19	1,390	0,930	1,075	1,015	0,0012	0,0008
18	1,385	0,934	1,071	1,116	0,0013	0,0009
17	1,379	0,938	1,066	1,207	0,0014	0,0010
16	1,374	0,941	1,062	1,308	0,0015	0,0011
15	1,368	0,945	1,058	1,400	0,0016	0,0011
14	1,363	0,949	1,054	1,549	0,0017	0,0013
13	1,358	0,952	1,050	1,680	0,0019	0,0014
12	1,353	0,956	1,046	1,831	0,0020	0,0015
11	1,348	0,959	1,042	1,982	0,0022	0,0016
10	1,342	0,963	1,038	2,093	0,0023	0,0017
9	1,337	0,967	1,034	2,267	0,0025	0,0019
8	1,332	0,971	1,030	2,455	0,0027	0,0020
7	1,327	0,974	1,026	2,658	0,0029	0,0022
6	1,322	0,978	1,023	2,876	0,0031	0,0024
5	1,317	0,982	1,019	3,113	0,0034	0,0026
4	1,312	0,985	1,015	3,368	0,0036	0,0028
3	1,308	0,989	1,011	3,644	0,0039	0,0030
2	1,303	0,993	1,007	3,941	0,0042	0,0032
— 1	1,298	0,996	1,004	4,263	0,0045	0,0035
0	1,293	1,000	1,000	4,600	0,0049	0,0038
+ 1	1,288	1,004	0,996	4,940	0,0052	0,0041
2	1,284	1,007	0,993	5,302	0,0056	0,0043
3	1,279	1,011	0,989	5,687	0,0060	0,0047
4	1,275	1,015	0,986	6,097	0,0064	0,0050
5	1,270	1,018	0,982	6,534	0,0068	0,0054
6	1,265	1,022	0,979	6,998	0,0073	0,0057
7	1,261	1,026	0,975	7,492	0,0077	0,0061
8	1,256	1,029	0,972	8,017	0,0083	0,0066
9	1,252	1,033	0,968	8,574	0,0088	0,0070
10	1,248	1,037	0,965	9,165	0,0094	0,0075

Temperatur	1 cbm trockene Luft			Spannung des Wasserdampfes in mm Quecksilber	Gehalt an Wasserdampf bei Normalbarometerstand und gesättigtem Zustande in	
	wiegt bei Normalbarometerstand kg	von 0° gibt cbm von t^0 $(1 + at)$	von t^0 gibt cbm von 0° $\left(\dfrac{1}{1+at}\right)$		1 cbm Luft kg	1 kg Luft kg
11	1,243	1,040	0,961	9,762	0,0099	0,0080
12	1,239	1,044	0,958	10,457	0,0106	0,0086
13	1,235	1,048	0,955	11,162	0,0113	0,0092
14	1,230	1,051	0,951	11,908	0,0120	0,0098
15	1,226	1,055	0,984	12,699	0,0128	0,0105
16	1,222	1,059	0,945	13,536	0,0136	0,0112
17	1,217	1,062	0,941	14,421	0,0144	0,0119
18	1,213	1,066	0,938	15,357	0,0153	0,0127
19	1,209	1,070	0,935	16,346	0,0162	0,0135
20	1,205	1,073	0,932	17,391	0,0172	0,0144
21	1,201	1,077	0,929	18,495	0,0182	0,0153
22	1,197	1,081	0,925	19,659	0,0193	0,0163
23	1,193	1,084	0,922	20,888	0,0204	0,0173
24	1,189	1,088	0,919	22,184	0,0216	0,0184
25	1,185	1,092	0,916	23,550	0,0229	0,0195
26	1,181	1,095	0,913	24,988	0,0242	0,0207
27	1,177	1,099	0,910	26,505	0,0256	0,0220
28	1,173	1,103	0,907	28,101	0,0270	0,0234
29	1,169	1,106	0,904	29,782	0,0285	0,0248
30	1,165	1,110	0,901	31,548	0,0301	0,0263
31	1,161	1,114	0,898	33,406	0,0318	0,0278
32	1,157	1,117	0,895	35,359	0,0335	0,0295
33	1,154	1,121	0,892	37,411	0,0354	0,0312
34	1,150	1,125	0,889	39,565	0,0373	0,0331
35	1,146	1,128	0,886	41,827	0,0393	0,0350
36	1,142	1,132	0,884	44,201	0,0414	0,0370
37	1,139	1,136	0,881	46,691	0,0436	0,0392
38	1,135	1,139	0,878	49,302	0,0459	0,0414
39	1,132	1,143	0,875	52,039	0,0483	0,0438
40	1,128	1,147	0,872	54,906	0,0508	0,0463
41	1,124	1,150	0,869	57,910	0,0534	0,0489
42	1,121	1,154	0,867	61,055	0,0561	0,0516
43	1,117	1,158	0,864	64,346	0,0589	0,0545
44	1,114	1,161	0,861	67,790	0,0619	0,0575
45	1,110	1,165	0,858	71,391	0,0650	0,0607
46	1,107	1,169	0,856	75,158	0,0682	0,0640
47	1,103	1,172	0,853	79,093	0,0715	0,0675
48	1,100	1,176	0,850	83,204	0,0750	0,0711
49	1,096	1,180	0,848	87,499	0,0786	0,0750
50	1,093	1,183	0,845	91,982	0,0823	0,0790
51	1,090	1,187	0,843	96,661	0,0863	0,0832
52	1,086	1,191	0,840	101,543	0,0904	0,0877
53	1,083	1,194	0,837	106,636	0,0946	0,0923
54	1,080	1,198	0,835	111,945	0,0991	0,0972
55	1,076	1,202	0,832	117,478	0,1036	0,1023

Spannung des Wasserdampfes für verschiedene Temperaturen.

Tabelle 1 (Forts.)

Temperatur	1 cbm trockene Luft			Spannung des Wasserdampfes in mm Quecksilber	Gehalt an Wasserdampf bei Normalbarometerstand und gesättigtem Zustande in	
	wiegt bei Normalbarometerstand kg	von 0° gibt cbm von t^0 $(1 + a\,t)$	von t^0 gibt cbm von 0° $\left(\dfrac{1}{1+a\,t}\right)$		1 cbm Luft kg	1 kg Luft kg
56	1,073	1,205	0,830	123,244	0,1084	0,1076
57	1,070	1,209	0,827	129,251	0,1133	0,1132
58	1,067	1,213	0,825	135,505	0,1185	0,1191
59	1,063	1,216	0,822	142,015	0,1238	0,1252
60	1,060	1,220	0,820	148,791	0,1293	0,1317
61	1,057	1,224	0,817	155,839	0,1350	0,1384
62	1,054	1,227	0,815	163,170	0,1409	0,1455
63	1,051	1,231	0,812	170,791	0,1471	0,1530
64	1,048	1,235	0,810	178,714	0,1534	0,1607
65	1,044	1,238	0,808	186,945	0,1600	0,1689
66	1,041	1,242	0,805	195,496	0,1669	0,1775
67	1,038	1,246	0,803	204,376	0,1739	0,1864
68	1,035	1,249	0,801	213,596	0,1812	0,1958
69	1,032	1,253	0,798	223,165	0,1888	0,2057
70	1,029	1,257	0,796	233,093	0,1966	0,2161
71	1,026	1,260	0,794	243,393	0,2047	0,2269
72	1,023	1,264	0,791	254,073	0,2132	0,2383
73	1,020	1,268	0,789	265,147	0,2217	0,2503
74	1,017	1,271	0,787	276,624	0,2307	0,2628
75	1,014	1,275	0,784	288,517	0,2399	0,2760
76	1,011	1,279	0,782	300,838	0,2494	0,2899
77	1,009	1,282	0,780	313,600	0,2593	0,3044
78	1,006	1,286	0,778	326,811	0,2694	0,3197
79	1,003	1,290	0,776	340,488	0,2799	0,3358
80	1,000	1,293	0,773	354,643	0,2907	0,3528
81	0,997	1,297	0,771	369,287	0,3018	0,3706
82	0,994	1,301	0,769	384,435	0,3133	0,3894
83	0,992	1,304	0,767	400,101	0,3252	0,4092
84	0,989	1,308	0,765	416,298	0,3374	0,4301
85	0,986	1,312	0,763	433,041	0,3500	0,4521
86	0,983	1,315	0,760	450,301	0,3629	0,4753
87	0,981	1,319	0,758	468,175	0,7763	0,4999
88	0,978	1,323	0,756	486,638	0,3900	0,5259
89	0,975	1,326	0,754	505,705	0,4042	0,5534
90	0,973	1,330	0,752	525,392	0,4188	0,5825
91	0,970	1,334	0,750	545,715	0,4338	0,6134
92	0,967	1,337	0,748	566,690	0,4492	0,6462
93	0,965	1,341	0,746	588,333	0,4651	0,6810
94	0,962	1,345	0,744	610,661	0,4815	0,7181
95	0,959	1,348	0,742	633,692	0,4983	0,7576
96	0,957	1,352	0,740	657,443	0,5155	0,7998
97	0,954	1,356	0,738	681,931	0,5332	0,8448
98	0,951	1,359	0,736	707,174	0,5515	0,8929
99	0,949	1,363	0,734	733,191	0,5703	0,9446
100	0,947	1,367	0,732	760,000	0,5895	1,0000

1*

Temperatur	1 cbm trockene Luft			Temperatur	1 cbm trockene Luft		
	wiegt bei Normal-barometer-stand kg	von 0° gibt cbm von t^0 $(1 + a\,t)$	von t^0 gibt cbm von 0° $\left(\dfrac{1}{1 + a\,t}\right)$		wiegt bei Normal-barometer-stand kg	von 0° gibt cbm von t^0 $(1 + a\,t)$	von t^0 gibt cbm von 0° $\left(\dfrac{1}{1 + a\,t}\right)$
101	0,944	1,370	0,730	146	0,842	1,535	0,651
102	0,941	1,374	0,728	147	0,840	1,539	0,650
103	0,939	1,378	0,726	148	0,838	1,542	0,648
104	0,936	1,381	0,724	149	0,836	1,546	0,647
105	0,934	1,385	0,722	150	0,835	1,550	0,645
106	0,931	1,389	0,720	151	0,832	1,553	0,644
107	0,929	1,392	0,718	152	0,831	1,557	0,642
108	0,927	1,396	0,716	153	0,829	1,561	0,641
109	0,924	1,400	0,715	154	0,827	1,564	0,639
110	0,922	1,403	0,713	155	0,825	1,568	0,638
111	0,919	1,407	0,711	156	0,823	1,572	0,636
112	0,917	1,411	0,709	157	0,821	1,575	0,635
113	0,914	1,414	0,707	158	0,819	1,579	0,633
114	0,912	1,418	0,705	159	0,817	1,583	0,632
115	0,910	1,422	0,704	160	0,815	1,586	0,630
116	0,908	1,425	0,702	161	0,813	1,590	0,629
117	0,905	1,429	0,700	162	0,812	1,594	0,628
118	0,903	1,433	0,698	163	0,810	1,597	0,626
119	0,901	1,436	0,696	164	0,808	1,601	0,625
120	0,898	1,440	0,695	165	0,806	1,605	0,623
121	0,896	1,444	0,693	166	0,804	1,608	0,622
122	0,894	1,447	0,691	167	0,802	1,612	0,620
123	0,891	1,451	0,689	168	0,800	1,616	0,619
124	0,889	1,455	0,688	169	0,799	1,619	0,618
125	0,887	1,458	0,686	170	0,797	1,623	0,616
126	0,885	1,462	0,684	171	0,795	1,627	0,615
127	0,883	1,466	0,682	172	0,793	1,630	0,613
128	0,880	1,469	0,681	173	0,791	1,634	0,612
129	0,878	1,473	0,679	174	0,790	1,638	0,611
130	0,876	1,477	0,677	175	0,788	1,641	0,609
131	0,874	1,480	0,676	176	0,786	1,645	0,608
132	0,872	1,484	0,674	177	0,784	1,649	0,607
133	0,869	1,487	0,672	178	0,783	1,652	0,605
134	0,867	1,491	0,671	179	0,781	1,656	0,604
135	0,865	1,495	0,669	180	0,779	1,660	0,603
136	0,863	1,498	0,667	181	0,778	1,663	0,601
137	0,861	1,502	0,666	182	0,776	1,667	0,600
138	0,859	1,506	0,664	183	0,774	1,671	0,599
139	0,857	1,509	0,663	184	0,772	1,674	0,597
140	0,855	1,513	0,661	185	0,771	1,678	0,596
141	0,853	1,517	0,659	186	0,769	1,682	0,595
142	0,851	1,520	0,658	187	0,767	1,685	0,593
143	0,849	1,524	0,656	188	0,766	1,689	0,592
144	0,847	1,528	0,655	189	0,764	1,693	0,591
145	0,845	1,531	0,653	190	0,762	1,696	0,590

Tabelle 1 (Forts.)

Temperatur	1 cbm trockene Luft			Temperatur	1 cbm trockene Luft		
	wiegt bei Normal-barometer-stand kg	von 0^0 gibt cbm von t^0 $(1 + a\,t)$	von t^0 gibt cbm von 0^0 $\left(\dfrac{1}{1 + a\,t}\right)$		wiegt bei Normal-barometer-stand kg	von 0^0 gibt cbm von t^0 $(1 + a\,t)$	von t^0 gibt cbm von 0^0 $\left(\dfrac{1}{1 + a\,t}\right)$
191	0,761	1,700	0,588	255	0,668	1,935	0,517
192	0,759	1,704	0,587	260	0,662	1,953	0,512
193	0,757	1,707	0,586	265	0,656	1,971	0,507
194	0,756	1,711	0,585	270	0,650	1,990	0,503
195	0,754	1,715	0,583	275	0,644	2,008	0,498
196	0,753	1,718	0,582	280	0,638	2,026	0,494
197	0,751	1,722	0,581	285	0,633	2,045	0,489
198	0,749	1,726	0,580	290	0,627	2,063	0,485
199	0,748	1,729	0,578	295	0,621	2,081	0,481
200	0,746	1,733	0,577	300	0,616	2,100	0,476
205	0,738	1,751	0,571	310	0,605	2,136	0,468
210	0,731	1,770	0,565	320	0,595	2,173	0,460
215	0,723	1,788	0,559	330	0,585	2,210	0,453
220	0,716	1,806	0,554	340	0,576	2,246	0,445
225	0,709	1,825	0,548	350	0,567	2,283	0,438
230	0,702	1,843	0,543	360	0,558	2,319	0,431
235	0,695	1,861	0,537	370	0,549	2,356	0,424
240	0,688	1,880	0,532	380	0,540	2,393	0,418
245	0,681	1,898	0,527	390	0,532	2,429	0,412
250	0,675	1,916	0,522	400	0,524	2,466	0,406

Werte von $\dfrac{1 + \alpha t_1}{1 + \alpha t} = \dfrac{273 + t_1}{273 + t}$

t_1	$t=-25$	-24	-23	-22	-21	-20	-19	-18	-17	-16	$t=-15$	t_1
−25	1,000	0,996	0,992	0,988	0,984	0,980	0,976	0,973	0,969	0,965	0,961	−25
−24	1,004	1,000	0,996	0,982	0,988	0,984	0,980	0,976	0,973	0,969	0,965	−24
−23	1,008	1,004	1,000	0,996	0,992	0,988	0,984	0,980	0,977	0,973	0,969	−23
−22	1,012	1,008	1,004	1,000	0,996	0,992	0,988	0,984	0,980	0,977	0,973	−22
−21	1,016	1,012	1,008	1,004	1,000	0,996	0,992	0,988	0,984	0,980	0,977	−21
−20	1,020	1,016	1,012	1,008	1,004	1,000	0,996	0,992	0,988	0,984	0,981	−20
−19	1,024	1,020	1,016	1,012	1,008	1,004	1,000	0,996	0,992	0,988	0,984	−19
−18	1,028	1,024	1,020	1,016	1,012	1,008	1,004	1,000	0,996	0,992	0,988	−18
−17	1,032	1,028	1,024	1,020	1,016	1,012	1,008	1,004	1,000	0,996	0,992	−17
−16	1,036	1,032	1,028	1,024	1,020	1,016	1,012	1,008	1,004	1,000	0,996	−16
−15	1,040	1,036	1,032	1,028	1,024	1,020	1,016	1,012	1,008	1,004	1,000	−15
−14	1,044	1,040	1,036	1,032	1,028	1,024	1,020	1,016	1,012	1,008	1,004	−14
−13	1,048	1,044	1,040	1,036	1,032	1,028	1,024	1,020	1,016	1,012	1,008	−13
−12	1,052	1,048	1,044	1,040	1,036	1,032	1,028	1,024	1,020	1,016	1,012	−12
−11	1,056	1,052	1,048	1,044	1,040	1,036	1,032	1,027	1,023	1,019	1,016	−11
−10	1,061	1,056	1,052	1,048	1,044	1,040	1,035	1,031	1,027	1,023	1,019	−10
− 9	1,065	1,060	1,056	1,052	1,048	1,044	1,039	1,035	1,031	1,027	1,023	− 9
− 8	1,069	1,064	1,060	1,056	1,052	1,047	1,043	1,039	1,035	1,031	1,027	− 8
− 7	1,073	1,068	1,064	1,060	1,056	1,051	1,047	1,043	1,039	1,035	1,031	− 7
− 6	1,077	1,072	1,068	1,064	1,060	1,055	1,051	1,047	1,043	1,039	1,035	− 6
− 5	1,081	1,076	1,072	1,068	1,064	1,059	1,055	1,051	1,047	1,043	1,039	− 5
− 4	1,085	1,080	1,076	1,072	1,067	1,063	1,059	1,055	1,051	1,047	1,043	− 4
− 3	1,089	1,084	1,080	1,076	1,071	1,067	1,063	1,059	1,055	1,051	1,047	− 3
− 2	1,093	1,088	1,084	1,080	1,075	1,071	1,067	1,063	1,059	1,055	1,050	− 2
− 1	1,097	1,092	1,088	1,084	1,079	1,075	1,071	1,067	1,063	1,058	1,054	− 1
0	1,101	1,096	1,092	1,088	1,083	1,079	1,075	1,071	1,066	1,062	1,058	0
+ 1	1,105	1,100	1,096	1,092	1,087	1,083	1,079	1,075	1,070	1,066	1,062	+ 1
+ 2	1,109	1,104	1,100	1,096	1,091	1,087	1,083	1,078	1,074	1,070	1,066	+ 2
+ 3	1,113	1,108	1,104	1,100	1,095	1,091	1,087	1,082	1,078	1,074	1,070	+ 3
+ 4	1,117	1,112	1,108	1,104	1,099	1,095	1,091	1,086	1,082	1,078	1,074	+ 4
+ 5	1,121	1,116	1,112	1,108	1,103	1,099	1,095	1,090	1,086	1,082	1,078	+ 5
+ 6	1,125	1,121	1,116	1,112	1,107	1,103	1,098	1,094	1,090	1,086	1,081	+ 6
+ 7	1,129	1,125	1,120	1,116	1,111	1,107	1,102	1,098	1,094	1,090	1,085	+ 7
+ 8	1,133	1,129	1,124	1,120	1,115	1,111	1,106	1,102	1,098	1,093	1,089	+ 8
+ 9	1,137	1,133	1,128	1,124	1,119	1,115	1,110	1,106	1,102	1,097	1,093	+ 9
+10	1,141	1,137	1,132	1,128	1,123	1,119	1,114	1,110	1,106	1,101	1,097	+10
+11	1,145	1,141	1,136	1,132	1,127	1,123	1,118	1,114	1,109	1,105	1,101	+11
+12	1,149	1,145	1,140	1,136	1,131	1,127	1,122	1,118	1,113	1,109	1,105	+12
+13	1,153	1,149	1,144	1,140	1,135	1,131	1,126	1,122	1,117	1,113	1,109	+13
+14	1,157	1,153	1,148	1,143	1,139	1,134	1,130	1,126	1,121	1,117	1,112	+14
+15	1,161	1,157	1,152	1,147	1,143	1,138	1,134	1,129	1,125	1,121	1,116	+15
+16	1,165	1,161	1,156	1,151	1,147	1,142	1,138	1,133	1,129	1,125	1,120	+16
+17	1,169	1,165	1,160	1,155	1,151	1,146	1,142	1,137	1,133	1,128	1,124	+17
+18	1,173	1,169	1,164	1,159	1,155	1,150	1,146	1,141	1,137	1,132	1,128	+18
+19	1,177	1,173	1,168	1,163	1,159	1,154	1,150	1,145	1,140	1,136	1,132	+19
+20	1,182	1,177	1,172	1,167	1,163	1,158	1,154	1,149	1,145	1,140	1,136	+20
+21	1,186	1,181	1,176	1,171	1,167	1,162	1,158	1,153	1,149	1,144	1,140	+21
+22	1,190	1,185	1,180	1,175	1,171	1,166	1,161	1,157	1,152	1,148	1,143	+22
+23	1,194	1,189	1,184	1,179	1,175	1,170	1,165	1,161	1,156	1,152	1,147	+23
+24	1,198	1,193	1,188	1,183	1,179	1,174	1,169	1,165	1,160	1,156	1,151	+24
+25	1,202	1,197	1,192	1,187	1,183	1,178	1,173	1,169	1,164	1,160	1,155	+25
+26	1,206	1,201	1,196	1,191	1,187	1,182	1,177	1,173	1,168	1,164	1,158	+26
+27	1,210	1,205	1,200	1,195	1,191	1,186	1,181	1,177	1,172	1,167	1,163	+27
+28	1,214	1,209	1,204	1,199	1,195	1,190	1,185	1,181	1,176	1,171	1,167	+28
+29	1,218	1,213	1,208	1,203	1,199	1,194	1,189	1,184	1,180	1,175	1,171	+29
+30	1,222	1,217	1,212	1,207	1,202	1,198	1,193	1,188	1,184	1,179	1,175	+30
+31	1,226	1,221	1,216	1,211	1,206	1,202	1,197	1,192	1,188	1,183	1,178	+31
+32	1,230	1,225	1,220	1,215	1,210	1,206	1,201	1,196	1,191	1,187	1,182	+32
+33	1,234	1,229	1,224	1,219	1,214	1,210	1,205	1,200	1,195	1,191	1,186	+33
+34	1,238	1,233	1,228	1,223	1,218	1,214	1,209	1,204	1,199	1,195	1,190	+34
+35	1,242	1,237	1,232	1,227	1,222	1,218	1,213	1,208	1,203	1,199	1,194	+35
+36	1,246	1,241	1,236	1,231	1,226	1,221	1,217	1,212	1,207	1,202	1,198	+36
+37	1,250	1,245	1,240	1,235	1,230	1,225	1,221	1,216	1,211	1,206	1,202	+37
+38	1,254	1,249	1,244	1,239	1,234	1,229	1,225	1,220	1,215	1,210	1,206	+38
+39	1,258	1,253	1,248	1,243	1,238	1,233	1,228	1,224	1,219	1,214	1,209	+39
+40	1,262	1,257	1,252	1,247	1,242	1,237	1,232	1,228	1,223	1,218	1,213	+40

Tabelle 2.

Werte von $\dfrac{1+\alpha t_1}{1+\alpha t}=\dfrac{273+t_1}{273+t}$

t_1	$t=-14$	-13	-12	-11	-10	-9	-8	-7	-6	-5	$t=-4$	t_1
−25	0,958	0,954	0,950	0,947	0,943	0,939	0,936	0,932	0,929	0,925	0,922	−25
−24	0,961	0,958	0,954	0,950	0,947	0,943	0,940	0,936	0,933	0,929	0,926	−24
−23	0,965	0,962	0,958	0,954	0,951	0,947	0,943	0,940	0,936	0,933	0,929	−23
−22	0,969	0,965	0,962	0,958	0,954	0,951	0,947	0,943	0,940	0,937	0,933	−22
−21	0,973	0,969	0,965	0,962	0,958	0,955	0,951	0,947	0,944	0,940	0,937	−21
−20	0,977	0,973	0,969	0,966	0,962	0,958	0,955	0,951	0,048	0,944	0,940	−20
−19	0,981	0,977	0,973	0,069	0,966	0,962	0,958	0,955	0,951	0,948	0,944	−19
−18	0,985	0,981	0,977	0,973	0,970	0,966	0,962	0,959	0,955	0,951	0,948	−18
−17	0,988	0,985	0,981	0,977	0,973	0,970	0,966	0,962	0,959	0,955	0,952	−17
−16	0,992	0,988	0,985	0,981	0,977	0,973	0,970	0,966	0,963	0,059	0,955	−16
−15	0,996	0,992	0,988	0,985	0,981	0,977	0,974	0,970	0,966	0,963	0,959	−15
−14	1,000	0,996	0,992	0,989	0,985	0,981	0,977	0,974	0,970	0,966	0,963	−14
−13	1,004	1,000	0,996	0,992	0,989	0,985	0,981	0,977	0,974	0,970	0,967	−13
−12	1,008	1,004	1,000	0,996	0,992	0,989	0,985	0,981	0,978	0,974	0,970	−12
−11	1,012	1,008	1,004	1,000	0,996	0,992	0,989	0,985	0,982	0,978	0,974	−11
−10	1,015	1,012	1,008	1,004	1,000	0,996	0,992	0,989	0,985	0,981	0,978	−10
−9	1,019	1,015	1,012	1,008	1,004	1,000	0,996	0,992	0,989	0,985	0,981	−9
−8	1,023	1,019	1,015	1,011	1,008	1,004	1,000	0,996	0,993	0,989	0,985	−8
−7	1,027	1,023	1,019	1,015	1,011	1,008	1,004	1,000	0,996	0,993	0,989	−7
−6	1,031	1,027	1,023	1,019	1,015	1,011	1,008	1,004	1,000	0,996	0,993	−6
−5	1,035	1,031	1,027	1,023	1,019	1,015	1,011	1,008	1,004	1,000	0,996	−5
−4	1,039	1,035	1,031	1,027	1,023	1,019	1,015	1,011	1,007	1,004	1,000	−4
−3	1,042	1,038	1,035	1,031	1,027	1,023	1,019	1,015	1,011	1,008	1,004	−3
−2	1,046	1,042	1,038	1,034	1,030	1,027	1,023	1,019	1,015	1,011	1,007	−2
−1	1,050	1,046	1,042	1,038	1,034	1,030	1,026	1,023	1,019	1,015	1,011	−1
0	1,054	1,050	1,046	1,042	1,038	1,034	1,030	1,026	1,022	1,019	1,015	0
+1	1,058	1,054	1,050	1,046	1,042	1,038	1,034	1,030	1,026	1,022	1,019	+1
+2	1,062	1,058	1,054	1,050	1,046	1,042	1,038	1,034	1,030	1,026	1,022	+2
+3	1,066	1,062	1,058	1,053	1,049	1,045	1,042	1,038	1,034	1,030	1,026	+3
+4	1,070	1,065	1,061	1,057	1,053	1,049	1,045	1,041	1,037	1,034	1,030	+4
+5	1,073	1,069	1,065	1,061	1,057	1,053	1,049	1,045	1,041	1,037	1,033	+5
+6	1,077	1,073	1,069	1,065	1,061	1,057	1,053	1,049	1,045	1,041	1,037	+6
+7	1,081	1,077	1,073	1,069	1,065	1,061	1,057	1,053	1,049	1,045	1,041	+7
+8	1,085	1,081	1,077	1,073	1,068	1,064	1,060	1,056	1,052	1,049	1,045	+8
+9	1,089	1,085	1,081	1,076	1,072	1,068	1,064	1,060	1,056	1,052	1,048	+9
+10	1,093	1,089	1,084	1,080	1,076	1,072	1,068	1,064	1,060	1,056	1,052	+10
+11	1,097	1,092	1,088	1,084	1,080	1,076	1,072	1,068	1,064	1,060	1,056	+11
+12	1,101	1,096	1,092	1,088	1,084	1,080	1,076	1,071	1,067	1,063	1,060	+12
+13	1,104	1,100	1,096	1,092	1,087	1,083	1,079	1,075	1,071	1,067	1,063	+13
+14	1,108	1,104	1,100	1,095	1,091	1,087	1,083	1,079	1,075	1,071	1,067	+14
+15	1,112	1,108	1,104	1,099	1,095	1,091	1,087	1,083	1,079	1,075	1,071	+15
+16	1,116	1,112	1,107	1,103	1,099	1,095	1,091	1,087	1,082	1,078	1,074	+16
+17	1,120	1,115	1,111	1,107	1,103	1,099	1,094	1,090	1,086	1,082	1,078	+17
+18	1,124	1,119	1,115	1,111	1,107	1,102	1,098	1,094	1,090	1,086	1,082	+18
+19	1,127	1,123	1,119	1,115	1,110	1,106	1,102	1,098	1,094	1,090	1,086	+19
+20	1,131	1,127	1,123	1,118	1,114	1,110	1,106	1,102	1,097	1,093	1,089	+20
+21	1,135	1,131	1,127	1,122	1,118	1,114	1,110	1,105	1,101	1,097	1,093	+21
+22	1,140	1,135	1,130	1,126	1,122	1,117	1,113	1,109	1,105	1,101	1,097	+22
+23	1,143	1,139	1,134	1,130	1,126	1,121	1,117	1,113	1,109	1,105	1,100	+23
+24	1,147	1,142	1,138	1,134	1,129	1,125	1,121	1,117	1,112	1,108	1,104	+24
+25	1,151	1,146	1,142	1,137	1,133	1,129	1,125	1,120	1,116	1,112	1,108	+25
+26	1,155	1,150	1,146	1,141	1,137	1,133	1,128	1,124	1,120	1,116	1,112	+26
+27	1,158	1,154	1,150	1,145	1,141	1,136	1,132	1,128	1,124	1,119	1,115	+27
+28	1,162	1,158	1,153	1,149	1,145	1,140	1,136	1,132	1,127	1,123	1,119	+28
+29	1,166	1,162	1,157	1,153	1,148	1,144	1,140	1,135	1,131	1,127	1,123	+29
+30	1,170	1,165	1,161	1,157	1,152	1,148	1,143	1,139	1,135	1,131	1,126	+30
+31	1,174	1,169	1,165	1,160	1,156	1,152	1,147	1,143	1,139	1,134	1,130	+31
+32	1,178	1,173	1,169	1,164	1,160	1,155	1,151	1,147	1,142	1,138	1,134	+32
+33	1,182	1,177	1,173	1,168	1,164	1,159	1,155	1,150	1,146	1,142	1,138	+33
+34	1,185	1,181	1,176	1,172	1,167	1,163	1,159	1,154	1,150	1,146	1,141	+34
+35	1,189	1,185	1,180	1,176	1,171	1,167	1,162	1,158	1,154	1,149	1,145	+35
+36	1,193	1,188	1,184	1,179	1,175	1,171	1,166	1,162	1,157	1,153	1,149	+36
+37	1,197	1,192	1,188	1,183	1,179	1,174	1,170	1,166	1,161	1,157	1,153	+37
+38	1,201	1,196	1,192	1,187	1,183	1,178	1,174	1,169	1,165	1,161	1,156	+38
+39	1,205	1,200	1,196	1,191	1,186	1,182	1,177	1,173	1,169	1,164	1,160	+39
+40	1,209	1,204	1,199	1,195	1,190	1,186	1,181	1,177	1,172	1,168	1,164	+40

t_1	$t=-3$	-2	-1	-0	$+1$	$+2$	$+3$	$+4$	$+5$	$+6$	$t=+7$	t_1
-25	0,918	0,915	0,912	0,908	0,905	0,902	0,899	0,895	0,892	0,889	0,886	-25
-24	0,922	0,919	0,915	0,912	0,909	0,905	0,902	0,899	0,896	0,892	0,889	-24
-23	0,926	0,923	0,919	0,916	0,912	0,909	0,906	0,902	0,899	0,896	0,893	-23
-22	0,930	0,926	0,923	0,919	0,916	0,913	0,909	0,906	0,903	0,900	0,896	-22
-21	0,933	0,930	0,926	0,923	0,920	0,916	0,913	0,910	0,906	0,903	0,900	-21
-20	0,937	0,934	0,930	0,928	0,923	0,920	0,917	0,913	0,910	0,907	0,904	-20
-19	0,941	0,937	0,934	0,930	0,927	0,924	0,920	0,917	0,914	0,910	0,907	-19
-18	0,944	0,941	0,937	0,934	0,931	0,927	0,924	0,921	0,917	0,914	0,911	-18
-17	0,948	0,945	0,941	0,938	0,934	0,931	0,928	0,924	0,921	0,918	0,914	-17
-16	0,952	0,948	0,945	0,941	0,938	0,934	0,931	0,928	0,924	0,921	0,918	-16
-15	0,956	0,952	0,948	0,945	0,942	0,938	0,935	0,931	0,928	0,925	0,921	-15
-14	0,959	0,956	0,952	0,949	0,945	0,942	0,938	0,935	0,932	0,928	0,925	-14
-13	0,963	0,959	0,956	0,952	0,949	0,945	0,942	0,939	0,935	0,932	0,929	-13
-12	0,967	0,963	0,960	0,956	0,953	0,949	0,946	0,942	0,939	0,935	0,932	-12
-11	0,970	0,967	0,963	0,960	0,956	0,953	0,949	0,946	0,942	0,939	0,936	-11
-10	0,974	0,970	0,967	0,963	0,960	0,956	0,953	0,949	0,946	0,943	0,939	-10
-9	0,978	0,974	0,971	0,967	0,963	0,960	0,957	0,953	0,950	0,946	0,943	-9
-8	0,981	0,978	0,974	0,971	0,967	0,964	0,960	0,957	0,953	0,950	0,946	-8
-7	0,985	0,982	0,978	0,974	0,971	0,967	0,964	0,960	0,957	0,953	0,950	-7
-6	0,989	0,985	0,982	0,978	0,974	0,971	0,967	0,964	0,960	0,957	0,954	-6
-5	0,993	0,989	0,985	0,982	0,978	0,975	0,971	0,967	0,964	0,961	0,957	-5
-4	0,996	0,993	0,989	0,985	0,982	0,978	0,975	0,971	0,968	0,964	0,961	-4
-3	1,000	0,996	0,993	0,989	0,985	0,982	0,978	0,975	0,971	0,968	0,964	-3
-2	1,004	1,000	0,996	0,993	0,989	0,985	0,982	0,978	0,975	0,971	0,968	-2
-1	1,007	1,004	1,000	0,996	0,993	0,989	0,986	0,982	0,978	0,975	0,971	-1
0	1,011	1,008	1,004	1,000	0,996	0,993	0,989	0,986	0,982	0,978	0,975	0
$+1$	1,015	1,011	1,007	1,004	1,000	0,996	0,993	0,989	0,986	0,982	0,979	$+1$
$+2$	1,019	1,015	1,011	1,007	1,004	1,000	0,996	0,993	0,989	0,986	0,982	$+2$
$+3$	1,022	1,018	1,015	1,011	1,007	1,004	1,000	0,996	0,993	0,989	0,986	$+3$
$+4$	1,026	1,022	1,018	1,015	1,011	1,007	1,004	1,000	0,996	0,993	0,989	$+4$
$+5$	1,030	1,026	1,022	1,018	1,015	1,011	1,007	1,004	1,000	0,996	0,993	$+5$
$+6$	1,033	1,030	1,026	1,022	1,018	1,015	1,011	1,007	1,004	1,000	0,996	$+6$
$+7$	1,037	1,033	1,029	1,026	1,022	1,018	1,015	1,011	1,007	1,004	1,000	$+7$
$+8$	1,041	1,037	1,033	1,029	1,026	1,022	1,018	1,014	1,011	1,007	1,004	$+8$
$+9$	1,044	1,041	1,037	1,033	1,029	1,025	1,022	1,018	1,014	1,011	1,007	$+9$
$+10$	1,048	1,044	1,040	1,037	1,033	1,029	1,025	1,022	1,018	1,014	1,011	$+10$
$+11$	1,052	1,048	1,044	1,040	1,037	1,033	1,029	1,025	1,022	1,018	1,014	$+11$
$+12$	1,056	1,052	1,048	1,044	1,040	1,036	1,033	1,029	1,025	1,022	1,018	$+12$
$+13$	1,059	1,055	1,052	1,048	1,044	1,040	1,036	1,033	1,029	1,025	1,021	$+13$
$+14$	1,063	1,059	1,055	1,051	1,047	1,044	1,040	1,036	1,032	1,029	1,025	$+14$
$+15$	1,067	1,063	1,059	1,055	1,051	1,047	1,044	1,040	1,036	1,032	1,029	$+15$
$+16$	1,070	1,066	1,063	1,059	1,055	1,051	1,047	1,043	1,040	1,036	1,032	$+16$
$+17$	1,074	1,070	1,066	1,062	1,058	1,055	1,051	1,047	1,043	1,039	1,036	$+17$
$+18$	1,078	1,074	1,070	1,066	1,062	1,058	1,054	1,051	1,047	1,043	1,039	$+18$
$+19$	1,082	1,078	1,074	1,070	1,066	1,062	1,058	1,054	1,050	1,047	1,043	$+19$
$+20$	1,085	1,081	1,077	1,073	1,069	1,066	1,062	1,058	1,054	1,050	1,046	$+20$
$+21$	1,089	1,085	1,081	1,077	1,073	1,069	1,065	1,061	1,058	1,054	1,050	$+21$
$+22$	1,093	1,089	1,085	1,081	1,077	1,073	1,069	1,065	1,061	1,057	1,054	$+22$
$+23$	1,096	1,092	1,088	1,084	1,080	1,076	1,073	1,069	1,065	1,061	1,057	$+23$
$+24$	1,100	1,096	1,092	1,088	1,084	1,080	1,076	1,072	1,068	1,065	1,061	$+24$
$+25$	1,104	1,100	1,096	1,092	1,088	1,084	1,080	1,076	1,072	1,068	1,064	$+25$
$+26$	1,107	1,103	1,099	1,095	1,091	1,087	1,083	1,079	1,076	1,072	1,068	$+26$
$+27$	1,111	1,107	1,103	1,099	1,095	1,091	1,087	1,083	1,079	1,075	1,071	$+27$
$+28$	1,115	1,111	1,107	1,103	1,099	1,095	1,091	1,087	1,083	1,079	1,075	$+28$
$+29$	1,119	1,114	1,110	1,106	1,102	1,098	1,094	1,090	1,086	1,082	1,079	$+29$
$+30$	1,122	1,118	1,114	1,110	1,106	1,102	1,098	1,094	1,090	1,086	1,082	$+30$
$+31$	1,126	1,122	1,118	1,114	1,110	1,106	1,102	1,098	1,094	1,090	1,086	$+31$
$+32$	1,130	1,126	1,121	1,117	1,113	1,109	1,105	1,101	1,097	1,093	1,089	$+32$
$+33$	1,133	1,129	1,125	1,121	1,117	1,113	1,109	1,105	1,101	1,097	1,093	$+33$
$+34$	1,137	1,133	1,129	1,125	1,120	1,116	1,112	1,108	1,104	1,100	1,096	$+34$
$+35$	1,141	1,137	1,132	1,128	1,124	1,120	1,116	1,112	1,108	1,104	1,100	$+35$
$+36$	1,145	1,140	1,136	1,132	1,128	1,124	1,119	1,116	1,112	1,108	1,104	$+36$
$+37$	1,148	1,144	1,140	1,136	1,131	1,127	1,123	1,119	1,115	1,111	1,107	$+37$
$+38$	1,152	1,148	1,143	1,139	1,135	1,131	1,127	1,123	1,119	1,115	1,111	$+38$
$+39$	1,156	1,151	1,147	1,143	1,139	1,135	1,131	1,126	1,122	1,118	1,114	$+39$
$+40$	1,159	1,155	1,151	1,147	1,143	1,138	1,134	1,130	1,126	1,122	1,118	$+40$

t_1	$t = +8$	$+9$	$+10$	$+11$	$+12$	$+13$	$+14$	$+15$	$+16$	$+17$	$t = +18$	t_1
− 25	0,882	0,879	0,876	0,873	0,870	0,867	0,864	0,861	0,858	0,855	0,852	− 25
− 24	0,886	0,883	0,880	0,877	0,874	0,871	0,868	0,865	0,862	0,859	0,856	− 24
− 23	0,890	0,886	0,883	0,880	0,877	0,874	0,871	0,868	0,865	0,862	0,859	− 23
− 22	0,893	0,890	0,887	0,884	0,881	0,878	0,875	0,871	0,868	0,865	0,862	− 22
− 21	0,897	0,894	0,890	0,887	0,884	0,881	0,878	0,875	0,872	0,869	0,866	− 21
− 20	0,900	0,897	0,894	0,891	0,888	0,885	0,881	0,878	0,875	0,872	0,869	− 20
− 19	0,904	0,901	0,897	0,894	0,891	0,888	0,885	0,882	0,879	0,876	0,873	− 19
− 18	0,907	0,904	0,901	0,898	0,895	0,892	0,888	0,885	0,882	0,879	0,876	− 18
− 17	0,911	0,908	0,905	0,901	0,898	0,895	0,892	0,889	0,886	0,883	0,880	− 17
− 16	0,915	0,911	0,908	0,905	0,902	0,899	0,895	0,892	0,889	0,886	0,883	− 16
− 15	0,918	0,915	0,912	0,908	0,905	0,902	0,899	0,896	0,893	0,890	0,887	− 15
− 14	0,922	0,918	0,915	0,912	0,909	0,906	0,902	0,899	0,896	0,893	0,890	− 14
− 13	0,925	0,922	0,919	0,915	0,912	0,909	0,906	0,903	0,900	0,897	0,893	− 13
− 12	0,929	0,925	0,922	0,919	0,916	0,913	0,909	0,906	0,903	0,900	0,897	− 12
− 11	0,932	0,929	0,926	0,922	0,919	0,916	0,913	0,910	0,907	0,903	0,900	− 11
− 10	0,936	0,933	0,929	0,926	0,923	0,920	0,916	0,913	0,910	0,907	0,904	− 10
− 9	0,939	0,936	0,933	0,930	0,926	0,923	0,920	0,917	0,913	0,910	0,907	− 9
− 8	0,943	0,940	0,936	0,933	0,930	0,927	0,923	0,920	0,917	0,914	0,911	− 8
− 7	0,947	0,943	0,940	0,937	0,933	0,930	0,927	0,924	0,920	0,917	0,914	− 7
− 6	0,950	0,947	0,943	0,940	0,937	0,934	0,930	0,927	0,924	0,921	0,917	− 6
− 5	0,954	0,950	0,947	0,944	0,940	0,937	0,934	0,931	0,927	0,924	0,921	− 5
− 4	0,957	0,954	0,951	0,947	0,944	0,941	0,937	0,934	0,931	0,928	0,924	− 4
− 3	0,961	0,957	0,954	0,951	0,947	0,944	0,941	0,937	0,934	0,931	0,928	− 3
− 2	0,964	0,961	0,958	0,954	0,951	0,948	0,944	0,941	0,938	0,934	0,931	− 2
− 1	0,968	0,965	0,961	0,958	0,954	0,951	0,948	0,944	0,941	0,938	0,935	− 1
0	0,972	0,968	0,965	0,961	0,958	0,955	0,951	0,948	0,945	0,941	0,938	0
+ 1	0,975	0,972	0,968	0,965	0,961	0,958	0,955	0,951	0,948	0,945	0,942	+ 1
+ 2	0,979	0,975	0,972	0,968	0,965	0,962	0,958	0,955	0,952	0,948	0,945	+ 2
+ 3	0,982	0,979	0,975	0,972	0,968	0,965	0,962	0,958	0,955	0,952	0,948	+ 3
+ 4	0,986	0,982	0,979	0,975	0,972	0,969	0,965	0,962	0,958	0,955	0,952	+ 4
+ 5	0,989	0,986	0,982	0,979	0,975	0,972	0,969	0,965	0,962	0,959	0,955	+ 5
+ 6	0,993	0,989	0,986	0,982	0,979	0,976	0,972	0,969	0,965	0,962	0,959	+ 6
+ 7	0,996	0,993	0,989	0,986	0,982	0,979	0,976	0,972	0,969	0,966	0,962	+ 7
+ 8	1,000	0,996	0,993	0,989	0,986	0,983	0,979	0,976	0,972	0,969	0,966	+ 8
+ 9	1,004	1,000	0,996	0,993	0,989	0,986	0,983	0,979	0,976	0,972	0,969	+ 9
+ 10	1,007	1,004	1,000	0,996	0,993	0,990	0,986	0,983	0,979	0,976	0,972	+ 10
+ 11	1,011	1,007	1,004	1,000	0,996	0,993	0,990	0,986	0,983	0,979	0,976	+ 11
+ 12	1,014	1,011	1,007	1,004	1,000	0,997	0,993	0,990	0,986	0,983	0,979	+ 12
+ 13	1,018	1,014	1,011	1,007	1,004	1,000	0,997	0,993	0,990	0,986	0,983	+ 13
+ 14	1,021	1,018	1,014	1,011	1,007	1,003	1,000	0,997	0,993	0,990	0,986	+ 14
+ 15	1,025	1,021	1,018	1,014	1,011	1,007	1,003	1,000	0,997	0,993	0,990	+ 15
+ 16	1,028	1,025	1,021	1,018	1,014	1,010	1,007	1,003	1,000	0,997	0,993	+ 16
+ 17	1,032	1,028	1,025	1,021	1,018	1,014	1,010	1,007	1,003	1,000	0,997	+ 17
+ 18	1,036	1,032	1,028	1,025	1,021	1,017	1,014	1,010	1,007	1,003	1,000	+ 18
+ 19	1,039	1,035	1,032	1,028	1,025	1,021	1,017	1,014	1,010	1,007	1,003	+ 19
+ 20	1,043	1,039	1,035	1,032	1,028	1,024	1,021	1,017	1,014	1,010	1,007	+ 20
+ 21	1,046	1,043	1,039	1,035	1,032	1,028	1,024	1,021	1,017	1,014	1,010	+ 21
+ 22	1,050	1,046	1,042	1,039	1,035	1,031	1,028	1,024	1,021	1,017	1,014	+ 22
+ 23	1,053	1,050	1,046	1,042	1,039	1,035	1,031	1,028	1,024	1,021	1,017	+ 23
+ 24	1,057	1,053	1,049	1,046	1,042	1,038	1,035	1,031	1,028	1,024	1,021	+ 24
+ 25	1,061	1,057	1,053	1,049	1,046	1,042	1,038	1,035	1,031	1,028	1,024	+ 25
+ 26	1,064	1,060	1,057	1,053	1,049	1,045	1,042	1,038	1,035	1,031	1,028	+ 26
+ 27	1,068	1,064	1,060	1,056	1,053	1,049	1,045	1,042	1,038	1,035	1,031	+ 27
+ 28	1,071	1,067	1,064	1,060	1,056	1,052	1,049	1,045	1,042	1,038	1,034	+ 28
+ 29	1,075	1,071	1,067	1,063	1,060	1,056	1,052	1,049	1,045	1,041	1,038	+ 29
+ 30	1,078	1,075	1,071	1,067	1,063	1,059	1,056	1,052	1,048	1,045	1,041	+ 30
+ 31	1,082	1,078	1,074	1,070	1,068	1,063	1,059	1,056	1,052	1,048	1,045	+ 31
+ 32	1,085	1,082	1,078	1,074	1,070	1,066	1,063	1,059	1,055	1,052	1,048	+ 32
+ 33	1,089	1,085	1,081	1,078	1,074	1,070	1,066	1,063	1,059	1,055	1,052	+ 33
+ 34	1,093	1,089	1,085	1,081	1,077	1,073	1,070	1,066	1,062	1,059	1,055	+ 34
+ 35	1,096	1,092	1,088	1,085	1,081	1,077	1,073	1,069	1,066	1,062	1,058	+ 35
+ 36	1,100	1,096	1,092	1,088	1,084	1,080	1,077	1,073	1,069	1,066	1,062	+ 36
+ 37	1,103	1,099	1,095	1,092	1,088	1,084	1,080	1,076	1,073	1,069	1,065	+ 37
+ 38	1,107	1,103	1,099	1,095	1,091	1,087	1,084	1,080	1,076	1,072	1,069	+ 38
+ 39	1,110	1,106	1,103	1,099	1,095	1,091	1,087	1,083	1,080	1,076	1,072	+ 39
+ 40	1,114	1,110	1,106	1,102	1,098	1,094	1,091	1,087	1,083	1,079	1,076	+ 40

Werte von $\dfrac{1 + \alpha t_1}{1 + \alpha t} = \dfrac{273 + t_1}{273 + t}$ — Tabelle 2 (Forts.)

t_1	$t = +19$	$+20$	$+21$	$+22$	$+23$	$+24$	$+25$	$+26$	$+27$	$+28$	$t = +29$	t_1
−25	0,849	0,846	0,843	0,841	0,838	0,835	0,832	0,829	0,827	0,824	0,821	−25
−24	0,853	0,850	0,847	0,844	0,841	0,838	0,835	0,833	0,830	0,827	0,824	−24
−23	0,856	0,853	0,850	0,847	0,845	0,842	0,839	0,836	0,833	0,830	0,828	−23
−22	0,860	0,857	0,854	0,851	0,848	0,845	0,842	0,839	0,837	0,834	0,831	−22
−21	0,863	0,860	0,857	0,854	0,851	0,848	0,846	0,843	0,840	0,837	0,834	−21
−20	0,866	0,863	0,860	0,858	0,855	0,852	0,849	0,846	0,843	0,840	0,838	−20
−19	0,870	0,867	0,864	0,861	0,858	0,855	0,852	0,849	0,847	0,844	0,841	−19
−18	0,873	0,870	0,867	0,864	0,861	0,859	0,856	0,853	0,850	0,847	0,844	−18
−17	0,877	0,874	0,871	0,868	0,865	0,862	0,860	0,856	0,853	0,850	0,848	−17
−16	0,880	0,877	0,874	0,871	0,868	0,865	0,862	0,859	0,857	0,854	0,851	−16
−15	0,884	0,880	0,877	0,874	0,872	0,869	0,866	0,863	0,860	0,857	0,854	−15
−14	0,887	0,884	0,881	0,878	0,875	0,872	0,869	0,866	0,863	0,860	0,858	−14
−13	0,890	0,887	0,884	0,881	0,878	0,875	0,872	0,870	0,867	0,864	0,861	−13
−12	0,894	0,891	0,888	0 885	0,882	0,879	0,876	0,873	0,870	0,867	0,864	−12
−11	0,897	0,894	0,891	0,888	0,885	0,882	0,879	0,876	0,873	0,870	0,867	−11
−10	0,901	0,898	0,895	0,891	0,888	0,885	0,882	0,880	0,877	0,874	0,871	−10
−9	0,904	0,901	0,898	0,895	0,892	0,889	0,886	0,883	0,880	0,877	0,874	−9
−8	0,907	0,904	0,901	0,898	0,895	0,892	0,889	0,886	0,883	0,880	0,877	−8
−7	0,911	0,908	0,905	0,902	0,899	0,896	0,893	0,890	0,887	0,884	0,881	−7
−6	0,914	0,911	0,908	0,905	0,902	0,899	0,896	0,893	0,890	0,887	0,884	−6
−5	0,918	0,915	0,912	0,908	0,905	0,902	0,899	0,896	0,893	0,890	0,887	−5
−4	0,921	0,918	0,915	0,912	0,909	0,906	0,903	0,900	0,897	0,894	0,891	−4
−3	0,925	0,921	0,918	0,915	0,912	0,909	0,906	0,903	0,900	0,897	0,894	−3
−2	0,928	0,925	0,922	0,919	0,916	0,912	0,909	0,906	0,903	0,900	0,897	−2
−1	0,931	0,928	0,925	0,922	0,919	0,916	0,913	0,910	0,907	0,904	0,901	−1
0	0,935	0,932	0,929	0,925	0,922	0,919	0,916	0,913	0,910	0,907	0,904	0
+1	0,938	0,935	0,932	0,929	0,927	0,923	0,919	0,916	0,913	0,910	0,907	+1
+2	0,942	0,939	0,935	0,932	0,929	0,926	0,923	0,920	0,917	0,914	0,911	+2
+3	0,945	0,942	0,939	0,936	0,932	0,929	0,926	0,923	0,920	0,917	0,914	+3
+4	0,949	0,945	0,942	0,939	0,936	0,933	0,929	0,927	0,923	0,920	0,917	+4
+5	0,952	0,949	0,946	0,942	0,939	0,936	0,933	0,930	0,927	0,924	0,920	+5
+6	0,955	0,952	0,949	0,946	0,943	0,939	0,936	0,933	0,930	0,927	0,924	+6
+7	0,959	0,956	0,952	0,949	0,946	0,943	0,940	0,936	0,933	0,930	0,927	+7
+8	0,962	0,959	0,956	0,953	0,949	0,946	0,943	0,940	0,937	0,934	0,930	+8
+9	0,966	0,962	0,959	0,956	0,953	0,949	0,946	0,943	0,940	0,937	0,934	+9
+10	0,969	0,966	0,963	0,959	0,956	0,953	0,950	0,946	0,943	0,940	0,937	+10
+11	0,973	0,969	0,966	0,963	0,959	0,956	0,953	0,950	0,947	0,943	0,940	+11
+12	0,976	0,973	0,969	0,966	0,963	0,960	0,956	0,953	0,950	0,947	0,944	+12
+13	0,979	0,976	0,973	0,969	0,966	0,963	0,960	0,957	0,953	0,950	0,947	+13
+14	0,983	0,980	0,976	0,973	0,970	0,966	0,963	0,960	0,957	0,953	0,950	+14
+15	0,986	0,983	0,980	0,976	0,973	0,970	0,966	0,963	0,960	0,957	0,954	+15
+16	0,990	0,986	0,983	0,980	0,976	0,973	0,970	0,967	0,963	0,960	0,957	+16
+17	0,993	0,990	0,986	0,983	0,980	0,976	0,973	0,970	0,967	0,963	0,960	+17
+18	0,997	0,993	0,990	0,986	0,983	0,980	0,976	0,973	0,970	0,967	0,964	+18
+19	1,000	0,997	0,993	0,990	0,986	0,983	0,980	0,977	0,973	0,970	0,967	+19
+20	1,003	1,000	0,997	0,993	0,990	0,987	0,983	0,980	0,977	0,973	0,970	+20
+21	1,007	1,003	1,000	0,997	0,993	0,990	0,987	0,983	0,980	0,977	0,973	+21
+22	1,010	1,007	1,003	1,000	0,997	0,993	0,990	0,987	0,983	0,980	0,977	+22
+23	1,014	1,010	1,007	1,003	1,000	0,997	0,993	0,990	0,987	0,983	0,980	+23
+24	1,017	1,014	1,010	1,007	1,003	1,000	0,997	0,993	0,990	0,987	0,983	+24
+25	1,021	1,017	1,014	1,010	1,007	1,003	1,000	0,997	0,993	0,990	0,987	+25
+26	1,024	1,020	1,017	1,014	1,010	1,007	1,003	1,000	0,997	0,993	0,990	+26
+27	1,027	1,024	1,020	1,017	1,014	1,010	1,007	1,003	1,000	0,997	0,993	+27
+28	1,031	1,027	1,024	1,020	1,017	1,013	1,010	1,007	1,003	1,000	0,997	+28
+29	1,034	1,031	1,027	1,024	1,020	1,017	1,013	1,010	1,007	1,003	1,000	+29
+30	1,038	1,034	1,031	1,027	1,024	1,020	1,017	1,013	1,010	1,007	1,003	+30
+31	1,041	1,038	1,034	1,031	1,027	1,024	1,020	1,017	1,013	1,010	1,007	+31
+32	1,045	1,041	1,037	1,034	1,030	1,027	1,024	1,020	1,017	1,013	1,010	+32
+33	1,048	1,044	1,041	1,037	1,034	1,030	1,027	1,023	1,020	1,017	1,013	+33
+34	1,051	1,048	1,044	1,041	1,037	1,034	1,030	1,027	1,023	1,020	1,017	+34
+35	1,055	1,051	1,048	1,044	1,041	1,037	1,034	1,030	1,027	1,023	1,020	+35
+36	1,058	1,055	1,051	1,047	1,044	1,040	1,037	1,033	1,030	1,027	1,023	+36
+37	1,062	1,058	1,054	1,051	1,047	1,044	1,040	1,037	1,033	1,030	1,027	+37
+38	1,065	1,061	1,058	1,054	1,051	1,047	1,044	1,040	1,037	1,033	1,030	+38
+39	1,069	1,065	1,061	1,058	1,054	1,051	1,047	1,043	1,040	1,037	1,033	+39
+40	1,072	1,068	1,065	1,061	1,057	1,054	1,050	1,047	1,043	1,040	1,036	+40

t_1	$t = +30$	$+31$	$+32$	$+33$	$+34$	$+35$	$+36$	$+37$	$+38$	$+39$	$t = +40$	t_1
−25	0,818	0,816	0,813	0,810	0,808	0,805	0,802	0,800	0,797	0,795	0,792	−25
−24	0,822	0,819	0,816	0,814	0,811	0,808	0,806	0,803	0,801	0,798	0,795	−24
−23	0,825	0,822	0,820	0,817	0,814	0,812	0,809	0,806	0,804	0,801	0,799	−23
−22	0,828	0,826	0,823	0,820	0,817	0,815	0,812	0,810	0,807	0,804	0,802	−22
−21	0,832	0,829	0,826	0,823	0,821	0,818	0,815	0,813	0,810	0,808	0,805	−21
−20	0,835	0,832	0,829	0,827	0,824	0,821	0,819	0,816	0,813	0,811	0,808	−20
−19	0,838	0,835	0,833	0,830	0,827	0,825	0,822	0,819	0,817	0,814	0,811	−19
−18	0,842	0,839	0,836	0,833	0,831	0,828	0,825	0,823	0,820	0,817	0,815	−18
−17	0,845	0,842	0,839	0,837	0,834	0,831	0,828	0,826	0,823	0,820	0,818	−17
−16	0,848	0,845	0,843	0,840	0,837	0,834	0,832	0,829	0,826	0,824	0,821	−16
−15	0,851	0,849	0,846	0,843	0,840	0,838	0,835	0,832	0,829	0,827	0,824	−15
−14	0,855	0,852	0,849	0,846	0,844	0,841	0,838	0,835	0,833	0,830	0,827	−14
−13	0,858	0,855	0,852	0,850	0,847	0,844	0,841	0,839	0,836	0,833	0,831	−13
−12	0,861	0,858	0,856	0,853	0,850	0,847	0,845	0,842	0,839	0,836	0,834	−12
−11	0,865	0,862	0,859	0,856	0,853	0,851	0,948	0,845	0,842	0,840	0,837	−11
−10	0,868	0,865	0,862	0,859	0,857	0,854	0,851	0,848	0,846	0,843	0,840	−10
− 9	0,871	0,868	0,866	0,863	0,860	0,857	0,854	0,852	0,849	0,846	0,843	− 9
− 8	0,875	0,872	0,869	0,866	0,863	0,860	0,858	0,855	0,852	0,849	0,847	− 8
− 7	0,878	0,875	0,872	0,869	0,866	0,864	0,861	0,858	0,855	0,852	0,850	− 7
− 6	0,881	0,878	0,875	0,872	0,870	0,867	0,864	0,861	0,858	0,856	0,853	− 6
− 5	0,884	0,882	0,879	0,876	0,873	0,870	0,867	0,864	0,862	0,859	0,856	− 5
− 4	0,888	0,885	0,882	0,879	0,876	0,873	0,870	0,868	0,865	0,862	0,859	− 4
− 3	0,891	0,888	0,885	0,882	0,879	0,877	0,874	0,871	0,868	0,865	0,863	− 3
− 2	0,894	0,891	0,888	0,886	0,883	0,880	0,877	0,874	0,871	0,869	0,866	− 2
− 1	0,898	0,895	0,892	0,889	0,886	0,883	0,880	0,877	0,875	0,872	0,869	− 1
0	0,901	0,898	0,895	0,892	0,889	0,886	0,883	0,881	0,878	0,875	0,872	0
+ 1	0,904	0,901	0,898	0,895	0,892	0,890	0,887	0,884	0,881	0,878	0,875	+ 1
+ 2	0,908	0,905	0,902	0,899	0,896	0,893	0,890	0,887	0,884	0,881	0,879	+ 2
+ 3	0,911	0,908	0,905	0,902	0,899	0,896	0,893	0,890	0,887	0,885	0,882	+ 3
+ 4	0,914	0,911	0,908	0,905	0,902	0,899	0,896	0,894	0,891	0,888	0,885	+ 4
+ 5	0,917	0,914	0,911	0,908	0,905	0,903	0,900	0,897	0,894	0,891	0,888	+ 5
+ 6	0,921	0,918	0,915	0,912	0,909	0,906	0,903	0,900	0,897	0,894	0,891	+ 6
+ 7	0,924	0,921	0,918	0,915	0,912	0,909	0,906	0,903	0,900	0,897	0,895	+ 7
+ 8	0,927	0,924	0,921	0,918	0,915	0,912	0,909	0,906	0,903	0,901	0,898	+ 8
+ 9	0,931	0,928	0,925	0,920	0,919	0,916	0,913	0,910	0,907	0,904	0,901	+ 9
+10	0,934	0,931	0,928	0,925	0,922	0,919	0,916	0,913	0,910	0,907	0,904	+10
+11	0,937	0,934	0,931	0,928	0,925	0,922	0,919	0,916	0,913	0,910	0,907	+11
+12	0,941	0,937	0,934	0,931	0,928	0,925	0,922	0,919	0,916	0,913	0,911	+12
+13	0,944	0,941	0,938	0,935	0,932	0,929	0,926	0,923	0,920	0,917	0,914	+13
+14	0,947	0,944	0,941	0,938	0,935	0,932	0,929	0,926	0,923	0,920	0,917	+14
+15	0,950	0,947	0,944	0,941	0,938	0,935	0,932	0,929	0,926	0,923	0,920	+15
+16	0,954	0,951	0,948	0,944	0,941	0,938	0,935	0,932	0,929	0,926	0,923	+16
+17	0,957	0,954	0,951	0,948	0,945	0,942	0,938	0,935	0,932	0,929	0,926	+17
+18	0,960	0,957	0,954	0,951	0,948	0,945	0,942	0,939	0,936	0,933	0,930	+18
+19	0,964	0,961	0,957	0,954	0,951	0,948	0,945	0,942	0,939	0,936	0,933	+19
+20	0,967	0,964	0,961	0,957	0,954	0,951	0,948	0,945	0,942	0,939	0,936	+20
+21	0,970	0,967	0,964	0,961	0,958	0,955	0,951	0,948	0,945	0,942	0,939	+21
+22	0,974	0,970	0,967	0,964	0,961	0,958	0,955	0,952	0,949	0,945	0,942	+22
+23	0,977	0,974	0,970	0,967	0,964	0,961	0,958	0,955	0,952	0,949	0,946	+23
+24	0,980	0,977	0,974	0,971	0,967	0,964	0,961	0,958	0,955	0,952	0,949	+24
+25	0,983	0,980	0,977	0,974	0,971	0,968	0,964	0,961	0,958	0,955	0,952	+25
+26	0,987	0,984	0,980	0,977	0,974	0,971	0,968	0,965	0,961	0,958	0,955	+26
+27	0,990	0,987	0,984	0,980	0,977	0,974	0,971	0,968	0,965	0,962	0,958	+27
+28	0,993	0,990	0,987	0,984	0,980	0,977	0,974	0,971	0,968	0,965	0,962	+28
+29	0,997	0,993	0,990	0,987	0,984	0,981	0,977	0,974	0,971	0,968	0,965	+29
+30	1,000	0,997	0,993	0,990	0,987	0,984	0,981	0,977	0,974	0,971	0,968	+30
+31	1,003	1,000	0,997	0,993	0,990	0,987	0,984	0,981	0,977	0,974	0,971	+31
+32	1,007	1,003	1,000	0,997	0,993	0,990	0,987	0,984	0,981	0,978	0,974	+32
+33	1,010	1,007	1,003	1,000	0,997	0,994	0,990	0,987	0,984	0,981	0,978	+33
+34	1,013	1,010	1,007	1,003	1,000	0,997	0,994	0,990	0,987	0,984	0,981	+34
+35	1,017	1,013	1,010	1,007	1,003	1,000	0,997	0,994	0,990	0,987	0,984	+35
+36	1,020	1,017	1,013	1,010	1,007	1,003	1,000	0,997	0,994	0,990	0,987	+36
+37	1,023	1,020	1,016	1,013	1,010	1,007	1,003	1,000	0,997	0,994	0,990	+37
+38	1,026	1,023	1,020	1,016	1,013	1,010	1,007	1,003	1,000	0,997	0,994	+38
+39	1,030	1,026	1,023	1,020	1,016	1,013	1,010	1,006	1,003	1,000	0,997	+39
+40	1,033	1,030	1,026	1,023	1,020	1,016	1,013	1,010	1,006	1,003	1,000	+40

Wärmemenge, die einer bei t^0 Temperatur 1000 cbm betragenden
t_0^0 auf t_1^0 zu erwärmen bzw. von t_1^0

Unterschied zwischen der Temperatur vor und nach der Erwärmung bzw. Kühlung der Luft $(t_1 - t_0)$	Wenn 1000 cbm Luft gefordert							
	$t = 10^0$	11^0	12^0	13^0	14^0	15^0	16^0	17^0
	beträgt die behufs Erwärmung zuzuführende bzw.							
1^0	295	294	293	292	291	290	289	288
2^0	590	588	586	584	582	580	578	576
3^0	886	883	879	876	873	870	867	864
4^0	1181	1177	1173	1168	1164	1160	1156	1152
5^0	1476	1471	1466	1460	1455	1450	1445	1440
6^0	1771	1765	1759	1753	1746	1740	1734	1728
7^0	2066	2059	2052	2045	2037	2030	2023	2016
8^0	2361	2353	2345	2337	2328	2321	2312	2304
9^0	2657	2647	2638	2629	2619	2611	2601	2592
10^0	2952	2942	2931	2921	2910	2901	2891	2880
11^0	3247	3236	3224	3213	3201	3191	3180	3168
12^0	3542	3530	3517	3505	3492	3481	3469	3457
13^0	3837	3824	3811	3797	3784	3771	3758	3745
14^0	4132	4118	4104	4089	4075	4061	4057	4033
15^0	4428	4412	4397	4381	4366	4351	4336	4321
16^0	4723	4707	4690	4673	4657	4641	4625	4609
17^0	5018	5000	4983	4965	4948	4931	4914	4897
18^0	5313	5295	5276	5257	5239	5221	5203	5185
19^0	5608	5589	5569	5550	5530	5511	5492	5473
20^0	5903	5883	5862	5842	5821	5801	5781	5761
21^0	6199	6177	6156	6134	6112	6091	6070	6049
22^0	6494	6472	6449	6426	6403	6381	6359	6337
23^0	6789	6766	6742	6718	6694	6671	6648	6625
24^0	7084	7060	7035	7010	6985	6961	6937	6913
25^0	7379	7354	7328	7302	7276	7251	7226	7201
26^0	7674	7648	7621	7594	7567	7542	7515	7489
27^0	7970	7942	7914	7886	7858	7832	7804	7777
28^0	8265	8236	8207	8178	8149	8122	8093	8065
29^0	8560	8531	8500	8470	8440	8412	8382	8353
30^0	8855	8825	8794	8762	8731	8702	8671	8641

*) Für die sehr häufig in Betracht kommende Anwendung der Werte dieser Tabelle diene folgendes Beispiel. Der Luftwechsel eines Raumes betrage stündlich 10000 cbm von +20°. Die Luft soll bei einer Temperatur von $t_0 = -10^0$ von außen entnommen und auf $t = +40^0$ erwärmt werden.

Tabelle 8.

Luftmenge zugeführt bzw. abgenommen werden muß, um sie von auf t_0^0 zu kühlen*). $\qquad W = \dfrac{0{,}306\,L}{1 + \alpha t}(t_1 - t_0)\,.$

sind in einer Temperatur von:								Unterschied zwischen der Temperatur vor und nach der Erwärmung bzw. Kühlung der Luft $(t_1 - t_0)$
18^0	19^0	20^0	21^0	22^0	23^0	24^0	25^0	
behufs Kühlung abzunehmende Wärmemenge in WE								
287	286	285	284	283	282	281	280	1^0
574	572	570	568	566	564	563	561	2^0
861	858	855	852	850	847	844	841	3^0
1148	1144	1140	1137	1133	1129	1125	1121	4^0
1435	1430	1426	1421	1416	1411	1406	1402	5^0
1722	1717	1711	1705	1699	1693	1688	1682	6^0
2009	2003	2006	1999	1982	1976	1969	1962	7^0
2297	2289	2281	2273	2265	2258	2250	2243	8^0
2584	2575	2566	2577	2549	2540	2531	2523	9^0
2871	2861	2851	2847	2832	2822	2813	2803	10^0
3158	3147	3136	3125	3115	3105	3094	3084	11^0
3445	3433	3421	3410	3398	3387	3375	3364	12^0
3732	3719	3706	3694	3681	3669	3656	3644	13^0
4029	4015	3991	3978	3964	3951	3937	3925	14^0
4306	4291	4277	4262	4248	4233	4219	4205	15^0
4593	4577	4562	4546	4531	4516	4500	4485	16^0
4880	4863	4847	4830	4814	4798	4781	4766	17^0
5167	5149	5132	5114	5097	5080	5062	5046	18^0
5454	5436	5417	5398	5380	5362	5344	5326	19^0
5741	5722	5702	5682	5663	5645	5625	5607	20^0
6028	6008	5987	5967	5947	5927	5906	5887	21^0
6315	6294	6272	6251	6230	6209	6187	6167	22^0
6602	6580	6557	6355	6513	6491	6469	6448	23^0
6889	6866	6842	6819	6796	6773	6750	6728	24^0
7177	7152	7128	7103	7079	7056	7031	7008	25^0
7464	7438	7413	7387	7363	7338	7312	7289	26^0
7751	7724	7698	7671	7646	7620	7594	7569	27^0
8038	8010	7983	7955	7929	7902	7875	7849	28^0
8325	8296	8268	8240	8212	8185	8156	8130	29^0
8612	8582	8553	8524	8495	8467	8437	8410	30^0

Es ist somit $t = +20^0$, $t_1 - t_0 = 40 + 10 = 50^0$ und somit nach der Tabelle für 1000 cbm Luft eine Wärmemenge von 14255 WE, also für 10000 cbm eine solche von $14255 \cdot 10 = 142550$ WE in Ansatz zu bringen.

 Wärmemenge, die einer bei t^0 Temperatur 1000 cbm betragenden Luftmenge zugeführt bzw.

Tabelle 3 (Forts.)

Unterschied zwischen der Temperatur vor und nach der Erwärmung bzw. Kühlung der Luft $(t_1 - t_0)$	$t = 10^0$	11^0	12^0	13^0	14^0	15^0	16^0	17^0
	Wenn 1000 cbm Luft gefordert, beträgt die behufs Erwärmung zuzuführende bzw.							
31^0	9150	9129	9087	9054	9022	8992	8961	8929
32^0	9445	9413	9380	9347	9313	9282	9250	9217
33^0	9741	9707	9673	9639	9604	9572	9539	9505
34^0	10036	10001	9966	9931	9895	9862	9828	9793
35^0	10331	10296	10259	10223	10186	10152	10117	10081
36^0	10626	10590	10552	10515	10477	10442	10406	10369
37^0	10921	10884	10845	10807	10768	10732	10695	10657
38^0	11216	11178	11139	11099	11059	11022	10984	10945
39^0	11512	11472	11432	11391	11350	11312	11273	11234
40^0	11807	11766	11725	11683	11642	11602	11562	11522
41^0	12102	12061	12018	11975	11933	11892	11851	11810
42^0	12397	12355	12311	12267	12224	12182	12140	12098
43^0	12692	12649	12604	12559	12515	12473	12429	12386
44^0	12987	12943	12897	12851	12806	12763	12718	12674
45^0	13283	13237	13190	13144	13097	13053	13007	12962
46^0	13578	13531	13483	13436	13388	13343	13296	13250
47^0	13873	13825	13777	13728	13679	13633	13585	13538
48^0	14168	14120	14070	14020	13970	13923	13874	13826
49^0	14463	14414	14363	14312	14261	14213	14163	14114
50^0	14758	14708	14656	14604	14552	14503	14452	14402
51^0	15054	15002	14949	14896	14843	14793	14741	14690
52^0	15349	15296	15242	15188	15134	15083	15031	14978
53^0	15644	15590	15535	15480	15425	15373	15320	15266
54^0	15939	15885	15828	15772	15716	15663	15609	15554
55^0	16234	16179	16121	16064	16007	15953	15898	15842
56^0	16529	16473	16415	16356	16298	16243	16187	16130
57^0	16825	16767	16708	16648	16589	16533	16476	16418
58^0	17120	17061	17001	16941	16880	16823	16765	16706
59^0	17414	17355	17294	17233	17171	17113	17054	16994
60^0	17710	17650	17587	17525	17462	17403	17343	17282
65^0	19186	19120	19052	18985	18917	18854	18788	18723
70^0	20662	20591	20518	20445	20373	20304	20233	20163
75^0	22138	22062	21984	21906	21828	21754	21679	21603
80^0	23613	23533	23449	23366	23283	23205	23124	23043
85^0	25089	25003	24915	24827	24738	24655	24569	24483
90^0	26565	26474	26381	26287	26193	26105	26014	25923
95^0	28041	27945	27846	27747	26749	27555	27460	27364
100^0	29517	29416	29312	29208	29104	29006	28905	28804

abgenommen werden muß, um sie von $t_0{}^0$ auf $t_1{}^0$ zu erwärmen bzw. von t_1 auf $t_0{}^0$ zu kühlen. 15

Tabelle 3 (Forts.)

| sind in einer Temperatur von: | | | | | | | | Unterschied zwischen der Temperatur vor und nach der Erwärmung bzw. Kühlung der Luft $(t_1 - t_0)$ |
| 18° | 19° | 20° | 21° | 22° | 23° | 24° | 25° | |
behufs Kühlung abzunehmende Wärmemenge in WE								
8899	8868	8838	8808	8778	8749	8719	8690	31°
9186	9155	9123	9092	9062	9031	9000	8971	32°
9473	9441	9408	9376	9345	9313	9281	9251	33°
9760	9727	9693	9660	9628	9596	9562	9531	34°
10047	10013	9979	9944	9911	9878	9844	9812	35°
10334	10299	10264	10228	10194	10160	10125	10092	36°
10621	10585	10549	10513	10477	10442	10406	10372	37°
10908	10871	10834	10797	10761	10725	10687	10652	38°
11195	11157	11119	11081	11044	11007	10969	10933	39°
11482	11443	11405	11365	11327	11289	11250	11213	40°
11769	11729	11689	11649	11610	11571	11531	11493	41°
12057	12015	11974	11933	11893	11853	11812	11774	42°
12344	12301	12259	12217	12176	12136	12094	12054	43°
12631	12588	12544	12501	12460	12418	12375	12334	44°
12918	12874	12830	12786	12743	12700	12656	12615	45°
13208	13160	13115	13070	13026	12982	12937	12895	46°
13492	13446	13400	13354	13309	13264	13219	13175	47°
13779	13732	13685	13638	13593	13547	13500	13456	48°
14066	14018	13970	13922	13875	13829	13781	13736	49°
14353	14304	14255	14206	14159	14111	14062	14016	50°
14640	14590	14540	14490	14442	14394	14344	14297	51°
14927	14876	14825	14774	14725	14676	14625	14577	52°
15214	15162	15110	15058	15008	14958	14906	14857	53°
15501	15448	15395	15343	15291	15240	15187	15138	54°
15788	15734	15681	15627	15575	15523	15469	15417	55°
16075	16020	15966	15911	15858	15805	15750	15698	56°
16362	16307	16251	16195	16141	16086	16031	15979	57°
16649	16593	16536	16479	16424	16369	16312	16259	58°
16937	16879	16821	16763	16707	16651	16594	16539	59°
17224	17165	17106	17047	16990	16933	16875	16820	60°
18659	18595	18532	18468	18406	18345	18281	18221	65°
20094	20026	19957	19889	19822	19756	19687	19623	70°
21539	21456	21383	21309	21238	21167	21093	21025	75°
22965	22886	22808	22730	22654	22578	22500	22426	80°
24400	24317	24234	24150	24070	23989	23906	23828	85°
25845	25747	25659	25571	25486	25400	25312	25229	90°
27271	27178	27085	26992	26901	26811	26718	26631	95°
28706	28608	28510	28412	28317	28223	28125	28033	100°

Stündlicher Luftwechsel für 1000 zu= bzw. abzuführende Wärmeeinheiten.

Temperatur-unterschied zwischen der zu- und abzuführenden bzw. ab- und zuzuführenden Luft	Temperatur t der abzuführenden Raumluft										
	15°	16°	17°	18°	19°	20°	21°	22°	23°	24°	25°
	Luftwechsel in cbm und in der Temperatur t										
1°	3448	3460	3472	3484	3496	3508	3520	3531	3544	3556	3567
2°	1724	1730	1736	1742	1748	1754	1760	1766	1772	1778	1784
3°	1149	1153	1157	1161	1165	1169	1173	1177	1181	1185	1189
4°	862	865	868	871	874	877	880	883	886	889	892
5°	690	692	694	697	699	702	704	706	709	711	714
6°	575	577	579	581	583	585	587	589	591	593	595
7°	493	494	496	498	499	501	503	505	506	508	510
8°	431	433	434	436	437	438	440	441	443	444	446
9°	383	384	386	387	388	390	391	392	394	395	396
10°	345	346	347	348	350	351	352	353	354	356	357
11°	313	315	316	317	318	319	320	321	322	323	324
12°	287	288	289	290	291	292	293	294	295	296	297
13°	265	266	267	268	269	270	271	272	273	274	274
14°	246	247	248	249	250	251	251	252	253	254	255
15°	230	231	231	232	233	234	235	235	236	237	238
16°	216	216	217	218	219	219	220	221	222	222	223
17°	203	204	204	205	206	206	207	208	208	209	210
18°	192	192	193	194	194	195	196	196	197	186	198
19°	182	182	183	183	184	185	185	186	187	187	188
20°	172	173	174	174	175	175	176	177	177	178	178
21°	164	165	165	166	166	167	168	168	169	169	170
22°	157	157	158	158	159	159	160	161	161	162	162
23°	150	150	151	152	152	153	153	154	154	155	155
24°	144	144	145	145	146	146	147	147	148	148	149
25°	138	138	139	139	140	140	141	141	142	142	143
26°	133	133	134	134	134	135	135	136	136	137	137
27°	128	128	129	129	130	130	130	131	131	132	132
28°	123	124	124	124	125	125	126	126	127	127	127
29°	119	119	120	120	121	121	121	122	122	123	123
30°	115	115	116	116	117	117	117	118	118	119	119
31°	111	112	112	112	113	113	114	114	114	115	115
32°	108	108	109	109	109	110	110	110	111	111	112
33°	105	105	105	106	106	106	107	107	107	108	108
34°	101	102	102	103	103	103	104	104	104	105	105
35°	99	99	99	100	100	100	101	101	101	102	102
36°	96	96	96	97	97	97	98	98	98	99	99
37°	93	93	94	94	95	95	95	95	96	96	96
38°	91	91	91	92	92	92	93	93	93	94	94
39°	88	89	89	89	90	90	90	91	91	91	92
40°	86	87	87	87	87	88	88	88	89	89	89
41°	84	84	85	85	85	86	86	86	87	87	87
42°	82	82	83	83	83	84	84	84	84	85	85
43°	80	80	81	81	81	82	82	82	83	83	83
44°	78	79	79	79	80	80	80	80	81	81	81
45°	77	77	77	77	78	78	78	79	79	79	79
46°	75	75	76	76	76	76	77	77	77	77	78
47°	73	74	74	74	74	75	75	75	76	76	76
48°	72	72	72	73	73	73	73	74	74	74	74
49°	71	71	71	71	72	72	72	72	73	73	73
50°	69	69	70	70	70	70	71	71	71	71	72
51°	68	68	68	68	69	69	69	69	70	70	70
52°	66	67	67	67	67	68	68	68	68	68	69
53°	65	65	66	66	66	66	66	67	67	67	67
54°	64	64	64	65	65	65	65	66	66	66	66
55°	63	63	63	63	64	64	64	64	65	65	65
56°	62	62	62	62	63	63	63	63	63	64	64
57°	61	61	61	61	61	62	62	62	62	62	63
58°	60	60	60	60	61	61	61	61	61	61	62
59°	59	59	59	59	59	60	60	60	60	60	61
60°	58	58	58	58	58	59	59	59	59	59	60

Tabelle 5.

Stündlicher Luftwechsel in cbm und Raumtemperatur für vollbesetzte Räume nach Maßgabe eines nicht zu überschreitenden Feuchtigkeitsgehalts von 70% abs. Sättigung, wenn die Außenluft eine Temperatur von 10° besitzt und auf 80% gesättigt ist.

Auf 1 Person entfallender Rauminhalt	Temperatur des Raumes	Erforderlicher Luftwechsel bei der Benutzung des Raumes von z Stunden für $z =$							
		1	2	3	4	5	6	7	8
4	20°	25	29	30	31	31	32	32	32
	21	21	25	26	27	27	28	28	28
	22	17	21	23	23	24	24	24	24
	23	15	19	20	21	21	21	21	22
6	20	21	27	29	30	31	31	31	32
	21	17	23	25	26	27	27	27	28
	22	13	19	21	22	23	23	24	24
	23	11	17	19	20	20	21	21	21
8	20	17	25	28	29	30	30	31	31
	21	13	21	24	25	26	26	27	27
	22	9	17	20	21	22	23	23	23
	23	7	15	17	19	19	20	20	21
10	20	13	23	27	28	29	30	31	31
	21	9	19	22	24	25	26	26	27
	22	5	15	19	20	21	22	22	23
	23	3	13	16	18	19	19	20	20
12	20	9	21	25	27	28	29	30	30
	21	5	17	21	23	24	25	26	26
	22	1	13	17	19	21	21	22	22
	23	—	11	15	17	18	19	19	20
15	20	3	18	23	25	27	28	29	30
	21	—	14	19	22	23	24	25	25
	22	—	10	15	18	19	20	21	22
	23	—	8	13	15	17	18	18	20
18	20	—	15	21	24	26	27	28	29
	21	—	11	17	20	22	23	24	25
	22	—	7	13	16	18	19	20	21
	23	—	5	11	14	15	17	18	18
20	20	—	13	20	23	25	26	28	29
	21	—	9	16	19	21	22	23	24
	22	—	5	12	15	17	19	20	20
	23	—	3	9	13	15	16	17	18

Für Kinder bis zu 10 Jahren ist etwa die Hälfte, für ältere Kinder $3/4$ der Werte dieser Tabelle zu nehmen.

Soll die Lüftungsanlage nur bis $+ 5°$ bzw. $\pm 0°$ Außentemperatur betrieben werden, so sind: von den für die Raumtemperatur von 20° gültigen Tabellenwerten 10 bzw. 14 cbm,

  „ „ „ „ „ „ 22° „ „ 6 „ 9 „ in Abzug zu bringen.

Stündlicher Luftwechsel im Beharrungszustande nach Maßgabe eines nicht zu überschreitenden Kohlensäuregehaltes.

	Stündl. Kohlensäureentwicklung in cbm	Erforderlicher Luftwechsel in cbm bei einem nicht zu überschreitenden Kohlensäuregehalt von								
		$0,7\,{}^0/_{00}$	$0,8\,{}^0/_{00}$	$0,9\,{}^0/_{00}$	$1,0\,{}^0/_{00}$	$1,1\,{}^0/_{00}$	$1,2\,{}^0/_{00}$	$1,3\,{}^0/_{00}$	$1,4\,{}^0/_{00}$	$1,5\,{}^0/_{00}$
Kräftiger Arbeiter bei der Arbeit	0,036	120,0	90,0	72,0	60,0	51,4	45,0	40,0	36,0	32,7
„ „ „ „ Ruhe	0,023	76,7	57,5	46,0	38,3	32,9	28,8	25,6	23,0	20,9
Erwachsener im Mittel	0,020	66,7	50,0	40,0	33,3	28,6	25,0	22,2	20,0	18,2
Halberwachsener	0,016	53,3	40,0	32,0	26,7	22,9	20,0	17,8	16,0	14,5
Kind	0,010	33,3	25,0	20,0	16,7	14,3	12,5	11,1	10,0	9,1
Leuchtgas 1 cbm	0,61 bei $+ 20^0$	2033	1525	1220	1017	871	763	678	610	555

Stündlicher Luftwechsel in cbm nach Erfahrungssätzen.

Wohnräume und Räume, die diesen nach Besetzung und Art der Benutzung
gleichzustellen sind . . . . 1—2 facher Rauminhalt

Treppenhäuser, Korridore usw.

 bei starker Benutzung . . . . 3—4 „   „

 bei geringer Benutzung . . . . $1/_2$—1 „   „

Restaurationsräume . . . . 3—5 „   „

Garderoben . . . . 2—3 „   „

Schiffsräume

 Lasten, Hellegats, Munitionsräume, Ruderräume (ohne Dampfmaschine),
  Flure, Gänge, die nicht mit Mannschaften belegt sind; Kühl-
  maschinenräume, in denen keine schädlichen Gase verwendet
  werden . . . . 4 „   „

 Wasch- und Baderäume, Akkumulatorenräume, Mannschaftsaborte,
  Pantrys, Kombüsen, Bottlereien . . . . 6 „   „

 Kühlmaschinenräume, sofern schädliche Gase bei ihnen Verwendung
  finden, Gefechtsverbandplätze . . . . 10 „   „

 Kammern, Meßräume . . . . 3 „   „

Einzelzellen in Gefängnissen . . . . $3/_4$—1 „   „

Einzelzellen in Irrenhäusern (je nach Art der Kranken) . . . . $1/_2$—3 „   „

Baderäume . . . . 2—3 „   „

Aborte . . . . 3—5 „   „

Küchen, nach erforderlichem Unterdruck zu bestimmen, mindestens . . . . 4—5 „   „

Tabelle 8.

Wassermenge in kg, die 1000 cbm von außen entnommener Raumluft zuzuführen ist, um nach Erwärmung eine Sättigung von 50% zu erzielen.*

Von außen entnommene Luft		Temperatur der Raumluft							
Temperatur	Prozentsatz der Sättigung	10^0	11^0	12^0	13^0	14^0	15^0	16^0	17^0
— 20	70	4,017	4,264	4,616	4,969	5,322	5,724	6,126	6,529
	80	3,913	4,166	4,519	4,871	5,225	5,627	6,030	6,433
	90	3,815	4,068	4,421	4,774	5,128	5,531	5,934	6,337
— 15	70	3,679	3,933	4,286	4,640	4,993	5,397	5,800	6,203
	80	3,533	3,788	4,142	4,495	4,849	5,253	5,657	6,061
	90	3,387	3,643	3,997	4,351	4,706	5,110	5,514	5,918
— 10	70	3,204	3,459	3,814	4,169	4,525	4,930	5,335	5,740
	80	2,991	3,246	3,602	3,957	4,315	4,720	5,126	5,531
	90	2,777	3,033	3,389	3,746	4,104	4,510	4,916	5,323
— 5	70	2,446	2,703	3,063	3,420	3,777	4,184	4,594	5,001
	80	2,124	2,382	2,743	3,101	3,459	3,868	4,279	4,687
	90	1,802	2,061	2,424	2,783	3,142	3,551	3,963	4,373
0	70	1,390	1,654	2,911	2,374	2,718	3.148	3,559	3,973
	80	0,917	1,183	1,541	1,906	2,272	2,684	3,096	3,511
	90	0,444	0,712	1,071	1,438	1,953	2,365	2,778	3,195
+ 5	70	0,026	0,290	0,659	1,023	1,388	1,850	2,221	2,635
	80	— 0,642	— 0,376	0,004	0,362	0,729	1,199	1,567	1,983
	90	— 1,310	— 1,041	— 0,667	— 0,299	0,070	0,549	0,913	1,331

Von außen entnommene Luft		Temperatur der Raumluft							
Temperatur	Prozentsatz der Sättigung	18^0	19^0	20^0	21^0	22^0	23^0	24^0	25^0
— 20	70	6,981	7,438	7,935	8,438	8,989	9,542	10,144	10,796
	80	6,885	7,343	7,841	8,343	8,895	9,448	10,050	10,703
	90	6,790	7,249	7,746	8,249	8,801	9,353	9,956	10,609
— 15	70	6,657	7,100	7,614	8,118	8,671	9,223	9,827	10,480
	80	6,515	6,968	7,474	7,977	8,531	9,084	9,688	10,342
	90	6,373	6,827	7,333	7,837	8,391	8,944	9,549	10,203
— 10	70	6,195	5,987	7,154	7,659	8,215	8,770	9,375	10,030
	80	5,987	5,780	6,948	7,453	8,011	8,566	9,172	9,827
	90	5,779	5,573	6,741	7,247	7,806	8,362	8,968	9,624
— 5	70	5,458	5,253	6,422	6,929	7,489	8,046	8,653	9,310
	80	5,145	4,941	6,111	6,619	7,180	7,738	8,347	9,005
	90	4,832	4,629	5,820	6,309	6,872	7,431	8,040	8,699
0	70	4,433	4,231	5,403	5,914	6,477	7,038	7,648	8,308
	80	3,973	3,773	4,947	5,458	6,024	6,586	7,198	7,859
	90	3,345	3,459	4,633	5,146	5,713	6,276	6,889	7,552
+ 5	70	3,104	2,906	4,083	4,597	5,166	5,730	6,345	7,009
	80	2,455	2,259	3,437	3,954	4,526	5,092	5,708	6,374
	90	1,815	1,612	2,792	3,310	3,885	4,453	5,072	5,740

Angenäherte Werte der Luft=

(Vom Verfasser korrigierte und

Höhe des Kanals in m	Sekundliche Geschwindigkeit in m bei einem Temperaturunterschiede zwischen der Kanalluft und der Außenluft von:																Höhe des Kanals in m
	2°	4°	6°	8°	10°	12°	14°	16°	18°	20°	22°	24°	26°	28°	30°	32°	
1	0,08	0,13	0,17	0,21	0,25	0,29	0,33	0,36	0,40	0,44	0,47	0,51	0,54	0,58	0,61	0,64	1
2	0,16	0,23	0,30	0,36	0,41	0,46	0,51	0,56	0,60	0,64	0,68	0,72	0,76	0,80	0,84	0,87	2
3	0,23	0,33	0,41	0,48	0,55	0,60	0,65	0,71	0,75	0,80	0,85	0,89	0,93	0,97	1,00	1,03	3
4	0,29	0,42	0,51	0,60	0,67	0,73	0,79	0,85	0,89	0,94	0,99	1,03	1,07	1,11	1,15	1,19	4
5	0,34	0,49	0,59	0,68	0,76	0,83	0,90	0,96	1,02	1,07	1,12	1,17	1,22	1,26	1,30	1,34	5
6	0,39	0,55	0,66	0,77	0,85	0,92	0,99	1,06	1,11	1,18	1,23	1,28	1,32	1,37	1,41	1,46	6
7	0,43	0,60	0,73	0,83	0,91	1,00	1,07	1,14	1,20	1,27	1,33	1,38	1,42	1,47	1,52	1,57	7
8	0,47	0,65	0,78	0,88	0,97	1,07	1,14	1,29	1,30	1,36	1,42	1,48	1,52	1,57	1,62	1,67	8
9	0,50	0,69	0,82	0,93	1,03	1,13	1,21	1,29	1,37	1,44	1,51	1,57	1,62	1,67	1,72	1,77	9
10	0,52	0,73	0,85	0,98	1,09	1,19	1,28	1,36	1,44	1,52	1,59	1,65	1,72	1,76	1,81	1,87	10
11	0,54	0,76	0,89	1,03	1,15	1,25	1,35	1,43	1,51	1,59	1,67	1,73	1,80	1,85	1,90	1,97	11
12	0,56	0,79	0,93	1,07	1,20	1,31	1,41	1,50	1,58	1,66	1,74	1,81	1,87	1,93	1,99	2,06	12
13	0,58	0,82	0,97	1,11	1,25	1,36	1,47	1,56	1,64	1,73	1,81	1,88	1,95	2,01	2,08	2,14	13
14	0,60	0,84	1,01	1,16	1,30	1,41	1,52	1,62	1,70	1,79	1,88	1,95	2,02	2,09	2,15	2,22	14
15	0,62	0,87	1,04	1,20	1,34	1,46	1,57	1,67	1,76	1,85	1,94	2,02	2,09	2,16	2,22	2,29	15
16	0,64	0,89	1,08	1,24	1,39	1,51	1,62	1,73	1,82	1,91	2,00	2,09	2,15	2,23	2,29	2,37	16
17	0,66	0,92	1,11	1,28	1,43	1,55	1,67	1,78	1,88	1,97	2,06	2,15	2,22	2,29	2,36	2,43	17
18	0,68	0,94	1,14	1,31	1,47	1,60	1,72	1,83	1,93	2,03	2,12	2,21	2,29	2,36	2,43	2,51	18
19	0,70	0,96	1,17	1,35	1,51	1,64	1,76	1,88	1,98	2,09	2,18	2,27	2,36	2,43	2,49	2,58	19
20	0,71	0,99	1,20	1,38	1,54	1,68	1,80	1,93	2,03	2,15	2,24	2,33	2,42	2,49	2,56	2,65	20
21	0,72	1,02	1,23	1,42	1,58	1,72	1,85	1,97	2,08	2,20	2,29	2,39	2,48	2,55	2,63	2,71	21
22	0,73	1,04	1,25	1,45	1,61	1,76	1,89	2,01	2,13	2,25	2,34	2,44	2,54	2,61	2,68	2,77	22
23	0,75	1,06	1,28	1,48	1,65	1,80	2,03	2,06	2,18	2,29	2,40	2,50	2,59	2,67	2,74	2,83	23
24	0,76	1,08	1,31	1,52	1,68	1,84	2,08	2,10	2,23	2,34	2,45	2,55	2,65	2,73	2,80	2,89	24
25	0,78	1,10	1,34	1,55	1,72	1,87	2,12	2,15	2,27	2,39	2,50	2,60	2,70	2,78	2,86	2,95	25
26	0,79	1,13	1,37	1,58	1,75	1,91	2,16	2,19	2,32	2,44	2,55	2,66	2,75	2,83	2,92	3,01	26
27	0,81	1,15	1,39	1,61	1,79	1,95	2,21	2,24	2,36	2,48	2,60	2,71	2,80	2,89	2,98	3,07	27
28	0,83	1,17	1,42	1,64	1,82	1,99	2,25	2,28	2,40	2,52	2,65	2,76	2,85	2,95	3,04	3,13	28
29	0,84	1,19	1,44	1,67	1,86	2,03	2,29	2,32	2,45	2,57	2,70	2,81	2,90	3,00	3,09	3,19	29
30	0,86	1,21	1,47	1,70	1,89	2,06	2,32	2,36	2,49	2,62	2,75	2,86	2,96	3,06	3,15	3,24	30

Anmerkung: Als Höhe ist bei Zuluftkanälen der Abstand von Mitte Heizkammer bis zur Lage der neutralen Zone im betreffenden Raume, bei Abluftkanälen der Abstand von der neutralen Zone bis Mündung über Dach in Ansatz zu bringen.

Tabelle 9.

geschwindigkeit in senkrechten Kanälen.

erweiterte Degensche Tabelle.)

Höhe des Kanals in m	Sekundliche Geschwindigkeit in m bei einem Temperaturunterschiede zwischen der Kanalluft und der Außenluft von:															Höhe des Kanals in m
	34°	36°	38°	40°	42°	44°	46°	48°	50°	55°	60°	70°	80°	90°	100°	
1	0,67	0,70	0,74	0,77	0,80	0,83	0,86	0,88	0,90	0,93	0,95	0,97	1,00	1,04	1,08	1
2	0,90	0,93	0,96	1,00	1,03	1,06	1,09	1,11	1,13	1,16	1,19	1,23	1,28	1,32	1,36	2
3	1,07	1,10	1,13	1,17	1,20	1,23	1,26	1,28	1,30	1,34	1,38	1,44	1,49	1,54	1,59	3
4	1,23	1,26	1,29	1,32	1,36	1,39	1,42	1,44	1,46	1,50	1,55	1,62	1,68	1,73	1,79	4
5	1,38	1,41	1,44	1,47	1,50	1,53	1,55	1,57	1,60	1,65	1,70	1,78	1,85	1,91	1,96	5
6	1,50	1,53	1,56	1,59	1,61	1,65	1,68	1,73	1,76	1,82	1,88	1,94	2,01	2,09	2,15	6
7	1,61	1,65	1,68	1,71	1,74	1,78	1,82	1,85	1,87	1,94	1,99	2,09	2,19	2,26	2,32	7
8	1,72	1,76	1,80	1,84	1,87	1,90	1,94	1,97	2,00	2,07	2,13	2,25	2,34	2,41	2,48	8
9	1,81	1,87	1,91	1,94	1,98	2,02	2,05	2,08	2,11	2,19	2,26	2,38	2,49	2,57	2,63	9
10	1,92	1,97	2,02	2,06	2,10	2,14	2,17	2,20	2,23	2,31	2,39	2,51	2,62	2,70	2,77	10
11	2,02	2,07	2,12	2,16	2,20	2,24	2,27	2,31	2,35	2,43	2,50	2,64	2,75	2,84	2,92	11
12	2,11	2,16	2,21	2,26	2,30	2,34	2,38	2,42	2,46	2,55	2,63	2,76	2,87	2,97	3,05	12
13	2,19	2,25	2,30	2,34	2,39	2,44	2,48	2,52	2,56	2,65	2,72	2,87	2,99	3,09	3,17	13
14	2,27	2,33	2,38	2,43	2,48	2,53	2,57	2,61	2,65	2,75	2,83	2,98	3,10	3,20	3,29	14
15	2,35	2,40	2,46	2,51	2,56	2,61	2,66	2,70	2,74	2,84	2,93	3,09	3,22	3,32	3,40	15
16	2,42	2,47	2,53	2,59	2,64	2,69	2,74	2,79	2,83	2,93	3,02	3,19	3,33	3,44	3,50	16
17	2,49	2,55	2,61	2,67	2,72	2,77	2,82	2,87	2,91	3,02	3,12	3,29	3,42	3,54	3,61	17
18	2,56	2,62	2,68	2,74	2,80	2,85	2,91	2,96	3,00	3,11	3,21	3,38	3,51	3,64	3,72	18
19	2,64	2,70	2,76	2,82	2,88	2,93	2,98	3,04	3,08	3,20	3,30	3,48	3,61	3,74	3,82	19
20	2,70	2,76	2,83	2,89	2,95	3,01	3,06	3,12	3,16	3,28	3,38	3,56	3,71	3,82	3,92	20
21	2,77	2,83	2,90	2,97	3,03	3,09	3,14	3,19	3,24	3,36	3,47	3,66	3,80	3,93	4,01	21
22	2,83	2,90	2,96	3,03	3,11	3,16	3,22	3,27	3,31	3,44	3,55	3,74	3,89	4,02	4,10	22
23	2,90	2,97	3,03	3,10	3,17	3,23	3,29	3,34	3,39	3,51	3,64	3,82	3,98	4,10	4,19	23
24	2,96	3,04	3,10	3,16	3,25	3,30	3,36	3,42	3,46	3,59	3,70	3,90	4,07	4,20	4,29	24
25	3,02	3,10	3,17	3,23	3,31	3,37	3,43	3,48	3,53	3,66	3,78	3,98	4,15	4,28	4,38	25
26	3,09	3,16	3,24	3,30	3,38	3,44	3,50	3,55	3,60	3,73	3,85	4,06	4,24	4,37	4,47	26
27	3,15	3,22	3,30	3,36	3,44	3,51	3,57	3,62	3,68	3,80	3,93	4,14	4,31	4,45	4,56	27
28	3,21	3,28	3,37	3,43	3,51	3,56	3,63	3,68	3,74	3,87	4,00	4,22	4,39	4,53	4,65	28
29	3,27	3,34	3,43	3,49	3,58	3,64	3,69	3,75	3,80	3,95	4,08	4,30	4,47	4,61	4,73	29
30	3,33	3,40	3,49	3,55	3,04	3,70	3,76	3,82	3,88	4,03	4,15	4,36	4,55	4,69	4,81	30

Reibungszahlen (ϱ) der Luft.
a) Gemauerte Kanäle.

Kanalumfang in m	Reibungszahl	Kanalumfang in m	Reibungszahl
0,50 bis einschl. 0,51	0,035	0,80 bis einschl. 0,84	0,0084
0,51 „ „ 0,52	0,025	0,84 „ „ 0,88	0,0082
0,52 „ „ 0,53	0,020	0,88 „ „ 0,95	0,0080
0,53 „ „ 0,54	0,019	0,95 „ „ 1,03	0,0078
0,54 „ „ 0,55	0,017	1,03 „ „ 1,15	0,0076
0,55 „ „ 0,56	0,015	1,15 „ „ 1,34	0,0074
0,56 „ „ 0,57	0,014	1,34 „ „ 1,69	0,0072
0,57 „ „ 0,59	0,013	1,69 „ „ 1,99	0,0070
0,59 „ „ 0,61	0,012	1,99 „ „ 2,50	0,0069
0,61 „ „ 0,65	0,011	2,50 „ „ 3,50	0,0068
0,65 „ „ 0,72	0,010	3,50 „ „ 6,52	0,0067
0,72 „ „ 0,74	0,009	6,52 „ „ 12,50	0,0066
0,74 „ „ 0,77	0,0088	über 12,50	0,0065
0,77 „ „ 0,80	0,0086		

b) Metallene Kanäle (Rohrleitungen).
α) Geschwindigkeit der Luft von 1 bis 10 m/Sec.

Innerer Umfang des Kanals in m	Geschwindigkeit der Luft in m										Innerer Umfang des Kanals in m
	1	2	3	4	5	6	7	8	9	10	
0,18	0,0120	0,0085	0,0073	0,0068	0,0064	0,0062	0,0060	0,0059	0,0058	0,0057	0,18
0,20	0,0113	0,0080	0,0070	0,0065	0,0061	0,0059	0,0057	0,0056	0,0056	0,0055	0,20
0,22	0,0108	0,0077	0,0067	0,0063	0,0059	0,0057	0,0055	0,0054	0,0054	0,0053	0,22
0,24	0,0103	0,0074	0,0065	0,0060	0,0057	0,0055	0,0054	0,0053	0,0052	0,0051	0,24
0,26	0,0099	0,0072	0,0063	0,0059	0,0055	0,0053	0,0052	0,0051	0,0051	0,0050	0,26
0,28	0,0096	0,0069	0,0061	0,0057	0,0054	0,0052	0,0051	0,0050	0,0049	0,0049	0,28
0,30	0,0093	0,0068	0,0059	0,0056	0,0053	0,0051	0,0050	0,0049	0,0048	0,0048	0,30
0,32	0,0090	0,0066	0,0058	0,0054	0,0052	0,0050	0,0049	0,0048	0,0047	0,0047	0,32
0,34	0,0088	0,0065	0,0057	0,0053	0,0051	0,0049	0,0048	0,0047	0,0047	0,0046	0,34
0,36	0,0086	0,0063	0,0056	0,0052	0,0050	0,0048	0,0047	0,0046	0,0046	0,0045	0,36
0,38	0,0084	0,0062	0,0055	0,0052	0,0049	0,0048	0,0046	0,0046	0,0045	0,0045	0,38
0,40	0,0083	0,0061	0,0054	0,0051	0,0048	0,0047	0,0046	0,0045	0,0045	0,0044	0,40
0,42	0,0081	0,0060	0,0053	0,0050	0,0048	0,0046	0,0045	0,0045	0,0044	0,0044	0,42
0,44	0,0080	0,0059	0,0053	0,0050	0,0047	0,0046	0,0045	0,0044	0,0044	0,0043	0,44
0,46	0,0079	0,0059	0,0052	0,0049	0,0047	0,0046	0,0044	0,0044	0,0043	0,0043	0,46
0,48	0,0078	0,0058	0,0052	0,0048	0,0046	0,0045	0,0044	0,0043	0,0042	0,0042	0,48
0,50	0,0077	0,0057	0,0051	0,0048	0,0046	0,0044	0,0044	0,0043	0,0042	0,0042	0,50
0,52	0,0076	0,0057	0,0050	0,0048	0,0045	0,0044	0,0043	0,0043	0,0042	0,0042	0,52
0,54	0,0075	0,0056	0,0050	0,0047	0,0045	0,0044	0,0043	0,0042	0,0042	0,0041	0,54
0,56	0,0074	0,0056	0,0050	0,0047	0,0045	0,0043	0,0043	0,0042	0,0042	0,0041	0,56
0,58	0,0073	0,0055	0,0049	0,0046	0,0044	0,0043	0,0042	0,0042	0,0041	0,0041	0,58
0,60	0,0073	0,0055	0,0049	0,0046	0,0044	0,0043	0,0042	0,0041	0,0041	0,0041	0,60
0,62	0,0072	0,0054	0,0049	0,0046	0,0044	0,0043	0,0042	0,0041	0,0041	0,0040	0,62
0,64	0,0071	0,0054	0,0048	0,0045	0,0044	0,0042	0,0042	0,0041	0,0041	0,0040	0,64
0,66	0,0070	0,0054	0,0048	0,0045	0,0043	0,0042	0,0041	0,0041	0,0040	0,0040	0,66
0,68	0,0070	0,0053	0,0048	0,0045	0,0043	0,0042	0,0041	0,0041	0,0040	0,0040	0,68

Tabelle 10 (Forts.)

Innerer Umfang des Kanals in m	Geschwindigkeit der Luft in m										Innerer Umfang des Kanals in m
	1	2	3	4	5	6	7	8	9	10	
0,70	0,0069	0,0053	0,0047	0,0045	0,0043	0,0042	0,0041	0,0040	0,0040	0,0040	0,70
0,72	0,0069	0,0053	0,0047	0,0044	0,0043	0,0042	0,0041	0,0040	0,0040	0,0040	0,72
0,74	0,0069	0,0052	0,0047	0,0044	0,0042	0,0041	0,0041	0,0040	0,0040	0,0039	0,74
0,76	0,0068	0,0052	0,0047	0,0044	0,0042	0,0041	0,0040	0,0040	0,0040	0,0039	0,76
0,78	0,0068	0,0052	0,0046	0,0044	0,0042	0,0041	0,0040	0,0040	0,0039	0,0039	0,78
0,80	0,0068	0,0052	0,0046	0,0044	0,0042	0,0041	0,0040	0,0040	0,0039	0,0039	0,80
0,82	0,0067	0,0051	0,0046	0,0044	0,0042	0,0041	0,0040	0,0040	0,0039	0,0039	0,82
0,84	0,0067	0,0051	0,0046	0,0043	0,0042	0,0041	0,0040	0,0039	0,0039	0,0039	0,84
0,86	0,0066	0,0051	0,0046	0,0043	0,0041	0,0040	0,0040	0,0039	0,0039	0,0039	0,86
0,88	0,0066	0,0051	0,0046	0,0043	0,0041	0,0040	0,0040	0,0039	0,0039	0,0038	0,88
0,90	0,0066	0,0050	0,0045	0,0043	0,0041	0,0040	0,0039	0,0039	0,0039	0,0038	0,90
0,92	0,0066	0,0050	0,0045	0,0043	0,0041	0,0040	0,0039	0,0039	0,0038	0,0038	0,92
0,94	0,0065	0,0050	0,0045	0,0043	0,0041	0,0040	0,0039	0,0039	0,0038	0,0038	0,94
0,96	0,0065	0,0050	0,0045	0,0042	0,0041	0,0040	0,0039	0,0039	0,0038	0,0038	0,96
0,98	0,0065	0,0050	0,0045	0,0042	0,0041	0,0040	0,0039	0,0039	0,0038	0,0038	0,98
1,00	0,0064	0,0050	0,0045	0,0042	0,0041	0,0040	0,0039	0,0039	0,0038	0,0038	1,00
1,02	0,0064	0,0049	0,0045	0,0042	0,0041	0,0040	0,0039	0,0038	0,0038	0,0038	1,02
1,04	0,0064	0,0049	0,0044	0,0042	0,0040	0,0040	0,0039	0,0038	0,0038	0,0038	1,04
1,06	0,0064	0,0049	0,0044	0,0042	0,0040	0,0039	0,0039	0,0038	0,0038	0,0038	1,06
1,08	0,0064	0,0049	0,0044	0,0042	0,0040	0,0039	0,0039	0,0038	0,0038	0,0037	1,08
1,10	0,0063	0,0049	0,0044	0,0042	0,0040	0,0039	0,0039	0,0038	0,0038	0,0037	1,10
1,12	0,0063	0,0049	0,0044	0,0042	0,0040	0,0039	0,0038	0,0038	0,0038	0,0037	1,12
1,14	0,0063	0,0049	0,0044	0,0042	0,0040	0,0039	0,0038	0,0038	0,0038	0,0037	1,14
1,16	0,0063	0,0048	0,0044	0,0041	0,0040	0,0039	0,0038	0,0038	0,0037	0,0037	1,16
1,18	0,0063	0,0048	0,0044	0,0041	0,0040	0,0039	0,0038	0,0038	0,0037	0,0037	1,18
1,20 bis 1,24	0,0062	0,0048	0,0044	0,0041	0,0040	0,0039	0,0038	0,0038	0,0037	0,0037	1,20 bis 1,24
1,26	0,0062	0,0048	0,0043	0,0041	0,0040	0,0039	0,0038	0,0038	0,0037	0,0037	1,26
1,28	0,0062	0,0048	0,0043	0,0041	0,0040	0,0039	0,0038	0,0037	0,0037	0,0037	1,28
1,30 bis 1,32	0,0062	0,0048	0,0043	0,0041	0,0039	0,0039	0,0038	0,0037	0,0037	0,0037	1,30 bis 1,32
1,34	0,0061	0,0048	0,0043	0,0041	0,0039	0,0038	0,0038	0,0037	0,0037	0,0037	1,34
1,36	0,0061	0,0048	0,0043	0,0041	0,0039	0,0038	0,0038	0,0037	0,0037	0,0037	1,36
1,38 bis 1,40	0,0061	0,0047	0,0043	0,0041	0,0039	0,0038	0,0038	0,0037	0,0037	0,0037	1,38 bis 1,40
1,42	0,0061	0,0047	0,0043	0,0041	0,0039	0,0038	0,0038	0,0037	0,0037	0,0036	1,42
1,44 bis 1,48	0,0061	0,0047	0,0043	0,0040	0,0039	0,0038	0,0038	0,0037	0,0037	0,0036	1,44 bis 1,48
1,50	0,0060	0,0047	0,0043	0,0040	0,0039	0,0038	0,0038	0,0037	0,0037	0,0036	1,50
1,52	0,0060	0,0047	0,0043	0,0040	0,0039	0,0038	0,0037	0,0037	0,0037	0,0036	1,52
1,54 bis 1,56	0,0060	0,0047	0,0042	0,0040	0,0039	0,0038	0,0037	0,0037	0,0037	0,0036	1,54 bis 1,56,
1,58 „ 1,64	0,0060	0,0047	0,0042	0,0040	0,0039	0,0038	0,0037	0,0037	0,0036	0,0036	1,58 „ 1,64,
1,66 „ 1,68	0,0060	0,0046	0,0042	0,0040	0,0039	0,0038	0,0037	0,0037	0,0036	0,0036	1,66 „ 1,68
1,70 „ 1,72	0,0059	0,0046	0,0042	0,0040	0,0039	0,0038	0,0037	0,0037	0,0036	0,0036	1,70 „ 1,72
1,74 „ 1,76	0,0059	0,0046	0,0042	0,0040	0,0038	0,0038	0,0037	0,0037	0,0036	0,0036	1,74 „ 1,76
1,78 „ 1,82	0,0059	0,0046	0,0042	0,0040	0,0038	0,0038	0,0037	0,0036	0,0036	0,0036	1,78 „ 1,82
1,84 „ 1,94	0,0059	0,0046	0,0042	0,0040	0,0038	0,0037	0,0037	0,0036	0,0036	0,0036	1,84 „ 1,94
1,96 „ 1,98	0,0059	0,0046	0,0042	0,0039	0,0038	0,0037	0,0037	0,0036	0,0036	0,0036	1,96 „ 1,98
2,00 „ 2,02	0,0058	0,0046	0,0042	0,0039	0,0038	0,0037	0,0037	0,0036	0,0036	0,0036	2,00 „ 2,02
2,04 „ 2,10	0,0058	0,0046	0,0041	0,0039	0,0038	0,0037	0,0037	0,0036	0,0036	0,0036	2,04 „ 2,10
2,12	0,0058	0,0045	0,0041	0,0039	0,0038	0,0037	0,0037	0,0036	0,0036	0,0036	2,12
2,14	0,0058	0,0045	0,0041	0,0039	0,0038	0,0037	0,0037	0,0036	0,0036	0,0035	2,14
2,16 bis 2,34	0,0058	0,0045	0,0041	0,0039	0,0038	0,0037	0,0036	0,0036	0,0036	0,0035	2,16 bis 2,34
2,36 „ 2,40	0,0057	0,0045	0,0041	0,0039	0,0038	0,0037	0,0036	0,0036	0,0036	0,0035	2,36 „ 2,40
2,42 „ 2,50	0,0057	0,0045	0,0041	0,0039	0,0038	0,0037	0,0036	0,0036	0,0035	0,0035	2,42 „ 2,50

β) Geschwindigkeit der Luft von 11 bis 20 m/Sec.

Innerer Umfang des Kanals in m	Geschwindigkeit der Luft in m										Innerer Umfang des Kanals in m
	11	12	13	14	15	16	17	18	19	20	
0,18	0,0057	0,0056	0,0056	0,0055	0,0055	0,0054	0,0054	0,0054	0,0053	0,0053	0,18
0,20	0,0054	0,0054	0,0053	0,0053	0,0053	0,0052	0,0052	0,0052	0,0051	0,0051	0,20
0,22	0,0052	0,0052	0,0052	0,0051	0,0051	0,0050	0,0050	0,0050	0,0050	0,0050	0,22
0,24	0,0051	0,0050	0,0050	0,0050	0,0050	0,0049	0,0049	0,0049	0,0048	0,0048	0,24
0,26	0,0049	0,0049	0,0049	0,0049	0,0048	0,0048	0,0048	0,0048	0,0047	0,0047	0,26
0,28	0,0048	0,0048	0,0048	0,0047	0,0047	0,0047	0,0047	0,0047	0,0046	0,0046	0,28
0,30	0,0047	0,0047	0,0047	0,0046	0,0046	0,0046	0,0046	0,0046	0,0045	0,0045	0,30
0,32	0,0046	0,0046	0,0046	0,0045	0,0045	0,0045	0,0045	0,0045	0,0044	0,0044	0,32
0,34	0,0046	0,0045	0,0045	0,0045	0,0045	0,0044	0,0044	0,0044	0,0044	0,0044	0,34
0,36	0,0045	0,0044	0,0044	0,0044	0,0044	0,0044	0,0043	0,0043	0,0043	0,0043	0,36
0,38	0,0044	0,0044	0,0044	0,0043	0,0043	0,0043	0,0043	0,0042	0,0042	0,0042	0,38
0,40	0,0044	0,0043	0,0043	0,0043	0,0043	0,0042	0,0042	0,0042	0,0042	0,0042	0,40
0,42	0,0043	0,0043	0,0043	0,0042	0,0042	0,0042	0,0042	0,0042	0,0042	0,0042	0,42
0,44	0,0043	0,0042	0,0042	0,0042	0,0042	0,0042	0,0041	0,0041	0,0041	0,0041	0,44
0,46	0,0042	0,0042	0,0042	0,0042	0,0042	0,0041	0,0041	0,0041	0,0041	0,0041	0,46
0,48	0,0042	0,0042	0,0042	0,0041	0,0041	0,0041	0,0041	0,0041	0,0040	0,0040	0,48
0,50	0,0042	0,0041	0,0041	0,0041	0,0041	0,0040	0,0040	0,0040	0,0040	0,0040	0,50
0,52	0,0041	0,0041	0,0041	0,0041	0,0040	0,0040	0,0040	0,0040	0,0040	0,0040	0,52
0,54	0,0041	0,0041	0,0041	0,0040	0,0040	0,0040	0,0039	0,0039	0,0039	0,0039	0,54
0,56	0,0041	0,0040	0,0040	0,0040	0,0040	0,0040	0,0039	0,0039	0,0039	0,0039	0,56
0,58	0,0041	0,0040	0,0040	0,0040	0,0040	0,0039	0,0039	0,0039	0,0039	0,0039	0,58
0,60	0,0040	0,0040	0,0040	0,0040	0,0039	0,0039	0,0039	0,0039	0,0039	0,0039	0,60
0,62	0,0040	0,0040	0,0040	0,0040	0,0039	0,0039	0,0039	0,0039	0,0039	0,0039	0,62
0,64	0,0040	0,0039	0,0039	0,0039	0,0039	0,0039	0,0039	0,0039	0,0038	0,0038	0,64
0,66	0,0040	0,0039	0,0039	0,0039	0,0039	0,0039	0,0039	0,0039	0,0038	0,0038	0,66
0,68	0,0039	0,0039	0,0039	0,0039	0,0039	0,0038	0,0038	0,0038	0,0038	0,0038	0,68
0 70	0 0039	0,0039	0,0039	0,0039	0,0039	0,0038	0,0038	0,0038	0,0038	0,0038	0,70
0,72	0,0039	0,0039	0,0039	0,0038	0,0038	0,0038	0,0038	0,0038	0,0038	0,0038	0,72
0,74	0,0039	0,0039	0,0039	0,0038	0,0038	0,0038	0,0038	0,0038	0,0038	0,0038	0,74
0,76 bis 0,78	0,0039	0,0038	0,0038	0,0038	0,0038	0,0038	0,0038	0,0038	0,0037	0,0037	0,76 bis 0,78
0,80	0,0039	0,0038	0,0038	0,0038	0,0038	0,0038	0,0037	0,0037	0,0037	0,0037	0,80
0,82 bis 0,84	0,0038	0,0038	0,0038	0,0038	0,0038	0,0037	0,0037	0,0037	0,0037	0,0037	0,82 bis 0,84
0,86	0,0038	0,0038	0,0038	0,0038	0,0037	0,0037	0,0037	0,0037	0,0037	0,0037	0,86
0,88 bis 0,92	0,0038	0,0038	0,0038	0,0037	0,0037	0,0037	0,0037	0,0037	0,0037	0,0037	0,88 bis 0,92
0,94 „ 0,98	0,0038	0,0037	0,0037	0,0037	0,0037	0,0037	0,0037	0,0037	0,0036	0,0036	0,94 „ 0,98
1,00	0,0037	0,0037	0,0037	0,0037	0,0037	0,0037	0,0037	0,0037	0,0036	0,0036	1,00
1,02	0,0037	0,0037	0,0037	0,0037	0,0037	0,0037	0,0036	0,0036	0,0036	0,0036	1,02
1,04 bis 1,06	0,0037	0,0037	0,0037	0,0037	0,0037	0,0036	0,0036	0,0036	0,0036	0,0036	1,04 bis 1,06
1,08 „ 1,10	0,0037	0,0037	0,0037	0,0037	0,0036	0,0036	0,0036	0,0036	0,0036	0,0036	1,08 „ 1,10
1,12 „ 1,16	0,0037	0,0037	0,0037	0,0036	0,0036	0,0036	0,0036	0,0036	0,0036	0,0036	1,12 „ 1,16
1,18	0,0037	0,0037	0,0036	0,0036	0,0036	0,0036	0,0036	0,0036	0,0036	0,0036	1,18
1,20 bis 1,24	0,0037	0,0036	0,0036	0,0036	0,0036	0,0036	0,0036	0,0036	0,0036	0,0036	1,20 bis 1,24
1,26 „ 1,30	0,0037	0,0036	0,0036	0,0036	0,0036	0,0036	0,0036	0,0036	0,0035	0,0035	1,26 „ 1,30
1,32 „ 1,34	0,0036	0,0036	0,0036	0,0036	0,0036	0,0036	0,0036	0,0036	0,0035	0,0035	1,32 „ 1,34
1,36 „ 1,38	0,0036	0,0036	0,0036	0,0036	0,0036	0,0036	0,0035	0,0035	0,0035	0,0035	1,36 „ 1,38
1,40 „ 1,48	0,0036	0,0036	0,0036	0,0036	0,0036	0,0035	0,0035	0,0035	0,0035	0,0035	1,40 „ 1,48
1,50 „ 1,52	0,0036	0,0036	0,0036	0,0036	0,0035	0,0035	0,0035	0,0035	0,0035	0,0035	1,50 „ 1,52
1,54 „ 1,60	0,0036	0,0036	0,0036	0,0035	0,0035	0,0035	0,0035	0,0035	0,0035	0,0035	1,54 „ 1,60
1,62 „ 1,68	0,0036	0,0036	0,0035	0,0035	0,0035	0,0035	0,0035	0,0035	0,0035	0,0035	1,62 „ 1,68
1,70 „ 1,86	0,0036	0,0035	0,0035	0,0035	0,0035	0,0035	0,0035	0,0035	0,0035	0,0035	1,70 „ 1,86
1,88 „ 1,90	0,0036	0,0035	0,0035	0,0035	0,0035	0,0035	0,0035	0,0035	0,0034	0,0034	1,88 „ 1,90
1,92 „ 2,02	0,0035	0,0035	0,0035	0,0035	0,0035	0,0035	0,0035	0,0035	0,0034	0,0034	1,92 „ 2,02
2,04 „ 2,12	0,0035	0,0035	0,0035	0,0035	0,0035	0,0035	0,0034	0,0034	0,0034	0,0034	2,04 „ 2,12
2,14 „ 2,34	0,0035	0,0035	0,0035	0,0035	0,0035	0,0034	0,0034	0,0034	0,0034	0,0034	2,14 „ 2,34
2,36 „ 2,50	0,0035	0,0035	0,0035	0,0035	0,0034	0,0034	0,0034	0,0034	0,0034	0,0034	2,36 „ 2,50

Tabelle 11.

Werte für die Reibung in gemauerten Kanälen.

Werte von $\frac{\varrho\,u}{f}$ für kreisförmige und quadratische Querschnitte							
Kreisförmiger Querschnitt				Quadratischer Querschnitt			
Durchmesser m	Umfang u m	Querschnitt f qm	$\frac{\varrho\,u}{f}$	Seite m	Umfang u m	Querschnitt f qm	$\frac{\varrho\,u}{f}$
				0,125	0,50	0,016	1,122
				0,150	0,60	0,023	0,320
0,175	0,550	0,024	0,389	0,175	0,70	0,031	0,229
0,200	0,628	0,031	0,220	0,200	0,80	0,040	0,168
0,250	0,785	0,049	0,137	0,250	1,00	0,063	0,125
0,300	0,942	0,071	0,107	0,300	1,20	0,090	0,099
0,350	1,100	0,096	0,087	0,350	1,40	0,123	0,082
0,400	1,257	0,126	0,074	0,400	1,60	0,160	0,072
0,450	1,414	0,160	0,064	0,450	1,80	0,203	0,062
0,500	1,570	0,196	0,058	0,500	2,00	0,250	0,055
0,550	1,73	0,237	0,051	0,550	2,20	0,303	0,050
0,600	1,89	0,283	0,047	0,600	2,40	0,360	0,046
0,650	2,04	0,332	0,042	0,650	2,60	0,423	0,042
0,700	2,20	0,385	0,039	0,700	2,80	0,490	0,039
0,750	2,36	0,442	0,037	0,750	3,00	0,563	0,036
0,800	2,51	0,503	0,034	0,800	3,20	0,640	0,034
0,850	2,67	0,567	0,032	0,850	3,40	0,723	0,032
0,900	2,83	0,636	0,030	0,900	3,60	0,810	0,030
0,950	2,98	0,709	0,029	0,950	3,80	0,903	0,028
1,000	3,14	0,785	0,027	1,000	4,00	1,000	0,027
1,050	3,30	0,866	0,026	1,050	4,20	1,103	0,026
1,100	3,46	0,950	0,025	1,100	4,40	1,210	0,024
1,150	3,61	1,039	0,023	1,150	4,60	1,323	0,023
1,200	3,77	1,131	0,022	1,200	4,80	1,440	0,022
1,250	3,93	1,227	0,021	1,250	5,00	1,563	0,021
1,300	4,08	1,327	0,021	1,300	5,20	1,690	0,021
1,350	4,24	1,431	0,020	1,350	5,40	1,823	0,020
1,400	4,40	1,539	0,019	1,400	5,60	1,960	0,019
1,450	4,56	1,651	0,019	1,450	5,80	2,103	0,018
1,500	4,71	1,767	0,018	1,500	6,00	2,250	0,018
1,550	4,87	1,887	0,017	1,550	6,20	2,403	0,017
1,600	5,03	2,011	0,017	1,600	6,40	2,560	0,017
1,650	5,18	2,138	0,016	1,650	6,60	2,723	0,016
1,700	5,34	2,270	0,016	1,700	6,80	2,890	0,016
1,750	5,50	2,405	0,015	1,750	7,00	3,063	0,015
1,800	5,66	2,545	0,015	1,800	7,20	3,240	0,015
1,850	5,81	2,688	0,014	1,850	7,40	3,423	0,014
1,900	5,97	2,835	0,014	1,900	7,60	3,610	0,014
1,950	6,13	2,986	0,014	1,950	7,80	3,803	0,014
2,000	6,28	3,142	0,013	2,000	8,00	4,000	0,013
2,500	7,85	4,909	0,011	2,500	10,00	6,250	0,011

Werte von $\dfrac{\varrho\,u}{f}$ für rechteckige Querschnitte

Querschnitt m×m	Umfang u m	Querschnitt f qm	$\dfrac{\varrho\,u}{f}$	Querschnitt m×m	Umfang u m	Querschnitt f qm	$\dfrac{\varrho\,u}{f}$
0,14×0,14	0,56	0,020	0,429	0,40×0,53	1,86	0,212	0,061
×0,20	0,68	0,028	0,221	×0,66	2,12	0,264	0,055
×0,27	0,82	0,038	0,182	×0,79	2,38	0,316	0,052
×0,33	0,94	0,046	0,163	×0,92	2,64	0,368	0,049
×0,40	1,08	0,056	0,147	×1,05	2,90	0,420	0,047
×0,46	1,20	0,064	0,138	×1,18	3,16	0,472	0,046
×0,53	1,34	0,074	0,130	×1,31	3,42	0,524	0,044
×0,66	1,60	0,092	0,125	×1,44	3,68	0,576	0,043
×0,79	1,86	0,111	0,118	×1,57	3,94	0,628	0,042
×0,92	2,12	0,129	0,114	×1,70	4,20	0,680	0,041
×1,05	2,38	0,147	0,112	×1,83	4,46	0,732	0,041
				×1,96	4,72	0,784	0,040
0,20×0,20	0,80	0,040	0,172	×2,09	4,98	0,836	0,040
×0,27	0,94	0,054	0,139				
×0,33	1,06	0,066	0,122	0,46×0,46	1,84	0,212	0,061
×0,40	1,20	0,080	0,111	×0,53	1,98	0,244	0,057
×0,46	1,32	0,092	0,106	×0,66	2,24	0,304	0,051
×0,53	1,46	0,106	0,099	×0,79	2,50	0,363	0,047
×0,66	1,72	0,132	0,091	×0,92	2,76	0,423	0,044
×0,79	1,98	0,158	0,088	×1,05	3,02	0,483	0,042
×0,92	2,24	0,184	0,084	×1,18	3,28	0,543	0,041
×1,05	2,50	0,210	0,081	×1,31	3,54	0,603	0,039
				×1,44	3,80	0,662	0,039
0,27×0,27	1,08	0,073	0,113	×1,57	4,06	0,722	0,038
×0,33	1,20	0,089	0,100	×1,70	4,32	0,782	0,037
×0,40	1,34	0,108	0,089	×1,83	4,58	0,842	0,036
×0,46	1,46	0,124	0,085	×1,96	4,84	0,902	0,036
×0,53	1,60	0,143	0,081	×2,09	5,10	0,961	0,036
×0,66	1,86	0,178	0,073				
×0,79	2,12	0,213	0,069	0,53×0,53	2,12	0,281	0,051
×0,92	2,38	0,248	0,066	×0,66	2,38	0,350	0,047
×1,05	2,64	0,284	0,063	×0,79	2,64	0,419	0,043
×1,18	2,90	0,319	0,062	×0,92	2,90	0,488	0,040
×1,31	3,16	0,354	0,061	×1,05	3,16	0,557	0,039
×1,44	3,42	0,389	0,060	×1,18	3,42	0,625	0,037
×1,57	3,68	0,424	0,058	×1,31	3,68	0,694	0,035
×1,70	3,94	0,459	0,058	×1,44	3,94	0,763	0,035
×1,83	4,20	0,494	0,057	×1,57	4,20	0,832	0,034
×1,96	4,46	0,529	0,057	×1,70	4,46	0,901	0,033
×2,09	4,72	0,564	0,056	×1,83	4,72	0,970	0,033
				×1,96	4,98	1,039	0,032
0,33×0,33	1,32	0,109	0,090	×2,09	5,24	1,108	0,032
×0,40	1,44	0,132	0,079				
×0,46	1,58	0,152	0,075	0,66×0,66	2,64	0,436	0,041
×0,53	1,72	0,175	0,069	×0,79	2,90	0,521	0,037
×0,66	1,98	0,218	0,064	×0,92	3,16	0,607	0,035
×0,79	2,24	0,261	0,059	×1,05	3,42	0,693	0,033
×0,92	2,50	0,304	0,056	×1,18	3,68	0,779	0,032
×1,05	2,77	0,347	0,055	×1,31	3,94	0,865	0,031
×1,18	3,02	0,389	0,053	×1,44	4,20	0,950	0,030
×1,31	3,28	0,432	0,052	×1,57	4,46	1,036	0,029
×1,44	3,54	0,475	0,050	×1,70	4,72	1,122	0,028
×1,57	3,80	0,518	0,049	×1,83	4,98	1,208	0,028
×1,70	4,06	0,561	0,048	×1,96	5,24	1,294	0,027
×1,83	4,32	0,604	0,048	×2,09	5,50	1,379	0,027
×1,96	4,58	0,647	0,047				
×2,09	4,84	0,690	0,047	0,79×0,79	2,16	0,624	0,023
				×0,92	3,42	0,727	0,032
0,40×0,40	1,60	0,160	0,072	×1,05	3,68	0,830	0,030
×0,46	1,72	0,184	0,065	×1,18	3,94	0,932	0,028

Tabelle 11 (Forts.)

Werte von $\frac{\varrho u}{f}$ für rechteckige Querschnitte

Querschnitt m×m	Umfang u m	Querschnitt f qm	$\frac{\varrho u}{f}$	Querschnitt m×m	Umfang u m	Querschnitt f qm	$\frac{\varrho u}{f}$
0,79×1,31	4,20	1,035	0,027	1,18×1,18	4,72	1,392	0,023
×1,44	4,46	1,138	0,026	×1,31	4,98	1,546	0,022
×1,57	4,72	1,240	0,025	×1,44	5,24	1,699	0,021
×1,70	4,98	1,343	0,025	×1,57	5,50	1,853	0,020
×1,83	5,24	1,446	0,024	×1,70	5,76	2,006	0,019
×1,96	5,50	1,548	0,024	×1,83	6,02	2,159	0,019
×2,09	5,76	1,651	0,023	×1,96	6,28	2,313	0,018
				×2,09	6,54	2,466	0,018
0,92×0,92	3,68	0,846	0,029				
×1,05	3,94	0,966	0,027	1,31×1,31	5,24	1,716	0,020
×1,18	4,20	1,086	0,026	×1,44	5,50	1,886	0,020
×1,31	4,46	1,205	0,025	×1,57	5,76	2,057	0,019
×1,44	4,72	1,325	0,024	×1,70	6,02	2,227	0,018
×1,57	4,98	1,444	0,023	×1,83	6,28	2,397	0,018
×1,70	5,24	1,564	0,022	×1,96	6,54	2,568	0,017
×1,83	5,50	1,684	0,022	×2,09	6,80	2,738	0,016
×1,96	5,36	1,803	0,021				
×2,09	6,02	1,923	0,021	1,44×1,44	5,76	2,074	0,019
				×1,57	6,02	2,261	0,018
1,05×1,05	4,20	1,103	0,026	×1,70	6,28	2,448	0,017
×1,18	4,46	1,239	0,024	×1,83	6,54	2,635	0,016
×1,31	4,72	1,376	0,023	×1,96	6,80	2,822	0,016
×1,44	4,98	1,512	0,022	×2,09	7,06	3,010	0,015
×1,57	5,24	1,649	0,021				
×1,70	5,50	1,785	0,021	1,57×1,57	6,28	2,465	0,017
×1,83	5,76	1,922	0,020	×1,70	6,54	2,669	0,016
×1,96	6,02	2,058	0,020	×1,83	6,80	2,873	0,016
×2,09	6,28	2,195	0,019	×1,96	7,06	3,077	0,015
				×2,09	7,32	3,281	0,015

Tabelle 12.

Wärme=Strahlungszahlen (s) einiger Körper.

Baumwollenzeug	3,65	Metalle:	
Bausteine	3,60	Messing (poliertes)	0,26
Glas	2,91	Silber	0,13
Gips	3,60	Zink	0,24
Holz	3,60	Zinn	0,22
Kohlenpulver	3,42	Ölanstrich	3,7
Kohlenstaub	3,42	Papier	3,8
Kreide (zerpulvert)	3,32	do. (versilbert)	0,42
Metalle:		do. (vergoldet)	0,23
Eisen (oxydiertes)	3,36	Ruß	4,0
Eisenblech (gewöhnliches)	2,77	Sand (feiner)	3,62
do. (poliertes)	0,45	Sägespäne	3,53
do. (verbleit)	0,65	Seidenstoff	3,7
Gußeisen (neues)	3,17	Wasser	5,3
Kupfer	0,16	Wollenstoff	3,7

Tabelle 13.

Wärme=Leitzahlen (λ) einiger Körper.

Backsteinmauer	0,69	Kork	0,26
Baumwolle	0,04	Kreidepulver	0,09
Koks		Luft (ruhend)	0,04
dicht	5,00	Marmor	2,8
zerstoßen	0,16	Metalle:	
Dachpappe	0,12	Blei	30
Filz	0,032	Eisen	60
Flaum	0,04	Kupfer	300
Gebrannte Erde		Messing	90
dicht	0,8	Zink	110
zerstoßen	0,15	Zinn	53
Glas	0,8	Papier	0,034
Gips angem. und lufttrocken	0,5	Pappe	0,16
Holz:		Rindsleder	0,15
Eichenholz (winkelrecht zur Faser) .	0,21	Sägespäne (Kiefernholz)	0,045
Tannenholz (gleichl. mit der Faser)	0,17	Sand	0,27
do. (winkelrecht zur Faser)	0,093	Sandstein	1,3
Holzasche	0,06	Schiefer	0,29
Holzkohlenpulver	0,08	Wolle	0,04
Kalkstein (feinkörnig)	2,0	Zement	0,6

Tabelle 14.

Wärmedurchgangszahl (k), d. i. die Wärmemenge, die stündlich durch 1 qm Umschließungsfläche eines Raumes bei 1° Temperaturunterschied von Luft an Luft übertragen wird. (Transmissionskoeffizienten.)

I. Außenwände.

1. Wand aus Backstein.

Mauerstärke (ohne Putz usw.) in m	0,12	0,25	0,38	0,51	0,64	0,77	0,90	1,03	1,16
k =	2,4	1,7	1,3	1,1	0,9	0,8	0,7	0,6	0,55

2. Wand aus Backstein mit einer Luftschicht.

Mauerstärke ohne Luftschicht und Putz in m .	0,24	0,37	0,50	0,63	0,76	0,89	1,02
k =	1,4	1,1	0,9	0,8	0,7	0,6	0,55

3. Wand aus Backstein, mit innerer Gipsdiele von 3 cm Stärke.

Mauerstärke ohne Gipsdiele in m	0,12	0,25	0,38	0,51
k =	2,2	1,5	1,2	1,0

Tabelle 14 (Forts.)

4. Wand aus Backstein, innen mit Holzverkleidung.

Stärke der Backsteinwand in m	0,12	0,25	0,38	0,12	0,25	0,38
Stärke der Holzverkleidung in m	0,010	0,010	0,010	0,015	0,015	0,015
k =	2,0	1,5	1,1	1,8	1,4	1,0

5. Wand aus Backstein, außen und innen Holzverkleidung.

Stärke der Backsteinwand in m .	0,12	0,25	0,38	0,12	0,25	0,38	0,12	0,25	0,38
Stärke der Holzwände zus. in m .	0,020	0,020	0,020	0,025	0,025	0,025	0,030	0,030	0,030
k =	1,2	1,0	0,85	1,1	0,9	0,8	1,0	0,8	0,7

6. Wand aus Sandstein.

Mauerstärke ohne Putz in m	0,30	0,40	0,50	0,60	0,70	0,80	0,90	1,00	1,10	1,20
k =	2,1	1,8	1,6	1,4	1,3	1,2	1,1	1,0	0,9	0,85

7. Wand aus Sandstein mit Backsteinhintermauerung.

Sandsteinstärke in m . .	0,10	0,10	0,10	0,10	0,10	0,10	0,10	0,10	0,25	0,25
Backsteinstärke in m . .	0,12	0,25	0,38	0,51	0,64	0,77	0,90	1,03	0,12	0,25
k =	2,1	1,5	1,2	1,0	0,8	0,7	0,6	0,55	1,7	1,3

Sandsteinstärke in m . .	0,25	0,25	0,25	0,25	0,25	0,50	0,50	0,50	0,50	0,50	0,50
Backsteinstärke in m . .	0,38	0,51	0,64	0,77	0,90	0,12	0,25	0,38	0,50	0,64	0,77
k =	1,0	0,9	0,75	0,65	0,6	1,3	1,0	0,85	0,75	0,65	0,6

8. Wand aus Kalkstein.

Mauerstärke ohne Putz in m	0,30	0,40	0,50	0,60	0,70	0,80	0,90	1,00	1,10	1,20
k =	2,5	2,2	2,0	1,8	1,7	1,55	1,4	1,3	1,25	1,2

9. Wand aus Kalksandstein.

Mauerstärke (ohne Putz) in m . .	0,12	0,25	0,38	0,51	0,64	0,77	0,90	1,03	1,16
k =	2,60	1,90	1,50	1,30	1,10	0,95	0,85	0,75	0,70

10. Wand aus Gipsdielen.

Stärke der Gipsdiele in m	0,03	0,04	0,05	0,06
k =	3,7	3,4	3,2	3,0

11. Wand aus Stampfbeton.

Stärke der Wand in m	0,05	0,10	0,15	0,20	0,25	0,30
k =	3,4	2,7	2,3	2,0	1,7	1,5

12. Wand aus Fachwerk.

$$k = m\,k_1 + n\,k_2$$ (m bedeutet den im Durchschnitte auf 1 qm Fläche entfallenden Teil aus Holz, n den Teil aus Mauerwerk.)

Stärke der Wand: 0,12 m, $k_1 = 0,66$, $k_2 = 2,4$.

13. Wand aus viereckigen, übereinandergelegten Holzbalken, außen und innen Bretterverkleidung, zwischen der äußeren Verkleidung und Balkenwand eine geteerte Pappschicht.

Stärke der Balkenwand in m	0,10	0,10	0,10	0,15	0,15	0,15
Stärke der Holzverkleidungen zusammen in m	0,020	0,025	0,030	0,020	0,025	0,030
k =	0,57	0,54	0,51	0,44	0,42	0,40

14. Prüß-Wand mit Luftschicht.

Stärke der Mauer ohne Putz und ohne Luftschicht in m	0,12	0,24
k =	1,50	1,20

II. Innenwände.

1. Wand aus Backstein.

Mauerstärke (ohne Putz) in m	0,12	0,25	0,38	0,51	0,64	0,77
k =	2,2	1,5	1,2	1,0	0,8	0,7

2. Wand aus Kalksandstein.

Mauerstärke (ohne Putz) in m	0,12	0,25	0,38	0,51	0,64	0,77
k =	2,30	1,70	1,40	1,20	1,00	0,90

3. Rabitzwand.

Wandstärke in m	0,04	0,06	0,08	0,10
k =	3,1	2,8	2,5	2,3

4. Holzwand ohne Putz.

Wandstärke in m	0,010	0,015	0,020	0,025
k =	2,7	2,4	2,1	1,9

5. Holzwand mit Putz auf beiden Seiten.

Holzstärke in m	0,020	0,025	0,030	0,040
k =	1,3	1,2	1,15	1,0

6. Wand aus Korkstein.

Wandstärke in m	0,12	0,25	0,38
k =	1,52	0,92	0,66

7. Wand aus Gipsdielen.

Wandstärke in m	0,03	0,04	0,05	0,06	0,07	0,08	0,09	0,10
k =	3,20	3,01	2,90	2,80	2,64	2,53	2,42	2,33

8. Prüß-Wand ohne Luftschicht.

Stärke der Mauer ohne Putz in m	0,06
k =	2,70

Tabelle 14 (Forts.)

III. Fußböden und Decken.

A. Holz.

$$k = \frac{m\,k_1 + n\,k_2}{m + n}$$, m bedeutet die Balkenbreite, n die lichte Entfernung der Balken voneinander.

1. Balkenlage mit einfacher Holzdielung aus Fichtenholz mit Ölanstrich.

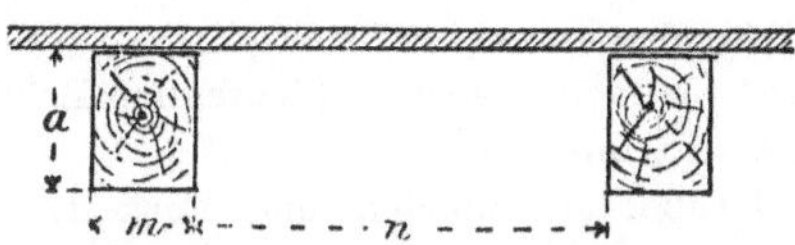

Höhe der Balken in m	0,20	0,24	m = 0,15　n = 0,6 . . . k =	1,63	1,62
Stärke der Dielung in m . . .	0,025	0,052	m = 0,15　n = 0,7 . . . k =	1,67	1,66
$k_1 =$	0,415	0,352	m = 0,20　n = 0,6 . . . k =	1,56	1,54
$k_2 =$	1,934	1,934	m = 0,20　n = 0,7 . . . k =	1,60	1,59

2. Balkenlage mit Einschub und Koksfüllung, oben einfache Fichtenholzdielung mit Ölanstrich, unten geschalt, gerohrt und geputzt.

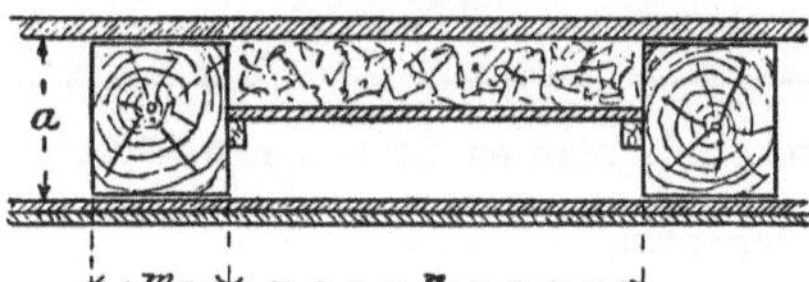

	Kältere Luft darüber	Kältere Luft darunter
Höhe der Balken in m	0,24	0,24
Stärke der Dielung in m	0,025	0,025
Stärke der Füllung in m	0,105	0,105
$k_1 =$	0 2974	0,2974
$k_2 =$	0.5375	0,2174
m = 0,2　n = 0,6 . . . . k =	0,48	0,24
m = 0,2　n = 0,7 . . . . k =	0,49	0,24
m = 0,2　n = 0,8 . . . . k =	0,49	0,24
m = 0,2　n = 0,9 . . . . k =	0,50	0,24

3. Balkenlage mit Einschub und Koksfüllung, oben Blendboden und eichener Stabfußboden oder Parkett, unten geschalt, gerohrt und geputzt.

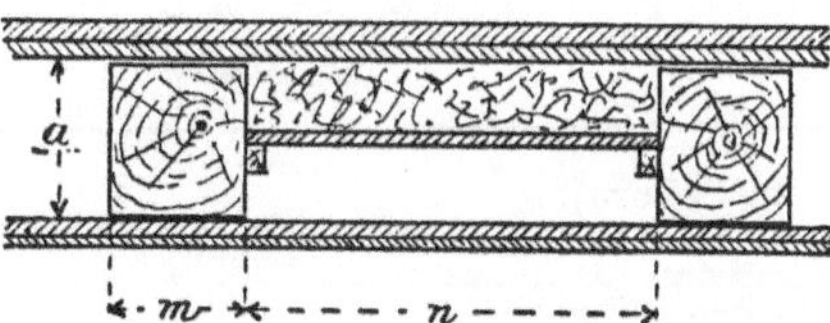

	Kältere Luft darüber	Kältere Luft darunter
Höhe der Balken in m	0,24	0,24
Stärke der Füllung in m	0,105	0,105
$k_1 =$	0,2754	0,2754
$k_2 =$	0,4697	0,2054
m = 0,2　n = 0,6 . . . . k =	0,42	0,22
m = 0,2　n = 0,7 . . . . k =	0,43	0,22
m = 0,2　n = 0,8 . . . . k =	0,43	0,22
m = 0,2　n = 0,9 . . . . k =	0,43	0,22

Tabelle 14 (Forts.)

B. Stein.

1. Backsteingewölbe, 0,12 m stark, Vertiefungen ausgemauert.

a) Mit Fliesenbelag . . . . k = 1,66
b) Mit Asphaltguß . . . . k = 1,58
c) Mit Terrazzo . . . . k = 1,60
d) Mit Linoleum . . . . k = 1,66
e) Mit eichenem Stabfußboden in Asphalt gelegt . . . . k = 1,40
f) Mit Lagerhölzern und einfacher geölter Fichtenholzdielung darüber. Die kältere Luft befindet sich unterhalb . . . . k = 0,33
g) Mit Lagerhölzern, darüber Blendböden und Parkett. Die kältere Luft befindet sich unterhalb . . . . k = 0,3

2. Preußische Kappe aus Vollsteinen mit Holzfußboden.

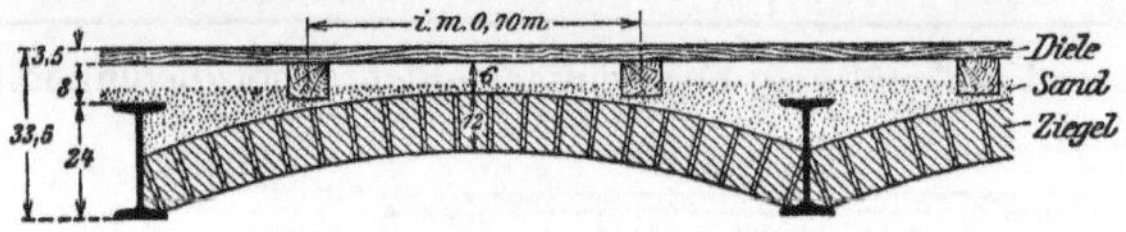

	Kältere Luft darüber	Kältere Luft darunter
k =	0,75	0,40

3. Horizontale Massivdecke aus porösen Lochsteinen (System Kleine).

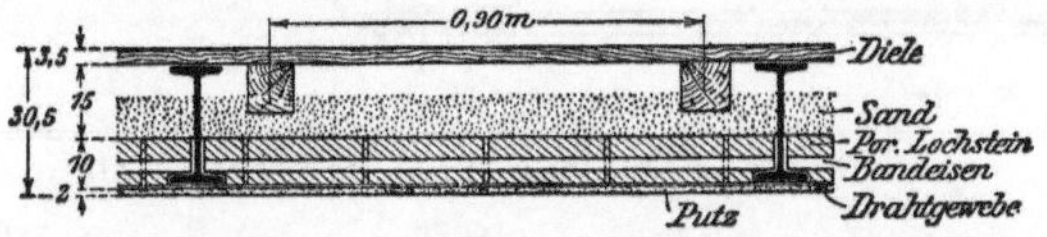

k =	0,70	0,35

4. Wie unter 3, mit gestelzter Massivdecke.

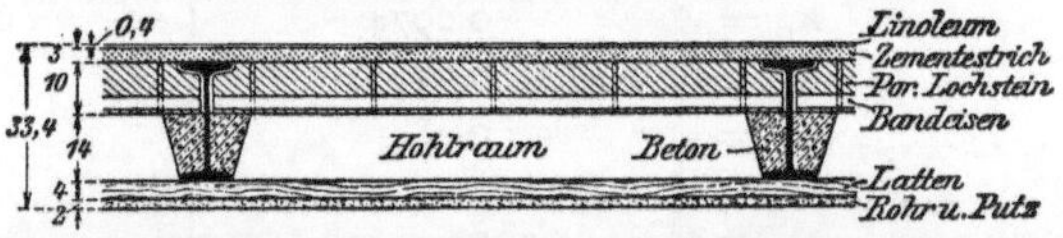

k =	0,85	0,30

5. Wie unter 3, für starke Belastung mit massivem Fußboden.

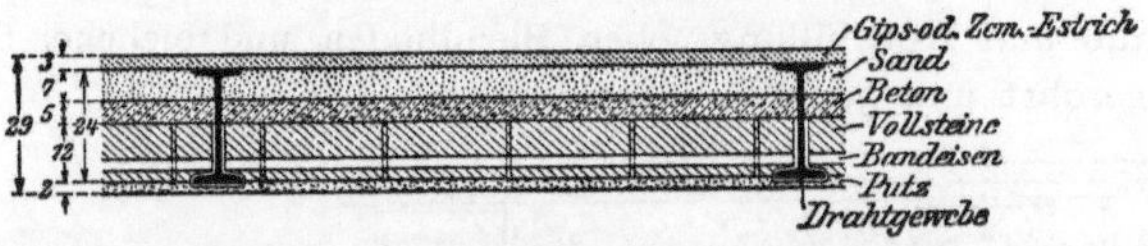

k =	1,20	1,20

6. Hohlsteindecke (System Sekura).

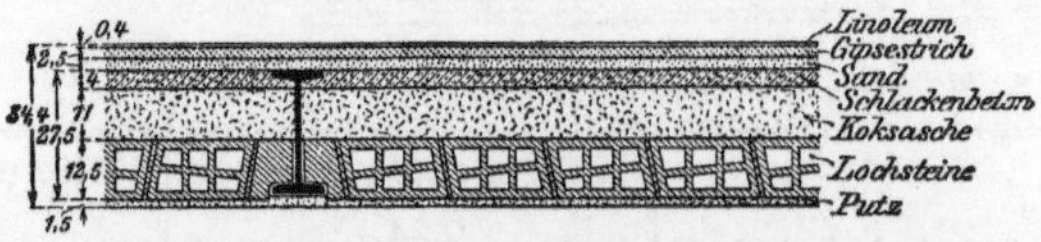

k =	0,65	0,45

7. Hohlsteindecke (System Westpfahl).

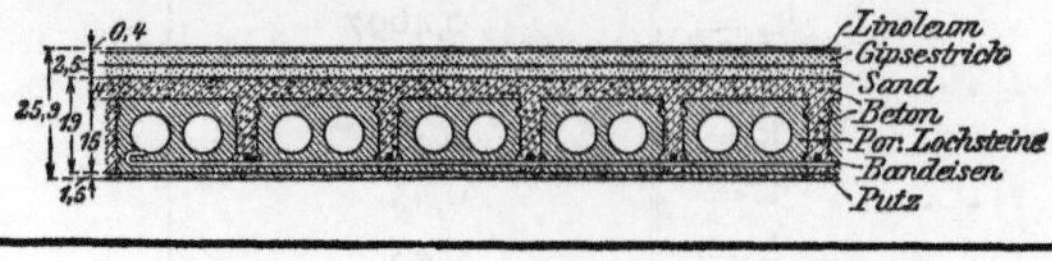

k =	1,25	0,90

Tabelle 14 (Forts.)

	Kältere Luft	
	darüber	darunter
8. Stegsteindecke (System Höfchen & Peschke). 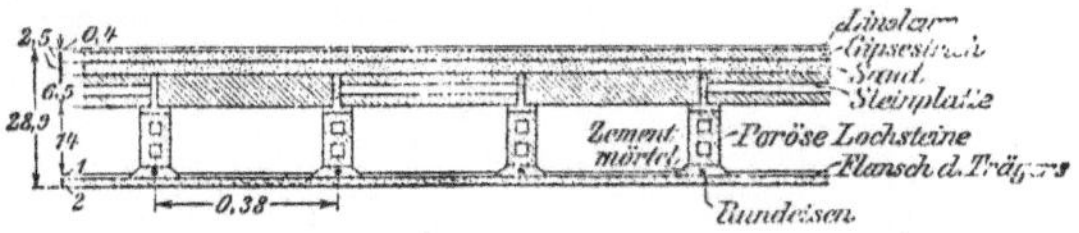 $k =$	1,20	0,40
9. Koenensche Plandecke. 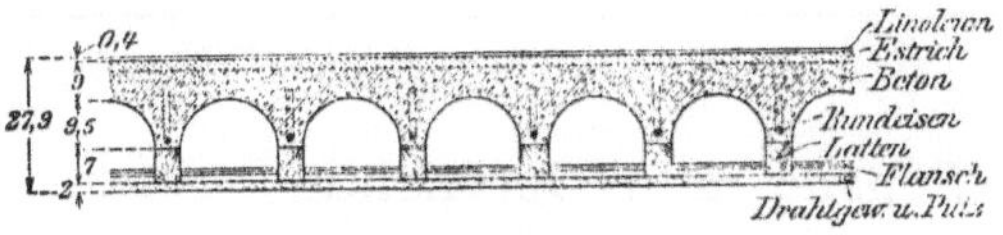 $k =$	1,20	0,35
10. Rohrzellendecke (System Wayss). 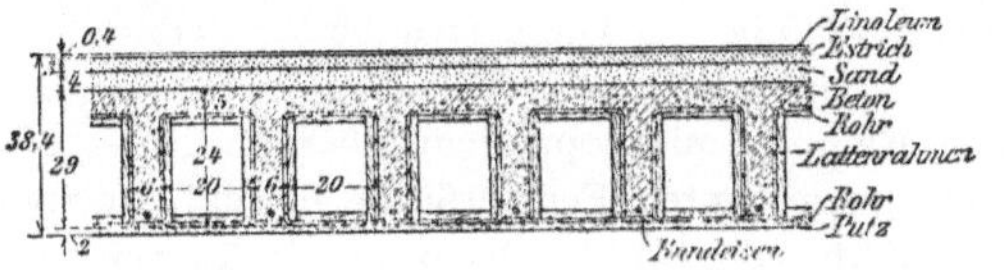 $k =$	0,75	0,45
11. Siegwartbalkendecke.  $k =$	1,30	0,60
12. Eisenbetonplatte (die Koeffizienten gelten auch für Koenensche Voutenplatte). 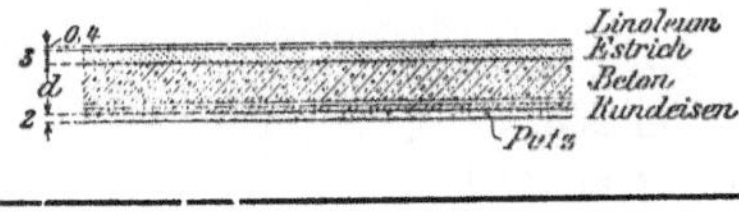 $d = 0,10$ $k =$	1,90	1,90
$d = 0,15$ $k =$	1,65	1,65
$d = 0,20$ $k =$	1,45	1,45
13. Betonplattendecke. 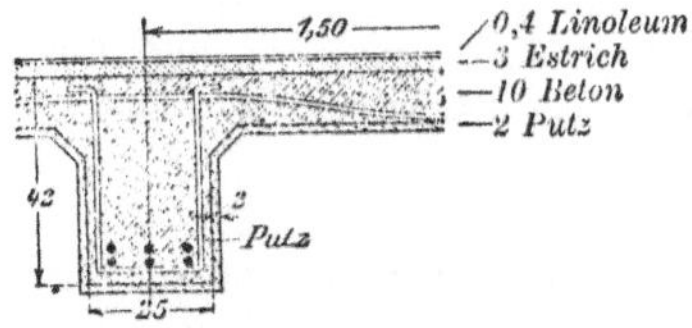 $k =$	1,80	1,80
14. Desgleichen mit Hohlraum und unterspanntem Drahtputz. 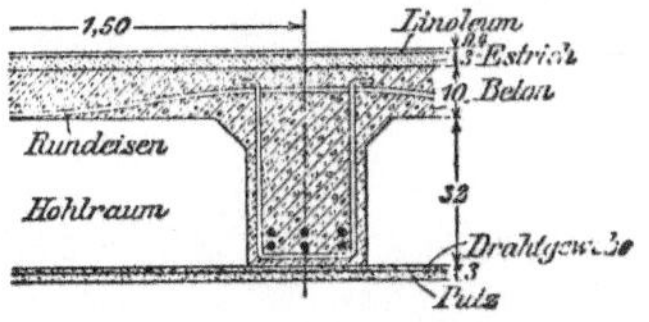 $k =$	1,20	0,20

IV. Türen.

Stärke des Holzes	0,02	0,03	0,04	0,05	0,06
Fichtenholz { Innentür } ...... k =	2,1	1,7	1,5	1,3	1,1
Fichtenholz { Außentür } ...... k =	2,2	1,8	1,5	1,3	1,1
Eichenholz { Innentür } ...... k =	2,8	2,5	2,2	2,0	1,8
Eichenholz { Außentür } ...... k =	3,0	2,5	2,2	2,0	1,8

V. Fenster und Oberlichte.

1. Fenster.

Einfache Fenster gewöhnlicher Größe oder große Fenster aus starkem
Spiegelglase (Schaufenster) . . . . k = 5

Einfache große Fenster aus gewöhnlichem Glase (Kirchenfenster) . . k = 5,3

Doppelfenster . . . . k = 2,2

Doppelglasfenster (einfacher Rahmen mit doppeltem Glase) . . . . . k = 5—2,8 m
(m bedeutet den Teil der gesamten Fensterfläche einschl. Holzrahmen, der auf
die Glasfläche entfällt. S. Bd. I, Beispiele für Bestimmung von Trans-
missionskoeffizienten.)

2. Oberlichte.

Einfach, darüber Außenluft . . . . k = 5,1

Einfach, darüber Bodenraum . . . . k = 3,6

Doppelt, darüber Außenluft . . . . k = 2,35

Doppelt, darüber Bodenraum . . . . k = 2,1

VI. Dächer.

1. Teerpappdach auf Schalung 0,025 m stark . . . . k = 2,13
2. Zinkdach auf Schalung 0,025 m stark . . . . k = 2,17
3. Kupferdach auf Schalung 0,025 m stark . . . . k = 2,17
4. Schieferdach auf Schalung 0,025 m stark . . . . k = 2,10
5. Ziegeldach ohne Schalung, aber sonst dicht . . . . k = 4,85
6. Ziegeldach auf Lattung, 0,025 m Schalung und Putz . . . . . . k = 1,60
7. Desgl. noch mit 0,03 m Korkisolierung . . . . k = 1,30
8. Holzzementdach . . . . k = 1,32
9. Wellblechdach ohne Schalung . . . . k = 10,40
10. Betondach 0,08 m stark mit Dachpappe ohne Putz . . . . k = 2,60
11. Desgl. 0,08 m stark mit Dachpappe und Putz . . . . k = 2,50
12. Desgl. 0,08 m stark mit Dachpappe und 0,03 m starker Kork-
isolierung, Luftschicht und innen Putz . . . . k = 1,30

Tabellen der Wärmemenge, die stündlich durch 1 qm Heizfläche von Wasser, Dampf oder Luft an Luft übertragen wird.

Wärmemenge, die stündlich durch 1 qm Heizfläche von Wasser, Dampf oder Luft an Luft übertragen wird.*)

A. Die Wärme aufnehmende Luft besitzt nur die durch den natürlichen Auftrieb hervorgerufene Geschwindigkeit.

I. Wärmeübertragung von Wasser an Luft.

Art der Heizfläche	Wärmemenge (k), die stündlich von 1 qm bei 1° Temp.-Unterschied zwischen der mittleren Temperatur des Wassers und der Temperatur der zuströmenden Luft abgegeben wird, wenn der Unterschied beträgt:					
	unter 40°	über 40° bis 50°	über 50° bis 60°	über 60° bis 70°	über 70° bis 80°	über 80°
a) Schmiedeeiserne Heizflächen.						
1. Einfaches horizontales oder vertikales Rohr.						
Rohr bis etwa 33 mm äußerem Durchmesser. . .	10,5	11,0	11,5	12,0	12,5	12,5
Rohr über 33 mm bis etwa 60 mm äuß. Durchmesser	9,0	9,5	10,0	10,5	11,0	11,5
„ „ 60 „ „ „ 100 „ „ „	8,5	9,5	10,0	10,5	10,5	10,5
„ „ 100 „ „ „ 150 „ „ „	8,0	9,0	9,5	9,5	9,5	9,5
„ „ 150 „ äußerem Durchmesser	8,0	8,5	8,5	8,5	8,5	8,5
2. Mehrfach übereinanderliegendes Rohr in Gestalt eines Rohrzuges oder einer Rohrschlange bis zu etwa 1 m Höhe. Die Windungen berühren sich nicht, ihr Zwischenraum beträgt mindestens Rohrstärke.						
Rohr bis etwa 33 mm äußerem Durchmesser. . .	9,0	10,0	10,5	11,0	11,0	11,5
„ über 33 „ „ „ . . .	7,0	8,0	8,5	9,0	9,0	9,0
3. Desgleichen wie unter 2., nur über 1 m Höhe.						
Rohr bis etwa 33 mm äußerem Durchmesser. . .	8,0	8,5	9,0	9,5	9,5	9,5
„ über 33 „ „ „ . . .	6,5	7,0	7,5	8,0	8,0	8,0
4. Zylinderofen bis etwa 2 m Höhe, bestehend aus zwei konzentrisch ineinandergelegten Röhren. Außen und durch das innere Rohr strömt Luft; lichter Zwischenraum der Röhren für den Wasserlauf etwa 20 mm.						
Außenrohr von etwa 100—150 mm Durchmesser	8,0	8,5	9,0	9,0	9,0	9,0
„ „ 150—200 „ „	7,5	8,0	8,5	9,0	9,0	9,0
„ „ 200—300 „ „	7,5	8,0	8,0	8,5	8,5	8,5
„ „ über 300 „ „	7,0	7,5	8,0	8,0	8,5	8,5
Innenrohr von etwa 120—400 „ „	3,0	3,5	3,5	3,5	3,5	3,5
5. Rohrregister, bestehend aus einer Anzahl horizontaler oder vertikaler Röhren.						
Einreihig	7,5	8,0	8,5	9,0	9,5	9,5
Zweireihig	5,5	6,0	6,5	7,0	7,0	7,0
Vierreihig	5,0	5,5	6,0	6,0	6,0	6,0
6. Plattenheizkörper						
bis etwa 1 m Höhe	7,5	8,0	8,5	9,0	9,5	9,5
über 1 m Höhe	6,5	7,0	7,5	8,0	8,5	8,5

*) Bei Benutzung dieser Tabelle sind auch die Bemerkungen in Bd. I über die Bestimmung der Wärmedurchgangszahlen von Heizkörpern zu beachten.

Tabelle 15 (Forts.)

Art der Heizfläche	Wärmemenge (k), die stündlich von 1 qm bei 1° Temp.-Unterschied zwischen der mittleren Temperatur des Wassers und der Temperatur der zuströmenden Luft abgegeben wird, wenn der Unterschied beträgt:					
	unter 40°	über 40° bis 50°	über 50° bis 60°	über 60° bis 70°	über 70° bis 80°	über 80°
b) Gußeiserne Heizflächen.						
7. Radiatoren, geringster Zwischenraum der Elemente nicht unter 25 mm.						
1 und 2 säulige Radiatoren, 6- oder mehrgliedrig:						
500 mm Bauhöhe	6,3	6,6	6,8	7,0	7,2	7,3
700 mm Bauhöhe	6,0	6,3	6,5	6,7	6,9	7,0
1000 mm Bauhöhe	5,7	6,0	6,2	6,4	6,6	6,7
Bei 3- bis 6 gliedrigen Heizkörpern können diese Werte um 5% erhöht werden.						
3 säulige Radiatoren, 6- oder mehrgliedrig:						
500 mm Bauhöhe	5,6	5,9	6,2	6,4	6,5	6,6
700 mm Bauhöhe	5,4	5,7	5,9	6,1	6,2	6,3
1000 mm Bauhöhe	5,2	5,5	5,7	5,9	6,0	6,1
Bei 3- bis 6 gliedrigen Heizkörpern können diese Werte um 5% erhöht werden.						
8. Rippenkasten bis etwa 0,6 m Höhe, mit senkrechten Rippen nicht unter 45 mm Zwischenraum.						
Rippenhöhe 0 mm	7,5	8,5	8,5	9,0	9,0	9,0
,, 20 ,,	5,5	6,0	6,5	6,5	6,5	6,5
,, 40. ,,	5,0	5,5	5,5	6,0	6,0	6,0
,, 50 ,,	4,5	5,0	5,5	5,5	5,5	5,5
,, 60 ,,	4,5	4,5	5,0	5,0	5,0	5,0
9. Rippenheizkörper mit schrägen Rippen. Die Elemente reihen sich horizontal aneinander. Zwischenraum der Rippen nicht unter 14 mm	4,0	4,5	5,0	5,0	5,0	5,5
10. Rippenrohr mit runden Rippen. Zwischenraum der Rippen mindestens 35 mm	4,0	4,5	5,0	5,0	5,5	5,5
11. Rippenheizkörper, bestehend aus einem Rohrzuge horizontaler übereinanderliegender Rippenrohre von kreisförmigem Rohrquerschnitte u. desgleichen Rippen. Zwischenraum der Rippen mindestens 17 mm.						
1 Rohr	3,5	4,5	4,5	5,0	5,0	5,0
3 Rohre ⎰ (die Rippen greifen zum ⎱	3,0	3,5	4,0	4,0	4,0	4,0
6 Rohre ⎱ Teil ineinander) ⎰	2,5	3,0	3,0	3,5	3,5	3,5
12. Rippenheizkörper wie unter 11., jedoch von ovalem Rohrquerschnitte und desgleichen Rippen. Zwischenraum der Rippen mindestens 14 mm.						
1 Rohr	5,0	5,5	6,0	6,5	6,5	6,5
3 Rohre (die Rippen greifen nicht ineinander)	4,0	4,5	4,5	5,0	5,0	5,0
6 Rohre	3,0	3,5	4,0	4,0	4,0	4,0
13. Rippenheizkörper bestehend aus horizontalen übereinanderliegenden Rippenrohren von kreisförmigem oder ovalem Rohrquerschnitte mit runden oder rechteckigen Rippen. Wasserzulauf von der Mitte eines jeden Rohres, Verteilung des Wassers nach rechts und links durch eingegossene Leitflächen. Zwischenraum der Rippen mindestens 14 mm.						
1 Rohr	3,5	4,5	4,5	5,0	5,0	5,0
3 Rohre (die Rippen greifen nicht ineinander)	3,0	3,5	4,0	4,0	4,0	4,0
6 Rohre	2,5	3,0	3,0	3,5	3,5	3,5

II. Wärmeübertragung von Wasser an Luft durch ein Heißwasserheizungs=(Perkins=)Rohr.

Übereinanderliegende Rohre können von der Luft umspült werden,
berühren sich also nicht.

Unterschied zwischen der mittleren Temperatur des Wassers und der Temperatur der zuströmenden Luft	Wärmemenge (k), die stündlich von 1 qm bei 1° Temp.-Untersch. zwischen der mittleren Temperatur des Wassers und der Temperatur der zuströmenden Luft abgegeben wird
30^0	8,8
40^0	9,9
50^0	10,6
60^0	11,0
70^0	11,2
80^0	11,3
90^0	11,4
100^0	11,5
110^0	11,5
120^0	11,6
130^0	11,6
140^0	11,7
150^0	11,7

III. Wärmeübertragung von Dampf an Luft.

Art der Heizfläche	Wärmemenge (k), die stündlich von 1 qm bei 1° Temp.-Unterschied zwischen der mittleren Temperatur des Dampfes und der Temperatur der zuströmenden Luft abgegeben wird
a) Schmiedeeiserne Heizflächen.	
1. Einfaches horizontales Rohr.	
Rohr bis etwa 33 mm äußeren Durchmesser	13,0
Rohr über 33 mm bis etwa 100 mm äußeren Durchmesser . .	12,0
Rohr über 100 mm äußeren Durchmesser	11,5
2. Einfaches vertikales Rohr.	
a) Für Niederdruck-Dampfheizung:	
Rohr bis etwa 33 mm äußeren Durchmesser	13,5
Rohr über 33 mm bis etwa 100 mm äußeren Durchmesser . .	12,5
Rohr über 100 mm äußeren Durchmesser	12,0
b) Für Hochdruck-Dampfheizung:	
Rohr bis etwa 33 mm äußeren Durchmesser	14,0
Rohr über 33 mm bis etwa 100 mm äußeren Durchmesser . .	13,0
Rohr über 100 mm äußeren Durchmesser	12,5

Tabelle 15 (Forts.)

Art der Heizfläche	Warmemenge (k), die stündlich von 1 qm bei 1⁰ Temp.-Unterschied zwischen der mittleren Temperatur des Dampfes und der Temperatur der zustromenden Luft abgegeben wird
3. Mehrfach übereinanderliegendes Rohr in Gestalt eines Rohrzugs oder einer Rohrschlange bis zu etwa 1 m Höhe. Die Windungen berühren sich nicht, ihr Zwischenraum beträgt mindestens Rohrstärke.	
Rohr bis etwa 33 mm äußeren Durchmesser	12,5
Rohr über 33 mm äußeren Durchmesser	11,0
4. Desgleichen wie unter 3., nur über 1 m Höhe.	
Rohr bis etwa 33 mm äußeren Durchmesser	11,0
Rohr über 33 mm äußeren Durchmesser	9,5
5. Rohrregister, bestehend aus einer Anzahl horizontaler oder vertikaler Röhren.	
Einreihig	11,5
Zweireihig	9,0
Vierreihig	8,0
6. Plattenheizkörper.	
Bis etwa 1 m Höhe	12,0
Über 1 m Höhe	11,0

b) Gußeiserne Heizflächen.

7. Radiatoren. Geringster Zwischenraum der Elemente nicht unter 25 mm.	
α) *Für Niederdruck-Dampfheizung:*	
1- und 2 säulige Radiatoren, 6- oder mehrgliedrig:	
500 mm Bauhöhe	8,5
700 mm Bauhöhe	8,0
1000 mm Bauhöhe	7,7
Bei 3- bis 6 gliedrigen Heizkörpern können diese Werte um 5% erhöht werden.	
3-säulige Radiatoren, 6- oder mehrgliedrig:	
500 mm Bauhöhe	7,3
700 mm Bauhöhe	7,0
1000 mm Bauhöhe	6,7
Bei 3- bis 6 gliedrigen Heizkörpern können diese Werte um 5% erhöht werden.	
β) *Für Hochdruck-Dampfheizung:*	
1- und 2 säulige Radiatoren, 6- oder mehrgliedrig:	
500 mm Bauhöhe	9,0
700 mm Bauhöhe	8,5
1000 mm Bauhöhe	8,0
Bei 3- bis 6 gliedrigen Heizkörpern können diese Werte um 5% erhöht werden.	
3 säulige Radiatoren, 6- oder mehrgliedrig:	
500 mm Bauhöhe	8,0
700 mm Bauhöhe	7,5
1000 mm Bauhöhe	7,0
Bei 3- bis 6 gliedrigen Heizkörpern können diese Werte um 5% erhöht werden.	
8. Rippenkasten bis etwa 0,6 m Höhe mit senkrechten Rippen. Zwischenraum der Rippen mindestens 45 mm.	
Rippenhöhe 0 mm	11,0
,, 20 ,,	8,0
,, 40 ,,	7,5
,, 50 ,,	7,0
,, 60 ,,	6,5

Art der Heizfläche	Wärmemenge (k), die stündlich von 1 qm bei 1^0 Temp.-Unterschied zwischen der mittleren Temperatur des Dampfes und der Temperatur der zuströmenden Luft abgegeben wird
9. Rippenheizkörper mit schrägen Rippen. Die Elemente reihen sich horizontal aneinander. Zwischenraum der Rippen mindestens 14 mm	6,0
10. Rippenrohr mit runden Rippen. Zwischenraum der Rippen mindestens 35 mm	6,5
11. Rippenheizkörper, bestehend aus einem Rohrzuge horizontal übereinanderliegender Rippenrohre von kreisförmigem Rohrquerschnitte und desgleichen Rippen. Zwischenraum der Rippen mindestens 17 mm.	
1 Rohr	6,0
3 Rohre (die Rippen greifen zum Teil ineinander)	4,5
6 Rohre	4,0
12. Rippenheizkörper wie unter 11., jedoch von ovalem Rohrquerschnitte und desgleichen Rippen. Zwischenraum der Rippen mindestens 14 mm.	
1 Rohr	7,0
3 Rohre (die Rippen greifen nicht ineinander)	5,5
6 Rohre	4,5
13. Rippenheizkörper, bestehend aus horizontalen übereinanderliegenden Rippenrohren von kreisförmigem oder ovalem Rohrquerschnitte mit runden oder rechteckigen Rippen. Dampfzulauf von Mitte eines jeden Rohres, Verteilung des Dampfes nach rechts und links durch eingegossene Leitflächen. Lichter Zwischenraum der Rippen mindestens 14 mm.	
1 Rohr	6,0
3 Rohre (die Rippen greifen nicht ineinander)	4,5
6 Rohre	4,0

IV. Wärmeübertragung von Luft an Luft durch eine dünne metallene Fläche.

Die Wärme aufnehmende Luft hat nur die durch den natürlichen Auftrieb hervorgerufene Geschwindigkeit.

Geschwindigkeit der die Wärme abgebenden Luft in m	Wärmemenge (k), die stündlich von 1 qm bei 1^0 Temp.-Unterschied zwischen der mittleren Temperatur der Wärme abgebenden Luft und der Temperatur der zuströmenden Luft abgegeben wird, wenn der Unterschied beträgt:					
	10^0	20^0	30^0	40^0	50^0	60^0 und mehr
0,5	0,8	1,2	1,4	1,6	1,7	1,8
1,0	1,5	2,0	2,4	2,6	2,7	2,8
2,0	2,4	3,1	3,5	3,7	3,8	3,9
4,0	3,4	4,1	4,5	4,7	4,8	4,9
6,0	4,0	4,7	5,0	5,3	5,4	5,5
8,0	4,3	5,0	5,4	5,7	5,8	5,8
10,0	4,5	5,3	5,7	5,9	6,0	6,0

Tabelle 15 (Forts.)

B. Die Wärme aufnehmende Luft erhält eine bestimmte Geschwindigkeit und eine zwangläufige Führung.*)

I. Wärmeübertragung von Wasser an Luft.

a) Wärmedurchgangszahlen K in WE/1 qm, 1° C, 1 st.

1. Luftröhrenkessel (Fig. 1 der Tafel 16).

K-Werte als Funktion der Luftgeschwindigkeit in den Röhren.
Mittlere Lufttemperatur 0° C, normaler Barometerstand.
Heizmittel: Warmwasser von 80° C mittlerer Temperatur.

Luft-geschwin-digkeit in m/sek	Innerer Rohrdurchmesser in m											
	0,0335				0,0575				0,0825			
	Wassergeschwindigkeit in m/sek											
	0,005	0,01	0,03	2,0	0,005	0,01	0,03	2,0	0,005	0,01	0,03	2,0
1,0	6,3	6,5	6,5	6,6	5,8	5,9	6,0	6,1	5,5	5,6	5,7	5,7
1,5	8,7	8,8	9,0	9,1	7,9	8,1	8,3	8,4	7,6	7,8	7,9	7,9
2,0	10,6	11,0	11,2	11,4	9,8	10,1	10,3	10,5	9,3	9,5	9,8	9,9
2,5	12,5	13,0	13,3	13,6	11,6	11,2	12,3	12,5	10,9	11,3	11,6	11,8
3,0	14,4	15,0	15,5	15,8	13,2	13,7	14,1	14,4	12,4	12,9	13,5	13,6
3,5	15,9	16,7	17,3	17,8	14,7	15,3	15,9	16,3	14,0	14,6	15,0	15,4
4,0	17,5	18,4	19,2	19,8	16,2	16,9	17,6	18,1	15,4	16,1	16,5	17,1
4,5	19,0	20,0	21,0	21,7	17,6	18,5	19,3	19,9	16,7	17,6	18,3	18,8
5,0	20,4	21,7	22,7	23,6	18,9	20,0	20,9	21,6	18,0	19,0	19,8	20,4
6,0	23,1	24,7	26,1	27,2	21,5	22,9	24,0	25,0	20,6	21,7	22,7	23,6
7,0	25,6	27,6	29,3	30,8	23,7	25,4	26,9	28,2	22,7	24,2	25,6	26,6
8,0	28,0	30,2	32,4	34,2	26,1	28,1	30,0	31,4	24,8	26,6	28,3	29,6
9,0	30,1	32,8	35,4	37,5	28,1	30,5	32,6	34,4	26,8	29,8	30,9	32,5
10,0	32,2	35,4	38,3	40,8	30,1	32,8	35,3	37,4	28,7	31,2	33,5	35,3
11,0	34,2	37,8	41,2	44,0	32,0	35,1	38,0	40,4	30,5	33,3	36,0	38,1
12,0	36,1	40,1	43,9	47,1	33,7	37,2	40,4	43,2	32,2	35,4	38,4	40,8
13,0	37,8	42,2	46,5	50,2	35,4	39,2	42,9	46,0	33,8	37,3	40,6	43,4
14,0	39,5	44,4	49,1	53,3	37,0	41,2	45,3	48,8	35,4	39,3	43,0	46,1
15,0	41,1	46,4	51,6	56,2	38,6	43,2	47,7	51,6	36,9	41,1	45,2	48,7
17,0	44,1	50,2	56,5	62,0	41,5	46,9	52,2	56,9	39,7	44,7	49,5	53,7
20,0	48,3	55,7	63,5	70,5	45,5	52,0	58,7	64,7	43,6	49,7	55,7	61,1
25,0	54,2	63,9	74,2	84,1	51,3	59,8	68,8	77,2	49,3	57,1	65,2	72,8
30,0	59,4	71,1	84,1	97,1	56,3	66,8	78,1	89,1	54,2	63,9	74,2	84,0

Die Werte der Zahlentafel sind bei einer mittleren Lufttemperatur von:

$$\left.\begin{array}{l} 10° C \text{ mit } 0,97 \\ 20° C \quad ,, \quad 0,95 \\ 30° C \quad ,, \quad 0,92 \\ 40° C \quad ,, \quad 0,90 \\ 50° C \quad ,, \quad 0,88 \end{array}\right\} \text{ zu multiplizieren.}$$

*) S. auch (insb. Durchführung von Rechnungsbeispielen) Heft 3 der „Mitteilungen" der Prüfungsanstalt für Heizungs- und Lüftungseinrichtungen der Kgl. Techn. Hochschule Berlin. (Verlag R. Oldenbourg, München-Berlin, 1910.)

Tabelle 15 (Forts.)

2. Heizkörper nach dem Sturtevantsystem (Fig. 2 der Tafel 16).

K-Werte als Funktion der Luftgeschwindigkeit im engsten Querschnitt.
Äußerer Heizrohrdurchmesser = 0,033 m, Luftspalt zwischen 2 Rohren = 0,005 m. Mittlere Lufttemperatur 0° C, normaler Barometerstand. Heizmittel: Warmwasser von 80° C mittlerer Temperatur.

Luft-geschwindigkeit v in m/sek	2 Rohrreihen			3 Rohrreihen			4 Rohrreihen		
	Wassergeschwindigkeit in m/sek								
	0,025	0,060	2,0	0,025	0,060	2,0	0,025	0,060	2,0
0,5	11,8	12,0	12,2	12,5	12,8	13,0	13,4	13,7	14,0
1,0	17,4	17,8	18,3	18,5	19,0	19,6	19,7	20,3	21,0
1,5	21,8	22,5	23,3	23,2	24,0	24,9	24,8	25,7	26,7
2,0	25,5	26,5	27,6	27,2	28,3	29,6	29,0	30,3	31,7
2,5	28,8	30,1	31,5	30,6	32,1	33,7	32,6	34,2	36,1
3,0	31,6	33,2	35,0	33,6	35,5	37,5	35,8	37,8	40,2
3,5	34,4	36,2	38,4	36,6	38,7	41,1	39,1	41,4	44,1
4,0	36,9	39,1	41,5	39,2	41,6	44,5	41,7	44,5	47,7
4,5	39,2	41,7	44,5	41,6	44,4	47,7	44,5	47,7	51,1
5,0	41,5	44,3	47,4	44,0	47,1	50,8	46,8	50,3	54,4
6,0	45,4	48,8	52,7	48,3	52,1	56,5	51,1	55,5	60,5
7,0	49,1	53,1	57,7	52,0	56,5	61,8	55,3	60,2	66,3
8,0	52,6	57,2	62,5	55,7	60,9	67,0	59,0	64,8	71,8
9,0	55,7	60,9	67,0	59,0	64,7	71,8	62,5	68,9	76,9
10,0	58,7	64,5	71,3	62,1	68,5	76,4	65,8	73,0	81,9
11,0	61,4	67,8	75,4	65,0	72,6	80,8	68,8	76,7	86,6
12,0	64,1	71,0	79,4	67,5	75,5	85,0	71,6	80,3	91,1
13,0	66,6	74,2	83,2	70,2	78,5	89,1	74,2	83,5	95,5
14,0	68,9	77,0	87,0	72,8	81,7	93,2	76,7	86,8	99,8
15,0	71,2	79,8	90,6	75,2	84,7	97,1	79,2	89,9	104,0
17,0	75,4	84,5	97,5	79,6	90,4	104,6	83,6	95,7	111,9
20,0	81,1	92,6	107,4	85,5	98,3	115,1	89,8	104,2	123,3

Die Werte der Zahlentafel sind bei einer mittleren Lufttemperatur von:

$$\left.\begin{array}{l} 10° \text{ C mit } 0,98 \\ 20° \text{ C } \,,, \;\; 0,96 \\ 30° \text{ C } \,,, \;\; 0,94 \\ 40° \text{ C } \,,, \;\; 0,92 \\ 50° \text{ C } \,,, \;\; 0,90 \end{array}\right\} \text{ zu multiplizieren.}$$

3. Dachförmig zusammengestellte Radiatoren (Fig. 3 der Tafel 16).

K Werte als Funktion der Luftgeschwindigkeit im Zuluftkanal.
Mittlere Lnfttemperatur 0° C, normaler Barometerstand. Heizmittel: Warmwasser von 80° C mittlerer Temperatur.

Luft-geschwindig-keit in m/sek	Wassergeschwindigkeit in m/sek			Luft-geschwindig-keit in m/sek	Wassergeschwindigkeit in m/sek		
	0,002	0,005	2,00		0,002	0,005	2,00
0,20	6,6	6,9	7,2	1,40	17,9	20,4	23,5
0,30	8,2	8,7	9,2	1,60	19,1	21,9	25,5
0,40	9,5	10,2	10,9	1,80	20,1	23,2	27,4
0,50	10,7	11,6	12,5	2,00	21,0	24,5	29,2
0,60	11,8	12,8	14,0	2,25	22,2	26,0	31,4
0,80	13,7	15,1	16,7	2,50	23,2	27,5	33,5
1,00	15,2	17,0	19,1	2,75	24,1	28,8	35,5
1,20	16,6	18,8	21,4	3,00	25,0	30,1	37,5

Die Werte der Zahlentafel sind bei einer mittleren Lufttemperatur von

$$\begin{array}{ll} -10° \text{ C mit } 1,02 & 30° \text{ C mit } 0,94 \\ 10° \text{ C } \,,, \;\; 0,98 & 40° \text{ C } \,,, \;\; 0,92 \\ 20° \text{ C } \,,, \;\; 0,96 & 50° \text{ C } \,,, \;\; 0,90 \end{array}\left.\right\} \text{ zu multiplizieren.}$$

Tabelle 15 (Forts.)

b) Druckverluste h in mm WS.

1. Luftröhrenkessel (Fig. 1 der Tafel 16).

Luftge-schwin-digkeit in m/sek	Innerer Rohrdurchmesser in m												h'_W
	0,0215		0,0335		0,0460		0,0575		0,0700		0,0825		
	h_R	h_W	h_R	h_W	h_R	h_W	h_R	h_W	h_R	h_W	h_R	h_W	
1,0	0,152	0,0197	0,093	0,046	0,058	0,049	0,0436	0,053	0,034	0,056	0,0276	0,050	0,020
1,5	0,322	0,0440	0,183	0,104	0,123	0,111	0,0925	0,119	0,072	0,126	0,0584	0,133	0,044
2,0	0,548	0,0785	0,313	0,183	0,209	0,197	0,158	0,210	0,123	0,223	0,0995	0,236	0,079
2,5	0,829	0,123	0,472	0,287	0,316	0,308	0,238	0,328	0,186	0,349	0,151	0,369	0,123
3,0	1,16	0,177	0,662	0,414	0,443	0,443	0,334	0,473	0,260	0,502	0,211	0,532	0,178
3,5	1,54	0,241	0,880	0,563	0,590	0,602	0,444	0,643	0,347	0,683	0,281	0,723	0,241
4,0	2,17	0,315	1,23	0,735	0,820	0,788	0,617	0,840	0,482	0,892	0,390	0,945	0,315
4,5	2,46	0,339	1,40	0,903	0,940	0,998	0,707	1,06	0,552	1,13	0,447	1,20	0,394
5,0	2,99	0,492	1,71	1,15	1,14	1,23	0,850	1,31	0,671	1,39	0,543	1,48	0,492
6,0	4,20	0,708	2,39	1,65	1,60	1,77	1,21	1,89	0,941	2,01	0,762	2,12	0,708
7,0	5,58	0,966	3,18	2,25	2,13	2,42	1,60	2,58	1,25	2,74	1,01	2,90	0,966
8,0	7,15	1,26	4,07	2,96	2,73	3,15	2,05	3,36	1,60	3,57	1,30	3,78	1,26
9,0	8,89	1,60	5,06	3,72	3,39	3,99	2,55	4,26	1,99	4,52	1,62	4,79	1,60
10,0	10,8	1,97	6,16	4,60	4,12	4,92	3,11	5,25	2,42	5,58	1,96	5,81	1,97
11,0	12,9	2,38	7,35	5,55	4,92	5,95	3,70	6,35	2,89	6,75	2,34	7,17	2,38
12,0	15,1	2,84	8,63	6,62	5,78	7,09	4,35	7,56	3,39	8,03	2,75	8,50	2,84
13,0	17,6	3,33	10,0	7,77	6,70	8,32	5,04	8,88	3,94	9,43	3,19	9,98	3,33
14,0	20,1	3,86	11,5	9,00	7,68	9,65	5,78	10,3	4,51	10,9	3,65	11,6	3,87
15,0	22,9	4,43	13,0	10,3	8,73	11,1	6,57	11,8	5,13	12,6	4,16	13,3	4,44
17,0	28,8	5,69	16,5	13,3	11,0	14,2	8,29	15.2	6,47	16,1	5,24	17,1	5,7
20,0	39,0	7,88	22,2	18,4	14,9	19,7	11,2	21,0	8,74	22,3	7,08	23,6	7,8
25,0	59,0	12,3	33,8	28,7	22,5	30,8	16,9	32,8	13,2	34,9	10,7	36,9	12,3
30,0	82,5	17,7	47,1	41,4	31,5	44,3	23,7	47,2	18,5	50,2	15,0	53,2	17,8

$h_R =$ Druckhöhenverlust durch Reibung für 1 m Rohrlänge in mm WS.

$h_W =$ Druckhöhenverlust durch die Widerstände beim Luftein- und -austritt, falls hinter dem Kessel eine Rohrleitung angeschlossen ist.

Ist hinter dem Kessel keine Rohrleitung angeschlossen, so sind die Werte von h_W um die bezüglichen Werte von h'_W zu vergrößern.

Die Werte der Zahlentafel sind bei einer mittleren Lufttemperatur von:

10° C mit 0,96	40° C mit 0,87	
20° C „ 0,93	50° C „ 0,84	} zu multiplizieren.
30° C „ 0,90		

2. Heizkörper nach dem Sturtevantsystem (Fig. 2 der Tafel 16).

h-Werte als Funktion der Luftgeschwindigkeit im engsten Querschnitt.

Äußerer Heizrohrdurchmesser = 0,033 m,
Luftspalt zwischen zwei Röhren = 0,005 m.
Mittlere Lufttemperatur 0° C,
normaler Barometerstand.

Luftgeschwindigkeit in m/sek.	Druckhöhenverlust in mm WS für		
	2 Rohrreihen	3 Rohrreihen	4 Rohrreihen
0,5	0,03	0,04	0,05
1,0	0,10	0,14	0,18
1,5	0,21	0,30	0,37
2,0	0,36	0,50	0,62
2,5	0,53	0,75	0,92
3,0	0,74	1,04	1,28
3,5	0,98	1,38	1,68
4,0	1,25	1,75	2,12
4,5	1,54	2,16	2,61
5,0	1,87	2,61	3,15
6,0	2,60	3,62	4,35
7,0	3,43	4,79	5,71
8,0	4,37	6,09	7,24
9,0	5,41	7,53	8,91
10,0	6,47	9,10	10,7
11,0	7,78	10,8	12,7
12,0	9,11	12,6	15,2
13,0	10,5	14,6	17,1
14,0	12,0	16,7	19,5
15,0	13,6	18,9	22,0
17,0	17,1	23,6	27,5
20,0	23,0	31,7	36,6

Die Werte der Zahlentafel sind bei einer mittleren Lufttemperatur von

10° C mit 0,96	
20° C „ 0,93	
30° C „ 0,90	zu multiplizieren.
40° C „ 0,87	
50° C „ 0,84	

3. Dachförmig zusammengestellte Radiatoren (Fig. 3 der Tafel 16).

h-Werte als Funktion der Luftgeschwindigkeit im Zuluftkanal.

Mittlere Lufttemperatur 0° C,
normaler Barometerstand.

Luftgeschwindigkeit in m/sek.	Druckhöhenverlust in mm WS
0,20	0,007
0,30	0,014
0,40	0,023
0,50	0,035
0,60	0,048
0,80	0,080
1,00	0,120
1,20	0,167
1,40	0,220
1,60	0,280
1,80	0,346
2,00	0,419
2,25	0,518
2,50	0,626
2,75	0,743
3,00	0,869

Die Werte der Zahlentafel sind bei einer mittleren Lufttemperatur von

—10° C mit 1,07	
10° C „ 0,94	
20° C „ 0,88	
30° C „ 0,83	zu multiplizieren.
40° C „ 0,78	
50° C „ 0,74	

Tabelle 15 (Forts.)

II. Wärmeübertragung von Dampf an Luft.

a) Wärmedurchgangszahlen K in WE/1 qm, $1°$ C, 1 st.

1. Luftröhrenkessel (Fig. 1 der Tafel 16).

		Innerer Rohrdurchmesser d in m							
Luft-geschwin-digkeit v in m/sek	$v^{0,21}$	0,0215	0,0335	0,0460	0,0575	0,0700	0,0825	0,0945	0,1190
		$d^{1,16}$ in m							
		0,0116	0,0195	0,0281	0,0364	0,0457	0,0554	0,0648	0,0846
		Abstand der Rohre in m							
		0,045	0,060	0,078	0,094	0,110	0,125	0,140	0,175
1,0	1,00	7,1	6,6	6,3	6,1	5,9	5,7	5,6	5,4
1,5	1,09	9,8	9,1	8,7	8,4	8,1	7,9	7,7	7,4
2,0	1,16	12,3	11,4	10,9	10,5	10,2	9,9	9,7	9,3
2,5	1,21	14,6	13,6	13,0	12,5	12,1	11,8	11,6	11,1
3,0	1,26	16,9	15,8	15,0	14,4	14,0	13,6	13,3	12,9
3,5	1,30	19,1	17,8	16,9	16,3	15,8	15,4	15,1	14,5
4,0	1,34	21,2	19,8	18,8	18,1	17,6	17,1	16,8	16,1
4,5	1,37	23,3	21,7	20,6	19,9	19,3	18,8	18,4	17,7
5,0	1,40	25,3	23,6	22,4	21,6	21,0	20,4	20,0	19,2
6,0	1,46	29,2	27,2	25,9	25,0	24,2	23,6	23,1	22,2
7,0	1,51	33,0	30,8	29,2	28,2	27,3	26,6	26,1	25,1
8,0	1,55	36,7	34,2	32,5	31,4	30,4	29,6	29,0	27,9
9,0	1,59	40,3	37,5	35,6	34,4	33,3	32,5	31,8	30,6
10,0	1,62	43,8	40,8	38,8	37,4	36,2	35,3	34,6	33,2
11,0	1,66	47,2	44,0	41,8	40,4	39,1	38,1	37,3	35,9
12,0	1,69	50,6	47,1	44,8	43,2	41,8	40,8	39,9	38,4
13,0	1,71	53,9	50,2	47,7	46,0	44,6	43,4	42,5	41,0
14,0	1,74	57,2	53,3	50,6	48,8	47,3	46,1	45,1	43,5
15,0	1,77	60,4	56,2	53,4	51,6	50,0	48,7	47,6	45,9
17,0	1,81	66,6	62,0	58,9	56,9	55,1	53,7	52,5	50,6
20,0	1,88	75,7	70,5	67,0	64,7	62,7	61,1	59,8	57,6
25,0	1,97	90,3	84,1	80,0	77,2	74,8	72,8	71,3	68,7
30,0	2,04	104,3	97,1	92,3	89,1	86,3	84,0	82,3	79,3

Die Werte der Zahlentafel sind bei einer mittleren Lufttemperatur von:

10° C mit 0,97
20° C „ 0,95
30° C „ 0,92 } zu multiplizieren.
40° C „ 0,90
50° C „ 0,88

Tabelle 15 (Forts.)

2. Heizkörper nach dem Sturtevant-system (Fig. 2 der Tafel 16).

K-Werte als Funktion der Luftgeschwindigkeit im engsten Querschnitt.
Äußerer Heizrohrdurchmesser $= 0{,}033$ m,
Luftspalt zwischen zwei Rohren $= 0{,}005$ m.
Mittlere Lufttemperatur 0° C, normaler Barometerstand.
Heizmittel: Dampf von 1 bis 5 at absol.

Luft-geschwindig-keit v in m/sek	2 Rohr-reihen	3 Rohr-reihen	4 Rohr-reihen
0,5	12,2	13,0	14,0
1,0	18,3	19,6	21,0
1,5	23,3	24,9	26,7
2,0	27,6	29,6	31,7
2,5	31,5	33,7	36,1
3,0	35,0	37,5	40,2
3,5	38,4	41,1	44,2
4,0	41,5	44,5	47,7
4,5	44,5	47,7	51,1
5,0	47,4	50,8	54,4
6,0	52,7	56,5	60,5
7,0	57,7	61,8	66,3
8,0	62,5	67,0	71,8
9,0	67,0	71,8	76,9
10,0	71,3	76,4	81,9
11,0	75,4	80,8	86,6
12,0	79,4	85,0	91,1
13,0	83,2	89,1	95,5
14,0	87,0	93,2	99,8
15,0	90,6	97,1	104,0
17,0	97,5	104,5	111,9
20,0	107,4	115,1	123,3

Die Werte der Zahlentafel sind bei einer mittleren Lufttemperatur von:

10° C mit 0,98 ⎫
20° C „ 0,96 ⎪
30° C „ 0,94 ⎬ zu multiplizieren.
40° C „ 0,92 ⎪
50° C „ 0,90 ⎭

3. Dachförmig zusammengestellte Radiatoren (Fig. 3 der Tafel 16).

K-Werte als Funktion der Luftgeschwindigkeit im Zuluftkanal.
Mittlere Lufttemperatur 0° C, normaler Barometerstand.
Heizmittel: Dampf von 1 bis 3 at absol.

Luft-geschwindig-keit in m/sek	Wärmedurch-gangszahl k in WE/qm std. $^\circ$C.
0,20	7,2
0,30	9,2
0,40	10,9
0,50	12,5
0,60	14,0
0,80	16,7
1,00	19,1
1,20	21,4
1,40	23,5
1,60	25,5
1,80	27,4
2,00	29,2
2,25	31,4
2,50	33,5
2,75	35,5
3,00	37,5

Die Werte der Zahlentafel sind bei einer mittleren Lufttemperatur von:

— 10° C mit 1,02 ⎫
10° C „ 0,98 ⎪
20° C „ 0,96 ⎬ zu multiplizieren.
30° C „ 0,94 ⎪
40° C „ 0,92 ⎪
50° C „ 0,90 ⎭

b) Druckverluste h in mm WS.

Dieselben wie unter Ib.

Tabelle 16.

Gewicht eines cbm Wassers in kg bei Temperaturen von 40 bis 100° C.

Temp.	kg/cbm	Temp.	kg/cbm	Temp.	kg/cbm	Temp.	kg/cbm
40,0	992,24	46,0	989,82	52,0	987,15	58,0	984,25
40,1	992,20	46,1	989,78	52,1	987,10	58,1	984,20
40,2	992,17	46,2	989,74	52,2	987,06	58,2	984,15
40,3	992,13	46,3	989,69	52,3	987,01	58,3	984,10
40,4	992,09	46,4	989,65	52,4	986,97	58,4	984,05
40,5	992,05	46,5	989,61	52,5	986,92	58,5	984,00
40,6	992,01	46,6	989,57	52,6	986,87	58,6	983,95
40,7	991,97	46,7	989,53	52,7	986,83	58,7	983,90
40,8	991,94	46,8	989,48	52,8	986,79	58,8	983,85
40,9	991,90	46,9	989,44	52,9	986,74	58,9	983,80
41,0	991,86	47,0	989,40	53,0	986,69	59,0	983,75
41,1	991,82	47,1	989,36	53,1	986,64	59,1	983,70
41,2	991,78	47,2	989,31	53,2	986,59	59,2	983,65
41,3	991,74	47,3	989,27	53,3	986,55	59,3	983,60
41,4	991,70	47,4	989,22	53,4	986,50	59,4	983,55
41,5	991,66	47,5	989,18	53,5	986,45	59,5	983,50
41,6	991,62	47,6	989,14	53,6	986,40	59,6	983,45
41,7	991,58	47,7	989,09	53,7	986,35	59,7	983,40
41,8	991,55	47,8	989,05	53,8	986,31	59,8	983,34
41,9	991,51	47,9	989,00	53,9	986,26	59,9	983,29
42,0	991,47	48,0	988,96	54,0	986,21	60,0	983,24
42,1	991,43	48,1	988,92	54,1	986,16	60,1	983,19
42,2	991,39	48,2	988,87	54,2	986,11	60,2	983,14
42,3	991,35	48,3	988,83	54,3	986,07	60,3	983,08
42,4	991,31	48,4	988,78	54,4	986,02	60,4	983,03
42,5	991,27	48,5	988,74	54,5	985,97	60,5	982,98
42,6	991,23	48,6	988,70	54,6	985,92	60,6	982,93
42,7	991,19	48,7	988,65	54,7	985,87	60,7	982,88
42,8	991,15	48,8	988,61	54,8	985,83	60,8	982,83
42,9	991,11	48,9	988,56	54,9	985,78	60,9	982,77
43,0	991,07	49,0	988,52	55,0	985,73	61,0	982,72
43,1	991,03	49,1	988,47	55,1	985,68	61,1	982,67
43,2	990,99	49,2	988,43	55,2	985,63	61,2	982,62
43,3	990,94	49,3	988,38	55,3	985,59	61,3	982,57
43,4	990,90	49,4	988,34	55,4	985,54	61,4	982,51
43,5	990,86	49,5	988,29	55,5	985,49	61,5	982,46
43,6	990,82	49,6	988,25	55,6	985,44	61,6	982,41
43,7	990,78	49,7	988,20	55,7	985,39	61,7	982,36
43,8	990,74	49,8	988,16	55,8	985,35	61,8	982,31
43,9	990,70	49,9	988,11	55,9	985,30	61,9	982,26
44,0	990,66	50,0	988,07	56,0	985,25	62,0	982,20
44,1	990,62	50,1	988,02	56,1	985,20	62,1	982,15
44,2	990,58	50,2	987,97	56,2	985,15	62,2	982,10
44,3	990,54	50,3	987,92	56,3	985,10	62,3	982,05
44,4	990,50	50,4	987,89	56,4	985,05	62,4	981,99
44,5	990,46	50,5	987,84	56,5	985,00	62,5	981,94
44,6	990,42	50,6	987,80	56,6	984,95	62,6	981,89
44,7	990,38	50,7	987,75	56,7	984,90	62,7	981,83
44,8	990,33	50,8	987,71	56,8	984,85	62,8	981,78
44,9	990,29	50,9	987,66	56,9	984,80	62,9	981,72
45,0	990,25	51,0	987,62	57,0	984,75	63,0	981,67
45,1	990,21	51,1	987,57	57,1	984,70	63,1	981,62
45,2	990,16	51,2	987,52	57,2	984,65	63,2	981,57
45,3	990,12	51,3	987,48	57,3	984,60	63,3	981,51
45,4	990,07	51,4	987,43	57,4	984,55	63,4	981,46
45,5	990,03	51,5	987,38	57,5	984,50	63,5	981,40
45,6	989,99	51,6	987,33	57,6	984,45	63,6	981,35
45,7	989,95	51,7	987,28	57,7	984,40	63,7	981,29
45,8	989,90	51,8	987,23	57,8	984,35	63,8	981,24
45,9	989,86	51,9	987,19	57,9	984,30	63,9	981,18

Tabelle 16 (Forts.)

Temp.	kg/cbm	Temp.	kg/cbm	Temp.	kg/cbm	Temp.	kg/cbm
64,0	981,13	70,0	977,81	76,0	974,29	82,0	970,57
64,1	981,07	70,1	977,75	76,1	974,23	82,1	970,50
64,2	981,02	70,2	977,70	76,2	974,16	82,2	970,44
64,3	980,97	70,3	977,64	76,3	974,10	82,3	970,38
64,4	980,91	70,4	977,58	76,4	974,04	82,4	970,32
64,5	980,86	70,5	977,52	76,5	973,98	82,5	970,25
64,6	980,81	70,6	977,46	76,6	973,92	82,6	970,19
64,7	980,76	70,7	977,40	76,7	973,86	82,7	970,13
64,8	980,71	70,8	977,35	76,8	973,80	82,8	970,06
64,9	980,65	70,9	977,29	76,9	973,74	82,9	970,00
65,0	980,59	71,0	977,23	77,0	973,68	83,0	969,94
65,1	980,53	71,1	977,17	77,1	973,62	83,1	969,87
65,2	980,48	71,2	977,12	77,2	973,55	83,2	969,81
65,3	980,42	71,3	977,07	77,3	973,49	83,3	969,75
65,4	980,37	71,4	977,01	77,4	973,43	83,4	969,68
65,5	980,32	71,5	976,95	77,5	973,37	83,5	969,62
65,6	980,26	71,6	976,90	77,6	973,31	83,6	969,56
65,7	980,21	71,7	976,84	77,7	973,25	83,7	969,50
65,8	980,16	71,8	976,78	77,8	973,19	83,8	969,43
65,9	980,10	71,9	976,72	77,9	973,13	83,9	969,37
66,0	980,05	72,0	976,66	78,0	973,07	84,0	969,30
66,1	979,99	72,1	976,60	78,1	973,01	84,1	969,24
66,2	979,93	72,2	976,54	78,2	972,95	84,2	969,18
66,3	979,87	72,3	976,48	78,3	972,88	84,3	969,11
66,4	979,82	72,4	976,42	78,4	972,82	84,4	969,05
66,5	979,77	72,5	976,36	78,5	972,76	84,5	968,98
66,6	979,72	72,6	976,30	78,6	972,70	84,6	968,91
66,7	979,67	72,7	976,25	78,7	972,63	84,7	968,84
66,8	979,61	72,8	976,19	78,8	972,57	84,8	968,77
66,9	979,56	72,9	976,13	78,9	972,51	84,9	968,71
67,0	979,50	73,0	976,07	79,0	972,45	85,0	968,65
67,1	979,44	73,1	976,01	79,1	972,39	85,1	968,58
67,2	979,39	73,2	975,95	79,2	972,33	85,2	968,52
67,3	979,33	73,3	975,89	79,3	972,26	85,3	968,46
67,4	979,28	73,4	975,83	79,4	972,20	85,4	968,39
67,5	979,22	73,5	975,77	79,5	972,14	85,5	968,33
67,6	979,16	73,6	975,71	79,6	972,08	85,6	968,27
67,7	979,11	73,7	975,66	79,7	972,02	85,7	968,20
67,8	979,06	73,8	975,60	79,8	971,96	85,8	968,14
67,9	979,00	73,9	975,54	79,9	971,89	85,9	968,07
68,0	978,94	74,0	975,48	80,0	971,83	86,0	968,00
68,1	978,88	74,1	975,42	80,1	971,77	86,1	967,93
68,2	978,82	74,2	975,36	80,2	971,71	86,2	967,86
68,3	978,77	74,3	975,30	80,3	971,65	86,3	967,80
68,4	978,71	74,4	975,24	80,4	971,58	86,4	967,74
68,5	978,66	74,5	975,18	80,5	971,52	86,5	967,67
68,6	978,61	74,6	975,13	80,6	971,46	86,6	967,61
68,7	978,55	74,7	975,07	80,7	971,40	86,7	967,54
68,8	978,50	74,8	975,01	80,8	971,33	86,8	967,48
68,9	978,44	74,9	974,95	80,9	971,27	86,9	967,41
69,0	978,38	75,0	974,89	81,0	971,21	87,0	967,34
69,1	978,32	75,1	974,83	81,1	971,14	87,1	967,28
69,2	978,27	75,2	974,77	81,2	971,08	87,2	967,21
69,3	978,21	75,3	974,71	81,3	971,02	87,3	967,14
69,4	978,16	75,4	974,65	81,4	970,96	87,4	967,08
69,5	978,10	75,5	974,59	81,5	970,89	87,5	967,01
69,6	978,04	75,6	974,53	81,6	970,83	87,6	966,95
69,7	977,98	75,7	974,47	81,7	970,77	87,7	966,88
69,8	977,93	75,8	974,41	81,8	970,70	87,8	966,81
69,9	977,87	75,9	974,35	81,9	970,63	87,9	966,75

Tabelle 16 (Forts.)

Temp.	kg/cbm	Temp.	kg/cbm	Temp.	kg/cbm	Temp.	kg/cbm
88,0	966,68	**91,0**	964,67	**94,0**	962,61	**97,0**	960,51
88,1	966,62	91,1	964,61	94,1	962,54	97,1	960,44
88,2	966,55	91,2	964,54	94,2	962,47	97,2	960,37
88,3	966,48	91,3	964,47	94,3	962,40	97,3	960,30
88,4	966,41	91,4	964,40	94,4	962,34	97,4	960,23
88,5	966,35	91,5	964,33	94,5	962,27	97,5	960,16
88,6	966,28	91,6	964,26	94,6	962,20	97,6	960,09
88,7	966,21	91,7	964,19	94,7	962,13	97,7	960,02
88,8	966,14	91,8	964,13	94,8	962,06	97,8	959,95
88,9	966,08	91,9	964,06	94,9	961,99	97,9	959,88
89,0	966,01	**92,0**	963,99	**95,0**	961,92	**98,0**	959,81
89,1	965,95	92,1	963,92	95,1	961,85	98,1	959,74
89,2	965,88	92,2	963,85	95,2	961,78	98,2	959,67
89,3	965,82	92,3	963,78	95,3	961,71	98,3	959,60
89,4	965,75	92,4	963,71	95,4	961,64	98,4	959,53
89,5	965,68	92,5	963,65	95,5	961,57	98,5	959,46
89,6	965,61	92,6	963,58	95,6	961,50	98,6	959,39
89,7	965,54	92,7	963,51	95,7	961,43	98,7	959,32
89,8	965,48	92,8	963,44	95,8	961,36	98,8	959,24
89,9	965,41	92,9	963,37	95,9	961,29	98,9	959,17
90,0	965,34	**93,0**	963,30	**96,0**	961,22	**99,0**	959,09
90,1	965,28	93,1	963,23	96,1	961,15	99,1	959,02
90,2	965,21	93,2	963,16	96,2	961,08	99,2	958,95
90,3	965,15	93,3	963,10	96,3	961,01	99,3	958,88
90,4	965,08	93,4	963,03	96,4	960,94	99,4	958,81
90,5	965,01	93,5	962,96	96,5	960,87	99,5	958,74
90,6	964,94	93,6	962,89	96,6	960,80	99,6	958,67
90,7	964,88	93,7	962,82	96,7	960,73	99,7	958,60
90,8	964,81	93,8	962,75	96,8	960,66	99,8	958,52
90,9	964,74	93,9	962,68	96,9	960,59	99,9	958,45
						100,0	958,38

Wirksame Druckhöhen in mm Wassersäule bei Temperaturen des Wassers im Steigstrang von 95, 90, 85 und 80° C und Temperaturen im Fallstrang von 95° bis 60° C. (Bezogen auf 1 m vertikales Rohr.)

Druckhöhe in mm WS bei einer Temperatur im

Fallstrang von	Steigstrang von 95	90	85	80
94,9	0,07	—	—	—
94,8	0,14	—	—	–
94,7	0,20	—	—	—
94,6	0,28	—	—	—
94,5	0,35	—	—	—
94,4	0,42	—	—	—
94,3	0,48	—	—	—
94,2	0,55	—	—	—
94,1	0,62	—	—	—
94,0	0,69	—	—	—
93,9	0.76	—	—	—
93,8	0,83	—	—	—
93,7	0,90	—	—	—
93,6	0,97	—	—	—
93,5	1,04	—	—	—
93,4	1,11	—	—	—
93,3	1,18	—	—	—
93,2	1,24	—	—	—
93,1	1,31	—	—	—
93,0	1,38	—	—	—
92,9	1,45	—	—	—
92,8	1,52	—	—	—
92,7	1,59	—	—	—
92,6	1,66	—	—	—
92,5	1,73	—	—	—
92,4	1,79	—	—	—
92,3	1,86	—	—	—
92,2	1,93	—	—	—
92,1	2,00	—	—	—
92,0	2,07	—	—	—
91,9	2,14	—	—	—
91,8	2,21	—	—	—
91,7	2,27	—	—	—
91,6	2,34	—	—	—
91,5	2,41	—	—	—
91,4	2,48	—	—	—
91,3	2,55	—	—	—
91,2	2,62	—	—	—
91,1	2,69	—	—	—
91,0	2,75	—	—	—
90,9	2,82	—	—	—
90,8	2,89	—	—	—
90,7	2,96	—	—	—
90,6	3,02	—	—	—
90,5	3,09	—	—	—
90,4	3,16	—	—	—
90,3	3,23	—	—	—
90,2	3,29	—	—	—
90,1	3,36	—	—	—
90,0	3.42	—	—	—

Druckhöhe in mm WS bei einer Temperatur im

Fallstrang von	Steigstrang von 95	90	85	80
89,9	3,49	0,07	—	—
89,8	3,56	0,14	—	—
89,7	3,62	0,20	—	—
89,6	3,69	0,27	—	—
89,5	3,76	0,34	—	—
89,4	3,83	0,41	—	—
89,3	3,90	0,48	—	—
89,2	3,96	0,54	—	—
89,1	4,03	0,61	—	—
89,0	4,09	0,67	—	—
88,9	4,16	0,74	—	—
88,8	4,22	0,80	—	—
88,7	4,29	0,87	—	—
88,6	4,36	0,94	—	—
88,5	4,43	1,01	—	—
88,4	4,49	1,07	—	—
88,3	4,56	1,14	—	—
88,2	4,63	1,21	—	—
88,1	4,70	1,28	—	—
88,0	4,76	1,34	—	—
87,9	4,83	1,41	—	—
87,8	4,89	1,47	—	—
87,7	4,96	1,54	—	—
87,6	5,03	1,61	—	—
87,5	5,09	1,67	—	—
87,4	5,16	1,74	—	—
87,3	5.22	1,80	—	—
87,2	5,29	1,87	—	—
87,1	5,36	1,94	—	—
87,0	5.42	2,00	—	—
86,9	5,49	2,07	—	—
86,8	5,56	2,14	—	—
86,7	5,62	2,20	—	—
86,6	5,69	2,27	—	—
86,5	5,75	2,33	—	—
86,4	5,82	2,40	—	—
86,3	5,88	2,46	—	—
86,2	5,94	2,52	—	—
86,1	6,01	2,59	—	—
86,0	6,08	2,66	—	—
85,9	6,15	2,73	—	—
85,8	6,22	2,80	—	—
85,7	6,28	2,86	—	—
85,6	6,35	2,93	—	—
85,5	6,41	2,99	—	—
85,4	6,47	3,05	—	—
85,3	6,54	3,12	—	—
85,2	6,60	3,18	—	—
85,1	6,66	3,24	—	—
85,0	6,73	3,31	—	—

Tabelle 17 (Forts.)

Druckhöhe in mm WS bei einer Temperatur im				
Fall-strang von	Steigstrang von			
	95	90	85	80
84,9	6,79	3,37	0,06	—
84,8	6,85	3,43	0,12	—
84,7	6,92	3,50	0,19	—
84,6	6,99	3,57	0,26	—
84,5	7,06	3,64	0,33	—
84,4	7,13	3,71	0,40	—
84,3	7,19	3,77	0,46	—
84,2	7,26	3,84	0,53	—
84,1	7,32	3,90	0,59	—
84,0	7,38	3,96	0,65	—
83,9	7,45	4,03	0,72	—
83,8	7,51	4,09	0,78	—
83,7	7,58	4,16	0,85	—
83,6	7,64	4,22	0,91	—
83,5	7,70	4,28	0,97	—
83,4	7,76	4,34	1,03	—
83,3	7,83	4,41	1,10	—
83,2	7,89	4,47	1,16	—
83,1	7,95	4,53	1,22	—
83,0	8,02	4,60	1,29	—
82,9	8,08	4,66	1,35	—
82,8	8,14	4,72	1,41	—
82,7	8,21	4,79	1,48	—
82,6	8,27	4,85	1,54	—
82,5	8,33	4,91	1,60	—
82,4	8,40	4,98	1,67	—
82,3	8,46	5,04	1,73	—
82,2	8,52	5,10	1,79	—
82,1	8,58	5,16	1,85	—
82,0	8,65	5,23	1,92	—
81,9	8,71	5,29	1,98	—
81,8	8,78	5,36	2,05	—
81,7	8,85	5,43	2,12	—
81,6	8,91	5,49	2,18	—
81,5	8,97	5,55	2,24	—
81,4	9,04	5,62	2,31	—
81,3	9,10	5,68	2,37	—
81,2	9,16	5,74	2,43	—
81,1	9,22	5,80	2,49	—
81,0	9,29	5,87	2,56	—
80,9	9,35	5,93	2,62	—
80,8	9,41	5,99	2,68	—
80,7	9,48	6,06	2,75	—
80,6	9,54	6,12	2,81	—
80,5	9,60	6,18	2,87	—
80,4	9,66	6,24	2,93	—
80,3	9,73	6,31	3,00	—
80,2	9,79	6,37	3,06	—
80,1	9,85	6,43	3,12	—
80,0	9,91	6,49	3,18	—
79,9	9,97	6,55	3,24	0,06
79,8	10,04	6,62	3,31	0,13
79,7	10,10	6,68	3,37	0,19
79,6	10,16	6,74	3,43	0,25
79,5	10,22	6,80	3,49	0,31
79,4	10,28	6,86	3,55	0,37
79,3	10,34	6,92	3,61	0,43
79,2	10,41	6,99	3,68	0,50
79,1	10,47	7,05	3,74	0,56
79,0	10,53	7,11	3,80	0,62

Druckhöhe in mm WS bei einer Temperatur im				
Fall-strang von	Steigstrang von			
	95	90	85	80
78,9	10,59	7,17	3,86	0,68
78,8	10,65	7,23	3,92	0,74
78,7	10,71	7,29	3,98	0,80
78,6	10,78	7,36	4,05	0,87
78,5	10,84	7,42	4,11	0,93
78,4	10,90	7,48	4,17	0,99
78,3	10,96	7,54	4,23	1,05
78,2	11,03	7,61	4,30	1,12
78,1	11,09	7,67	4,36	1,18
78,0	11,15	7,73	4,42	1,24
77,9	11,21	7,79	4,48	1,30
77,8	11,27	7,85	4,54	1,36
77,7	11,33	7,91	4,60	1,42
77,6	11,39	7,97	4,66	1,48
77,5	11,45	8,03	4,72	1,54
77,4	11,51	8,09	4,78	1,60
77,3	11,57	8,15	4,84	1,66
77,2	11,63	8,21	4,90	1,72
77,1	11,70	8,28	4,97	1,79
77,0	11,76	8,34	5,03	1,85
76,9	11,82	8,40	5,09	1,91
76,8	11,88	8,46	5,15	1,97
76,7	11,94	8,52	5,21	2,03
76,6	12,00	8,58	5,27	2,09
76,5	12,06	8,64	5,33	2,15
76,4	12,12	8,70	5,39	2,21
76,3	12,18	8,76	5,45	2,27
76,2	12,24	8,82	5,51	2,33
76,1	12,31	8,89	5,58	2,40
76,0	12,37	8,95	5,64	2,46
75,9	12,43	9,01	5,70	2,52
75,8	12,49	9,07	5,76	2,58
75,7	12,55	9,13	5,82	2,64
75,6	12,61	9,19	5,88	2,70
75,5	12,67	9,25	5,94	2,76
75,4	12,73	9,31	6,00	2,82
75,3	12,79	9,37	6,06	2,88
75,2	12,85	9,43	6,12	2,94
75,1	12,91	9,49	6,18	3,00
75,0	12,97	9,55	6,24	3,06
74,9	13,03	9,61	6,30	3,12
74,8	13,09	9,67	6,36	3,18
74,7	13,15	9,73	6,42	3,24
74,6	13,21	9,78	6,47	3,29
74,5	13,26	9,84	6,53	3,35
74,4	13,32	9,90	6,59	3,41
74,3	13,38	9,96	6,65	3,47
74,2	13,44	10,02	6,71	3,53
74,1	13,50	10,08	6,77	3,59
74,0	13,56	10,14	6,83	3,65
73,9	13,62	10,20	6,89	3,71
73,8	13,68	10,26	6,95	3,77
73,7	13,74	10,32	7,01	3,83
73,6	13,79	10,37	7,06	3,88
73,5	13,85	10,43	7,12	3,94
73,4	13,91	10,49	7,18	4,00
73,3	13,97	10,55	7,24	4,06
73,2	14,03	10,61	7,30	4,12
73,1	14,09	10,67	7,36	4,18
73,0	14,15	10,73	7,42	4,24

Tabelle 17 (Forts.)

Druckhöhe in mm WS bei einer Temperatur im

Fall-strang von	Steigstrang von 95	90	85	80
72,9	14,21	10,79	7,48	4,30
72,8	14,27	10,85	7,54	4,36
72,7	14.33	10,91	7,60	4,42
72,6	14,38	10,96	7,65	4,47
72,5	14,44	11,02	7,71	4,53
72,4	14,50	11,08	7,77	4,59
72,3	14,56	11,14	7,83	4,65
72,2	14,62	11,20	7,89	4,71
72,1	14,68	11,26	7,95	4,77
72,0	14,74	11,32	8,01	4,83
71,9	14,80	11,38	8,07	4,89
71,8	14,86	11,44	8,13	4,95
71,7	14,92	11,50	8,19	5,01
71,6	14,98	11,56	8,25	5,07
71,5	15,03	11,61	8,30	5,12
71,4	15,09	11,67	8,36	5,18
71,3	15,15	11,73	8,42	5,24
71,2	15,20	11,78	8,47	5,29
71,1	15,25	11,83	8,52	5,34
71,0	15,31	11,89	8,58	5,40
70,9	15,37	11,95	8,64	5,46
70,8	15,43	12,01	8,70	5,52
70,7	15,48	12,06	8,75	5,57
70,6	15,54	12,12	8,81	5,63
70,5	15,60	12,18	8,87	5,69
70,4	15,66	12,24	8,93	5,75
70,3	15,72	12,30	8,99	5,81
70,2	15,78	12,36	9,05	5,87
70,1	15,83	12,41	9,10	5,92
70,0	15,89	12,47	9,16	5,98
69,9	15,95	12,53	9,22	6,04
69,8	16,01	12,59	9,28	6,10
69,7	16,06	12,64	9,33	6,15
69,6	16,12	12,70	9,39	6,21
69,5	16,18	12,76	9,45	6,27
69,4	16,24	12,82	9,51	6,33
69,3	16,29	12,87	9,56	6,38
69,2	16,35	12,93	9,62	6,44
69,1	16,40	12,98	9,67	6,49
69,0	16,46	13,04	9,73	6,55
68,9	16,52	13,10	9,79	6,61
68,8	16,58	13,16	9,85	6,67
68,7	16,63	13,21	9,90	6,72
68,6	16,69	13,27	9,96	6,78
68,5	16,74	13,32	10,01	6,83
68,4	16,79	13,37	10,06	6,88
68,3	16,85	13,43	10,12	6,94
68,2	16,90	13,48	10,17	6,99
68,1	16,96	13,54	10,23	7,05
68,0	17,02	13,60	10,29	7,11
67,9	17,08	13,66	10,35	7,17
67,8	17,14	13,72	10,41	7,23
67,7	17,19	13,77	10,46	7,28
67,6	17,24	13,82	10,51	7,33
67,5	17,30	13,88	10,57	7,39
67,4	17,36	13,94	10,63	7,45
67,3	17,41	13,99	10,68	7,50
67,2	17,47	14,05	10,74	7,56
67,1	17.52	14,10	10,79	7,61
67,0	17,58	14,16	10,85	7,67

Druckhöhe in mm WS bei einer Temperatur im

Fall-strang von	Steigstrang von 95	90	85	80
66,9	17,64	14,22	10,91	7,73
66,8	17,69	14,27	10,96	7,78
66,7	17,75	14,33	11,02	7,84
66,6	17,80	14,38	11,07	7,89
66,5	17,85	14,43	11,12	7,94
66,4	17,90	14,48	11,17	7,99
66,3	17,95	14,53	11,22	8,04
66,2	18,01	14,59	11,28	8,10
66,1	18,07	14,65	11,34	8,16
66,0	18,13	14,71	11,40	8,22
65,9	18,18	14,76	11,45	8,27
65,8	18,24	14,82	11,51	8,33
65,7	18,29	14,87	11,56	8,38
65,6	18,34	14,92	11,61	8,43
65,5	18,40	14,98	11,67	8,49
65,4	18,45	15,03	11,72	8,54
65,3	18,50	15,08	11,77	8,59
65,2	18,56	15,14	11,83	8,65
65,1	18,61	15,19	11,88	8,70
65,0	18,67	15,25	11,94	8,76
64,9	18,73	15,31	12,00	8,82
64,8	18,79	15,37	12,06	8,88
64,7	18,84	15,42	12,11	8,93
64,6	18,89	15,47	12,16	8,98
64,5	18,94	15,52	12,21	9,03
64,4	18,99	15,57	12,26	9,08
64,3	19,05	15,63	12,32	9,14
64,2	19,10	15,68	12,37	9,19
64,1	19,15	15,73	12,42	9,24
64,0	19,21	15,79	12,48	9,30
63,9	19,26	15,84	12,53	9,35
63,8	19,32	15,90	12,59	9,41
63,7	19,37	15,95	12,64	9,46
63,6	19,43	16,01	12,70	9,52
63,5	19,48	16,06	12,75	9,57
63,4	19,54	16,12	12,81	9,63
63,3	19,59	16,17	12,86	9,68
63,2	19,65	16,23	12,92	9,74
63,1	19,70	16,28	12,97	9,79
63,0	19,75	16,33	13,02	9,84
62,9	19,80	16,38	13,07	9,89
62,8	19,86	16,44	13,13	9,95
62,7	19,91	16,49	13,18	10,00
62,6	19,97	16,55	13,24	10,06
62,5	20,02	16,60	13,29	10,11
62,4	20,07	16,65	13,34	10,16
62,3	20,13	16,71	13,40	10,22
62,2	20,18	16,76	13,45	10,27
62,1	20,23	16,81	13,50	10,32
62,0	20,28	16,86	13,55	10,37
61,9	20,34	16,92	13,61	10,43
61,8	20,39	16,97	13,66	10,48
61,7	20,44	17,02	13,71	10,53
61,6	20,49	17,07	13,76	10,58
61,5	20,54	17,12	13,81	10,63
61,4	20,59	17,17	13,86	10,68
61,3	20,65	17,23	13,92	10,74
61,2	20,70	17,28	13,97	10,79
61,1	20,75	17,33	14,02	10,84
61,0	20,80	17,38	14,07	10,89

Tabelle 17 (Forts.)

Druckhöhe in mm WS bei einer Temperatur im					Druckhöhe in mm WS bei einer Temperatur im				
Fall-strang von	Steigstrang von				Fall-strang von	Steigstrang von			
	95	90	85	80		95	90	85	80
60,9	20,85	17,43	14,12	10,94	55,4	23,62	20,20	16,89	13,71
60,8	20,91	17,49	14,18	11,00	55,3	23,67	20,25	16,94	13,76
60,7	20,96	17,54	14,23	11,05	55,2	23,71	20,29	16,98	13,80
60,6	21,01	17,59	14,28	11,10	55,1	23,76	20,34	17,03	13,85
60,5	21,06	17,64	14,33	11,15	55,0	23,81	20,39	17,08	13,90
60,4	21,11	17,69	14,38	11,20	54,9	23,86	20,44	17,13	13,95
60,3	21,16	17,74	14,43	11,25	54,8	23,91	20,49	17,18	14,00
60,2	21,22	17,80	14,49	11,31	54,7	23,95	20,53	17,22	14,04
60,1	21,27	17,85	14,54	11,36	54,6	24,00	20,58	17,27	14,09
60,0	21,32	17,90	14,59	11,41	54,5	24,05	20,63	17,32	14,14
59,9	21,37	17,95	14,64	11,46	54,4	24,10	20,68	17,37	14,19
59,8	21,42	18,00	14,69	11,51	54,3	24,15	20,73	17,42	14,24
59,7	21,48	18,06	14,75	11,57	54,2	24,19	20,77	17,46	14,28
59,6	21,53	18,11	14,80	11,62	54,1	24,24	20,82	17,51	14,33
59,5	21,58	18,16	14,85	11,67	54,0	24,29	20,87	17,56	14,38
59,4	21,63	18,21	14,90	11,72	53,9	24,34	20,92	17,61	14,43
59,3	21,68	18,26	14,95	11,77	53,8	24,39	20,97	17,66	14,48
59,2	21,73	18,31	15,00	11,82	53,7	24,43	21,01	17,70	14,52
59,1	21,78	18,36	15,05	11,87	53,6	24,48	21,06	17,75	14,57
59,0	21,83	18,41	15,10	11,92	53,5	24,53	21,11	17,80	14,62
58,9	21,88	18,46	15,15	11,97	53,4	24,58	21,16	17,85	14,67
58,8	21,93	18,51	15,20	12,02	53,3	24,63	21,21	17,90	14,72
58,7	21,98	18,56	15,25	12,07	53,2	24,67	21,25	17,94	14,76
58,6	22,03	18,61	15,30	12,12	53,1	24,72	21,30	17,99	14,81
58,5	22,08	18,66	15,35	12,17	53,0	24,77	21,35	18,04	14,86
58,4	22,13	18,71	15,40	12,22	52,9	24,82	21,40	18,09	14,91
58,3	22,18	18,76	15,45	12,27	52,8	24,87	21,45	18,14	14,96
58,2	22,23	18,81	15,50	12,32	52,7	24,91	21,49	18,18	15,00
58,1	22,28	18,86	15,55	12,37	52,6	24,95	21,53	18,22	15,04
58,0	22,33	18,91	15,60	12,42	52,5	25,00	21,58	18,27	15,09
57,9	22,38	18,96	15,65	12,47	52,4	25,05	21,63	18,32	15,14
57,8	22,43	19,01	15,70	12,52	52,3	25,09	21,67	18,36	15,18
57,7	22,48	19,06	15,75	12,57	52,2	25,14	21,72	18,41	15,23
57,6	22,53	19,11	15,80	12,62	52,1	25,18	21,76	18,45	15,27
57,5	22,58	19,16	15,85	12,67	52,0	25,23	21,81	18,50	15,32
57,4	22,63	19,21	15,90	12,72	51,9	25,27	21,85	18,54	15,36
57,3	22,68	19,26	15,95	12,77	51,8	25,31	21,89	18,58	15,40
57,2	22,73	19,31	16,00	12,82	51,7	25,36	21,94	18,63	15,45
57,1	22,78	19,36	16,05	12,87	51,6	25,41	21,99	18,68	15,50
57,0	22,83	19,41	16,10	12,92	51,5	25,46	22,04	18,73	15,55
56,9	22,88	19,46	16,15	12,97	51,4	25,51	22,09	18,78	15,60
56,8	22,93	19,51	16,20	13,02	51,3	25,56	22,14	18,83	15,65
56,7	22,98	19,56	16,25	13,07	51,2	25,60	22,18	18,87	15,69
56,6	23,03	19,61	16,30	13,12	51,1	25,65	22,23	18,92	15,74
56,5	23,08	19,66	16,35	13,17	51,0	25,70	22,28	18,97	15,79
56,4	23,13	19,71	16,40	13,22	50,9	25,74	22,32	19,01	15,83
56,3	23,18	19,76	16,45	13,27	50,8	25,79	22,37	19,06	15,88
56,2	23,23	19,81	16,50	13,32	50,7	25,83	22,41	19,10	15,92
56,1	23,28	19,86	16,55	13,37	50,6	25,88	22,46	19,15	15,97
56,0	23,33	19,91	16,60	13,42	50,5	25,92	22,50	19,19	16,01
55,9	23,38	19,96	16,65	13,47	50,4	25,96	22,54	19,23	16,05
55,8	23,43	20,01	16,70	13,52	50,3	26,00	22,58	19,27	16,09
55,7	23,47	20,05	16,74	13,56	50,2	26,05	22,63	19,32	16,14
55,6	23,52	20,10	16,79	13,61	50,1	26,10	22,68	19,37	16,19
55,5	23,57	20,15	16,84	13,66	50,0	26,15	22,73	19,42	16,24

Zusätzliche Druckhöhen und Vergrößerung der Heizflächen bei Anwendung „oberer Verteilung" und Berücksichtigung der Wärmeverluste der Rohrleitung (für den Kostenanschlag).

Beim Zweirohrsystem sind die vollen, beim Einrohrsystem die halben Tabellenwerte zu nehmen.

A. Zusätzliche Druckhöhe in mm WS.*)

Die nachstehenden Werte gelten für eine Vorlauftemperatur am Kessel von 90° C. Sie sind für eine Vorlauftemperatur von 85° um 15%, für eine solche von 80° um 30% zu verringern.

I. Fallstränge unisoliert frei vor der Wand.**)

a) Gebäude mit 1 oder 2 Geschossen.

Horizontale Ausdehnung der Anlage	Höhe des Heizkörpers über Kesselmitte	Horizontale Entfernung des Stranges vom Steigestrang					
		bis 10 m	10 bis 20 m	20 bis 30 m	30 bis 50 m	50 bis 75 m	75 bis 100 m
bis 25 m	bis 7 m	10	10	15	—	—	—
25 bis 50 m	„	10	10	15	20	—	—
50 bis 75 m	„	10	10	15	15	20	—
75 bis 100 m	„	10	10	10	15	20	25

b) Gebäude mit 3 oder 4 Geschossen.

Horizontale Ausdehnung der Anlage	Höhe des Heizkörpers über Kesselmitte	Horizontale Entfernung des Stranges vom Steigestrang					
		bis 10 m	10 bis 20 m	20 bis 30 m	30 bis 50 m	50 bis 75 m	75 bis 100 m
bis 25 m	bis 15 m	25	25	35	—	—	—
25 bis 50 m	„	25	25	30	35	—	—
50 bis 75 m	„	25	25	25	30	35	—
75 bis 100 m	„	25	25	25	30	35	40

c) Gebäude mit mehr als 4 Geschossen.

Horizontale Ausdehnung der Anlage	Höhe des Heizkörpers über Kesselmitte	Horizontale Entfernung des Stranges vom Steigestrang					
		bis 10 m	10 bis 20 m	20 bis 30 m	30 bis 50 m	50 bis 75 m	75 bis 100 m
bis 25	bis / über } 7 m	45 / 30	50 / 35	55 / 45	—	—	—
25 bis 50 m	bis / über } 7 m	55 / 40	60 / 45	65 / 50	75 / 55	—	—
50 bis 75 m	bis / über } 7 m	55 / 40	55 / 40	60 / 45	65 / 50	75 / 55	—
75 bis 100 m	bis / über } 7 m	55 / 40	55 / 40	55 / 40	60 / 45	65 / 50	75 / 65

*) Ist zu der ohne Berücksichtigung der Rohrabkühlung berechneten Druckhöhe zuzuzählen.

**) Es liegen folgende Annahmen zugrunde: Steigestrang keine Abkühlung, Dachbodentemperatur ± 0°, Isolierung der oberen Verteilungsleitung 80% Wirkungsgrad, gemeinsame Rückleitung keine Abkühlung. Außentemperatur — 20° C, Raumtemperatur + 20°, Temperaturgefälle der Heizkörper 20° C.

Tabelle 18 (Forts.)

II. Fallstränge isoliert in Mauerschlitzen.*)

a) Gebäude mit 1 oder 2 Geschossen.

Horizontale Ausdehnung der Anlage	Höhe des Heizkörpers über Kesselmitte	Horizontale Entfernung des Stranges vom Steigestrang					
		bis 10 m	10 bis 20 m	20 bis 30 m	30 bis 50 m	50 bis 75 m	75 bis 100 m
bis 25 m	bis 7 m	5	10	10	—	—	—
25 bis 50 m	,,	5	5	10	10	—	—
50 bis 75 m	,,	5	5	5	10	15	—
75 bis 100 m	,,	5	5	5	10	15	20

b) Gebäude mit 3 oder 4 Geschossen.

Horizontale Ausdehnung der Anlage	Höhe des Heizkörpers über Kesselmitte	Horizontale Entfernung des Stranges vom Steigestrang.					
		bis 10 m	10 bis 20 m	20 bis 30 m	30 bis 50 m	50 bis 75 m	75 bis 100 m
bis 25 m	bis 15 m	10	15	20	—	—	—
25 bis 50 m	,,	10	15	20	25	—	—
50 bis 75 m	,,	5	10	15	20	25	—
75 bis 100 m	,,	5	5	10	15	20	25

c) Gebäude mit mehr als 4 Geschossen.

Horizontale Ausdehnung der Anlage	Höhe des Heizkörpers über Kesselmitte	Horizontale Entfernung des Stranges vom Steigestrang					
		bis 10 m	10 bis 20 m	20 bis 30 m	30 bis 50 m	50 bis 75 m	75 bis 100 m
bis 25 m	bis } 10 m	15	20	20	—	—	—
	über }	10	15	15	—	—	—
25 bis 50 m	bis } 10 m	15	20	20	30	—	—
	über }	10	15	15	20	—	—
50 bis 75 m	bis } 10 m	15	15	20	20	30	—
	über }	10	10	15	15	20	—
75 bis 100 m	bis } 10 m	15	15	20	20	30	35
	über }	10	10	15	15	20	25

B. Vergrößerung der Heizflächen, ausgedrückt in Prozenten der ohne Berücksichtigung der Rohrabkühlung berechneten Werte.

I. Fallstränge unisoliert frei vor der Wand.**)

Geschoßzahl des Gebäudes	Prozentuale Vergrößerung der Heizflächen im:		
	Erdgeschoß	1. bzw. 2. Obergeschoß	3., 4. bzw. 5. Obergeschoß
1 oder 2	10	5	—
3 oder 4	15	10	5
über 4	25	10	5

II. Fallstränge isoliert in Mauerschlitzen.***)

Geschoßzahl des Gebäudes	Prozentuale Vergrößerung der Heizflächen im:		
	Erdgeschoß	1. bzw. 2. Obergeschoß	3., 4. bzw. 5. Obergeschoß
1 oder 2	5	0	—
3 oder 4	5	3	0
über 4	5	5	3

---

*) Es liegt außer den Annahmen unter I folgendes zugrunde: Wirkungsgrad der Isolierung der Fallstränge 60%, Lufttemperatur im Schlitz 35° C.
) 1. Die Fußnote zu A I.   *) 1. Die Fußnote zu A II.

Annahmetabelle für Etagenheizungen.

A. Wirksame Druckhöhe in mm Wassersäule.

Die nachstehenden Werte gelten für eine Vorlauftemperatur am Kessel von 90° C. Sie sind für eine Vorlauftemperatur von 85° um 15%, für eine solche von 80° um 30% zu verringern.

I. Fallstränge unisoliert frei vor der Wand.*)

Horizontale Ausdehnung der Anlage	Horizontale Entfernung des Fallstranges vom Steigstrang in m						
	bis 5	5 bis 10	10 bis 15	15 bis 20	20 bis 30	30 bis 40	40 bis 50
bis 10 m	7	18	—	—	—	—	—
10 bis 25 m	7	11	15	20	25	—	—
25 bis 50 m	5	8	11	14	18	24	30

II. Fallstränge isoliert in Mauerschlitzen.**)

Horizontale Ausdehnung der Anlage	Horizontale Entfernung des Fallstranges vom Steigstrang in m						
	bis 5	5 bis 10	10 bis 15	15 bis 20	20 bis 30	30 bis 40	40 bis 50
bis 10 m	5	15	—	—	—	—	—
10 bis 25 m	5	8	12	16	22	—	—
25 bis 50 m	4	6	8	11	15	20	25

B. Vergrößerung der Heizflächen in Prozenten der ohne Berücksichtigung der Rohrabkühlung berechneten Werte.

I. Fallstränge unisoliert frei vor der Wand.*)

Horizontale Ausdehnung der Anlage	Horizontale Entfernung des Fallstranges vom Steigstrang in m						
	bis 5	5 bis 10	10 bis 15	15 bis 20	20 bis 30	30 bis 40	40 bis 50
bis 10 m	10	15	—	—	—	—	—
10 bis 25 m	10	10	15	20	25	—	—
35 bis 50 m	5	5	10	10	15	20	30

II. Fallstränge isoliert in Mauerschlitzen.**)

Horizontale Ausdehnung der Anlage	Horizontale Entfernung des Fallstranges vom Steigstrang in m						
	bis 5	5 bis 10	10 bis 15	15 bis 20	20 bis 30	30 bis 40	40 bis 50
bis 10 m	5	10	—	—	—	—	—
10 bis 25 m	5	5	10	15	20	—	—
25 bis 50 m	3	3	5	10	15	20	30

*) Es liegen folgende Annahmen zugrunde:
Steigstrang keine Abkühlung, Verteilungsleitung unisoliert, Rückläufe keine Abkühlung, Außentemperatur —20° C, Raumtemperatur +20° C, Temperaturgefälle der Heizkörper 20°.
**) Außer obigen Annahmen ist vorausgesetzt:
Wirkungsgrad der Isolierung der Fallstränge 60%, Lufttemperatur im Schlitz 35° C.

Anteil der Einzelwiderstände an dem Gesamtwiderstand des Rohrnetzes einer Warmwasserheizung.

Die nachstehenden Prozentsätze gelten sowohl für das Zweirohr- wie auch für das Einrohrsystem, sowohl für obere als auch für untere Verteilung und sind für die Annahme der Grundleitungen, der Stränge und Heizkörperanschlüsse verwendbar.

	Benennung der Anlage.	Anteil der einmaligen Widerstände in Prozenten des Gesamtwiderstandes.
1*)	Gebäudeheizungen mit einer senkrechten Entfernung der Mitte des ungünstigsten Heizkörpers von der Kesselmitte bis 1,0 m.	Unabhängig von der horizontalen und vertikalen Ausdehnung des Gebäudes für den ungünstigsten und alle Stromkreise desselben Geschosses rund 60%, für alle anderen Stromkreise 50%.
2*)	Gebäudeheizungen mit einer senkrechten Entfernung der Mitte des ungünstigsten Heizkörpers von der Kesselmitte 2,0 m und darüber.	Unabhängig von der horizontalen und vertikalen Ausdehnung des Gebäudes für alle Stromkreise 50%.
3	Fernleitungen mit einer mittleren Entfernung der einzelnen Gebäude von etwa 50 m.	20% des gesamten in der Fernleitung auftretenden Widerstandes.
4	Fernleitungen mit einer mittleren Entfernung der einzelnen Gebäude von etwa 100 m.	10% des gesamten in der Fernleitung auftretenden Widerstandes.
5	Pumpenräume bei Fernheizungen.	70 bis 90% des gesamten im Pumpenraum auftretenden Widerstandes, und zwar je nach der Wahl von Schiebern bzw. Ventilen.

*) Bei Wahl von Regulier- und Absperrorganen, die sehr kleine Widerstände aufweisen, können die in der Zusammenstellung angegebenen Prozentsätze um 10% (z. B. von 50 auf 40%) vermindert werden.

<u>**Tabelle 21.**</u>

ζ=Werte von Einzelwiderständen.

I. Heizkörper und Kessel.

Radiatoren bei gleichseitigem Anschluß . . . . $\zeta = 2{,}5$ ⎫
Radiatoren bei wechselseitigem Anschluß . . . . $\zeta = 3{,}0$ ⎪ bezogen auf
Strebelkessel bei gleichseitigem Anschluß . . . . $\zeta = 1{,}5$ ⎬ die Wassergeschwindigkeit
Strebelkessel bei wechselseitigem Anschluß . . . . $\zeta = 2{,}0$ ⎪ im Anschluß-
Nationalkessel einschl. des Sammelstutzens . . . . $\zeta = 2{,}5$ ⎭ rohr.

II. Ventile, Hähne, Kniee, Bögen usw.

Bezeichnung	Firma	ζ-Werte bei einem lichten Rohranschluß in mm von:						Bemerkung
		14	20	25	34	39	49	
Präzisions-Regulier-Eckventil { ältere Bauart	} Schäffer & Öhlmann	9,0	9,0	9,0	9,0	—	—	
{ neuere „		1,5	1,5	1,5	1,5	—	—	
Präzisions-Regulier-Durchgangsventil, ältere Bauart	„ „ „	15,0	17,0	19,0	30,0	—	—	
Schieberventil	—	2,0	2,0	2,0	2,0	—	—	
Strangventil	Rud. Otto Meyer	16,0	10,0	9,0	9,0	8,0	7,0	⎰ 119 mm l. W.
Flanschen-Durchgangsventil . .	„ „ „	—	—	—	—	—	—	⎱ $\zeta = 7{,}0$
Eckhahn	Gebr. Körting	7,0	4,0	4,0	4,0	—	—	
Durchgangshahn	„ „	4,0	2,0	2,0	2,0	—	—	
Absperrschieber	Rud. Otto Meyer	1,5	0,5	0,5	0,5	0,5	0,5	⎰ 119 mm l. W.
Flanschenabsperrschieber . . .	„ „ „	—	—	—	—	—	—	⎱ $\zeta = 1{,}0$
Drosselklappe	„ „ „	3,5	2,0	2,0	1,5	1,5	1,0	
Knie	Georg Fischer	2,0	2,0	1,5	1,5	1,0	1,0	
Bogen 90°	„ „	1,5	1,5	1,0	1,0	0,5	0,5	
Doppelbogen { eng	„ „	2,0	2,0	2,0	2,0	2,0	2,0	
{ weit	„ „	1,0	1,0	1,0	1,0	1,0	1,0	
Muffen	„ „	0,5	0,0	0,0	0,0	0,0	0,0	

Plötzliche Querschnittsverengungen:

$F_2 : F_1 =$	0,01	0,1	0,2	0,4	0,6	0,8
ζ bez. auf $v_2 =$	0,5	0,5	0,4	0,4	0,3	0,2

III. Muffen- und Flanschen-T-Stücke.

Treten in T-Stücken keine oder nur sehr geringe Geschwindigkeitsumsetzungen auf ⎡d. h. $\dfrac{v_d}{V} \backsim 1$; bzw. $\dfrac{v_a}{V} \backsim 1$*)⎤, so kann für alle T-Stücke, bei denen keine „gegenläufige Wasserbewegung"*) vorkommt, näherungsweise gesetzt werden:

       α) in der Durchgangsrichtung . . . . $\zeta = 1{,}0$
       β) in der Abzweigrichtung . . . . $\zeta = 1{,}5$

Unter gleichen Annahmen gilt näherungsweise:

       für T-Stücke mit „gegenläufiger Wasserbewegung"*) . . . . . . $\zeta = 3{,}0$
       für Hosenstücke . . . . $\zeta = 1{,}0$

Für alle übrigen Fälle s. Tabelle 21, IIIa bzw. IIIb.

*) Bezüglich der Bezeichnung s. die folgenden Seiten.

Tabelle 21 (Forts.)

IIIa. Muffen-T-Stücke.

Die **fettgedruckten Zahlen** beziehen sich auf den Abzweig.

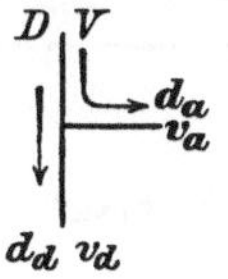

Trennung

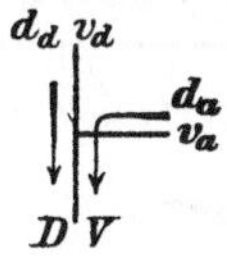

Zusammenlauf

$\frac{v_d}{V}$ bzw. $\frac{v_a}{V}$	Für alle T-Stücke	Bei Gegenlauf sind die **Abzweigwerte** zu nehmen und zu multiplizieren mit:	$\frac{v_d}{V}$ bzw. $\frac{v_a}{V}$	Gruppe I: d_d und d_a mindestens je 2 Dimensionen kleiner als D *)	Gruppe II: Alle übrigen T-Stücke außer Gruppe III	Gruppe III: $D = d_d = d_a$
	Widerstandszahlen ζ_d bzw. ζ_a			Widerstandszahlen ζ_d bzw. ζ_a		
0,4 **0,4**	−3,0 **+2,5**	**+4,0**	0,4 **0,4**	+8,5 **−7,0**	+10,0 **+ 4,0**	+8,5 **+7,0**
0,5 **0,5**	−1,5 **+2,0**	**+3,0**	0,5 **0,5**	+6,0 **−3,5**	+ 6,0 **+ 3,0**	+5,0 **+5,5**
0,6 **0,6**	−1,0 **+2,0**	**3,0**	0,6 **0,6**	+4,0 **−2,0**	4,0 **2,5**	3,5 **4,0**
0,7 **0,7**	−0,4 **+1,5**	**3,0**	0,7 **0,7**	+2,5 **−1,0**	2,5 **2,0**	2,5 **3,0**
0,8 **0,8**	+0,1 **+1,5**	**3,0**	0,8 **0,8**	+2,0 **−0,5**	2,0 **1,5**	1,5 **1,5**
0,9 **0,9**	+0,2 **+1,5**	**2,5**	0,9 **0,9**	+1,0 **−0,2**	1,0 **1,5**	1,0 **1,5**
1,0 **1,0**	0,4 **1,5**	**2,5**	1,0 **1,0**	+0,6 **0,0**	1,0 **1,5**	0,7 **1,5**
1,2 **1,2**	0,8 **1,5**		1,2 **1,2**	+0,1 **+0,2**	0,5 **1,0**	
1,4 **1,4**	1,0 **1,5**		1,4 **1,4**	−0,2 **+0,3**	— **0,6**	
1,6 **1,6**	1,5 **1,5**		1,6 **1,6**	−0,4 **+0,5**	— **0,6**	
1,8 **1,8**	1,5 **1,5**		1,8 **1,8**	−0,5 **+0,6**	— **0,7**	
2,0 **2,0**	1,5 **1,5**		2,0 **2,0**	−0,6 **+0,7**	— **0,7**	
2,2 **2,2**	1,5 **1,5**		2,2 **2,2**	−0,7 **+0,8**	— **0,8**	
2,4 **2,4**	1,5 **1,5**		2,4 **2,4**	−0,8 **+0,8**	— **0,8**	

Schema des Gegenlaufes: 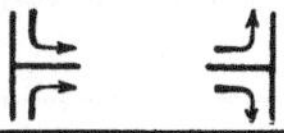

Für Gegenlauf sind die **Abzweigwerte** zu nehmen und auf das 1,5fache zu erhöhen**)

Über Kreuzstücke siehe 1. Teil an der im Sachregister bezeichneten Stelle. Verteiler können in einzelne Kniestücke zerlegt werden.

*) d_a mindestens 2 Dimensionen kleiner als D, bedeutet, daß d_a mindestens 2 der in der Tabelle 23 angegebenen Handelsmaße unter D liegt.

**) D. h. die positiven Werte mit 1,5 multiplizieren, die negativen Werte durch 1,5 dividieren.

IIIb. Flanschen-⊤-Stücke.

Die **fettgedruckten Zahlen** beziehen sich auf den Abzweig.

Trennung (linke Tabelle). In jeder Zelle steht oben der Wert für $\frac{v_d}{V}$ (zu ζ_d), unten fett der Wert für $\frac{v_a}{V}$ (zu ζ_a).

Gruppe I: d_a über 4 Dimensionen kleiner als D*) — Gruppe II: d_a bis 4 Dimensionen kleiner als D*) — Gruppe III: $D = d_d = d_a$ — Gruppe IV: Hosenstücke.

Widerstandszahlen ζ_d bzw. ζ_a:

$\frac{v_d}{V}$ bzw. $\frac{v_a}{V}$	I	II	III	IV
0,4 / **0,4**	−2,5 / **+4,5**	−3,0 / **+1,0**	−3,0 / **+1,0**	**−2,5**
0,5 / **0,5**	−1,5 / **+3,5**	−2,0 / **+1,0**	−2,0 / **+1,0**	**−1,5**
0,6 / **0,6**	−1,0 / **+3,0**	−1,0 / **+1,0**	−1,0 / **+1,0**	**−0,7**
0,7 / **0,7**	−0,5 / **+2,5**	−0,5 / **+1,0**	−0,5 / **+1,0**	**−0,3**
0,8 / **0,8**	−0,5 / **+2,5**	−0,2 / **+1,0**	−0,2 / **+1,0**	**+0,1**
0,9 / **0,9**	0,0 / **+2,0**	0,0 / **+1,0**	0,0 / **+1,0**	**+0,4**
1,0 / **1,0**	0,0 / **+2,0**	+0,3 / **+1,0**	+0,3 / **+1,0**	**+0,5**
1,2 / **1,2**	+0,3 / **+2,0**	+0,3 / **+1,0**		
1,4 / **1,4**	0,4 / **2,0**	0,3 / **1,0**		
1,6 / **1,6**	0,4 / **1,5**	0,5 / **1,0**		
1,8 / **1,8**	0,4 / **1,5**	0,5 / **1,0**		
2,0 / **2,0**	0,5 / **1,5**	0,5 / **1,0**		
2,2 / **2,2**	0,5 / **1,5**	0,5 / **1,0**		
2,4 / **2,4**	0,5 / **1,5**	0,5 / **1,0**		

Für alle Gewindeabzweige sind die Werte der Gruppe II zu nehmen.

Für Gegenlauf sind obige **Abzweigwerte** ohne Erhöhung gültig.

Zusammenlauf (rechte Tabelle). Gruppe I: d_a über 4 Dimensionen kleiner als D* — Gruppe II: d_a bis 4 Dimensionen kleiner als D* — Gruppe III: $D = d_d = d_a$ — Spalte I, II und III: Bei Gegenlauf sind die **Abzweigwerte** zu nehmen und zu multiplizieren mit: — Gruppe IV: Hosenstücke.

Widerstandszahlen ζ_d bzw. ζ_a:

$\frac{v_d}{V}$ bzw. $\frac{v_a}{V}$	I	II	III	I, II und III	IV
0,4 / **0,4**	+12,0 / **+0,5**	+7,0 / **+3,5**	+7,0 / **+5,5**	**+1,4**	**+7,0**
0,5 / **0,5**	+8,0 / **+0,4**	+4,5 / **+2,5**	+4,5 / **+4,0**	**+1,4**	**+4,5**
0,6 / **0,6**	5,0 / **0,3**	3,0 / **2,0**	3,0 / **3,0**	**1,4**	**3,0**
0,7 / **0,7**	3,0 / **0,3**	2,0 / **1,5**	1,5 / **2,0**	**1,6**	**2,0**
0,8 / **0,8**	2,0 / **0,3**	1,5 / **1,5**	1,0 / **1,5**	**1,6**	**1,5**
0,9 / **0,9**	1,5 / **0,2**	1,0 / **1,0**	1,0 / **1,5**	**1,6**	**1,0**
1,0 / **1,0**	1,0 / **0,2**	0,5 / **1,0**	0,5 / **1,0**	**2,0**	**1,0**
1,2 / **1,2**	0,4 / **0,1**	0,4 / **0,5**			
1,4 / **1,4**		0,4 / **0,2**			
1,6 / **1,6**		0,4 / **0,2**			

Schema des Gegenlaufes: ⌐ ⌐

Für alle Gewindeabzweige sind die Werte der Gruppe II zu nehmen.

Über Kreuzstücke s. I. Teil an der im Sachregister bezeichneten Stelle. Verteiler können in einzelne Kniestücke zerlegt werden.

---

*) d_a über 4 Dimensionen kleiner als D, bedeutet, daß d_a mehr als 4 der in der Tabelle 23 angegebenen Handelsmaße unterhalb D liegt.

Durchmesser, Gewicht, Inhalt und Außenfläche des „Verbandsrohres", sowie Werte von $f k$ zur Berechnung der Wärmeabgabe nackter Rohrleitungen.

Rohrdurchmesser		Gewicht	Inhalt	Außen-fläche	Werte $f k$ für 1 m Länge für nackte Rohre, wenn der Unterschied zwischen der mittleren Temperatur des Wassers und der Temperatur der zuströmenden Luft beträgt:					
innerer d (m)	äußerer D (m)	eines Meters Rohr								
		(kg)	(l)	(qm)	unter 40°	über 40° bis 50°	über 50° bis 60°	über 60° bis 70°	über 70° bis 80°	über 80°
A. Muffenrohr.										
0,011	0,016	0,88	0,10	0,05	0,53	0,55	0,58	0,60	0,63	0,63
0,014	0,020	1,26	0,15	0,06	0,66	0,69	0,72	0,75	0,79	0,79
0,020	0,026	1,87	0,31	0,08	0,86	0,90	0,94	0,98	1,02	1,02
0,025	0,033	2,68	0,49	0,10	1,09	1,14	1,19	1,24	1,30	1,30
0,034	0,042	3,74	0,91	0,13	1,19	1,25	1,32	1,39	1,45	1,52
0,039	0,048	4,62	1,20	0,15	1,36	1,43	1,51	1,58	1,66	1,73
0,043	0,052	5,06	1,45	0,16	1,47	1,55	1,63	1,72	1,79	1,88
0,049	0,059	6,38	1,89	0,19	1,67	1,76	1,85	1,95	2,04	2,13
0,065	0,076	9,10	3,32	0,24	2,03	2,27	2,39	2,51	2,51	2,51
B. Flanschenrohr.										
0,057	0,063	4,45	2,55	0,20	1,68	1,88	1,98	2,08	2,08	2,08
0,064	0,070	4,90	3,22	0,22	1,87	2,09	2,20	2,31	2,31	2,31
0,070	0,076	5,35	3,85	0,24	2,03	2,27	2,39	2,51	2,51	2,51
0,076	0,083	6,35	4,54	0,26	2,22	2,48	2,61	2,74	2,74	2,74
0,082	0,089	6,78	5,28	0,28	2,38	2,66	2,80	2,94	2,94	2,94
0,088	0,095	7,30	6,08	0,30	2,54	2,84	2,99	3,13	3,13	3,13
0,094	0,102	9,01	6,94	0,32	2,56	2,88	3,04	3,20	3,20	3,20
0,100	0,108	9,56	7,85	0,34	2,71	3,05	3,22	3,22	3,39	3,39
0,106	0,114	10,10	8,83	0,36	2,87	3,22	3,40	3,40	3,40	3,40
0,113	0,121	11,46	10,03	0,38	3,04	3,42	3,61	3,61	3,61	3,61
0,119	0,127	12,03	11,12	0,40	3,19	3,59	3,79	3,79	3,79	3,79
0,131	0,140	14,10	13,48	0,44	3,52	3,96	4,18	4,18	4,18	4,18
0,143	0,152	16,22	16,06	0,48	3,82	4,30	4,54	4,54	4,54	4,54
0,156	0,165	17,65	19,11	0,52	4,15	4,41	4,67	4,67	4,67	4,67
0,169	0,178	19,08	22,43	0,56	4,47	4,75	4,75	4,75	4,75	4,75
0,192	0,203	26,60	28,95	0,64	5,10	5,42	5,42	5,42	5,42	5,42
0,216	0,229	35,30	36,64	0,72	5,76	6,12	6,12	6,12	6,12	6,12
0,241	0,254	39,50	45,62	0,80	6,38	6,78	6,78	6,78	6,78	6,78
0,264	0,279	49,60	54,74	0,88	7,01	7,45	7,45	7,45	7,45	7,45
0,290	0,305	54,70	66,05	0,96	7,67	8,15	8,15	8,15	8,15	8,15

Bestimmung der Rohrweiten bei Warmwasserheizungen.

Geschwindigkeit des Wassers: 0,01 bis 3,0 m/sk. Temperaturgefälle: 1^0 C.

Den Werten der Zahlentafel liegt die Annahme einer mittleren Wassertemperatur von 70^0 C zugrunde
(siehe Bd. I, Kap. XI, B, III).

Reibungs- und Einzelwiderstände, Wassergeschwindigkeiten und mögliche

Geschwindigkeit des Wassers: 0,01 bis 0,3 m/sk.

Geschwin-digkeit des Wassers in m/sk	Einzelwiderstände Z in mm WS für $\Sigma\zeta =$								
	1	2	3	4	5	6	7	8	9
0,01	0,01	0,01	0,02	0,02	0,05	0,05	0,05	0,05	0,05
0,015	0,01	0,02	0,05	0,05	0,1	0,1	0,1	0,1	0,1
0,02	0,02	0,05	0,1	0,1	0,1	0,1	0,2	0,2	0,2
0,025	0,05	0,1	0,1	0,1	0,2	0,2	0,2	0,3	0,3
0,03	0,05	0,1	0,2	0,2	0,2	0,3	0,3	0,4	0,4
0,035	0,1	0,1	0,2	0,3	0,3	0,4	0,5	0,5	0,6
0,04	0,1	0,2	0,3	0,3	0,4	0,5	0,6	0,7	0,7
0,045	0,1	0,2	0,3	0,4	0,5	0,6	0,7	0,8	0,9
0,05	0,1	0,3	0,4	0,5	0,6	0,8	0,9	1,0	1,1
0,06	0,2	0,4	0,6	0,7	0 9	1,1	1,3	1,4	1,6
0,07	0,3	0,5	0,8	1,0	1,2	1,5	1,7	2,0	2,2

Temperaturgefälle: 1° C.

Mögl. stündl. zu fördernde Wärmemenge für 1° Temperaturgefälle in WE (= Liter Wasser/std) ... **I**
Geschwindigkeit des Wassers in m/sk . . . . **II**
für eine Rohrweite (in mm) von:

Reibungswiderstand R für 1 m Rohr in mm WS	·	14	20	25	34	39	49	57	64	
0,01	—	—	—	—	28	49	110	152	202	I
					0,01	0,015	0,02	0,02	0,02	II
0,011	—	—	—	—	31	54	115	160	212	I
					0,01	0,015	0,02	0,02	0,02	II
0,012	—	—	—	—	34	59	120	167	222	I
					0,015	0,015	0,02	0,02	0,02	II
0,013	—	—	—	10	37	64	125	175	235	I
				0,01	0,015	0,015	0,02	0,02	0,02	II
0,014	—	—	—	11	40	69	130	182	252	I
				0,01	0,015	0,02	0,02	0,025	0,025	II
0,015	—	—	—	12	43	74	135	190	265	I
				0,01	0,015	0,02	0,02	0,025	0,025	II
0,017	—	—	—	14	48	79	142	200	280	I
				0,01	0,015	0,02	0,025	0,025	0,025	II
0,019	—	—	—	15	54	84	150	210	295	I
				0,01	0,02	0,02	0,025	0,025	0,03	II
0,021	—	—	—	17	59	89	160	222	310	I
				0,01	0,02	0,025	0,025	0,03	0,03	II
0,023	—	—	—	19	65	94	170	235	325	I
				0,01	0,02	0,025	0,03	0,03	0,03	II
0,025	—	—	8	21	68	99	180	252	340	I
			0,01	0,015	0,02	0,025	0,03	0,03	0,03	II
0,028	—	—	9	23	72	104	190	265	360	I
			0,01	0,015	0,025	0,025	0,03	0,03	0,035	II
0,031	—	—	10	26	76	109	200	280	380	I
			0,01	0,015	0,025	0,03	0,03	0,035	0,035	II
0,034	—	—	11	28	80	114	212	295	400	I
			0,01	0,02	0,025	0,03	0,035	0,035	0,04	II
0,037	—	—	12	31	85	120	225	310	425	I
			0,015	0,02	0,03	0,03	0,035	0,035	0,04	II
0,041	—	—	13	33	89	127	237	325	450	I
			0,015	0,02	0,03	0,03	0,035	0,04	0,04	II
0,045	—	—	15	36	94	135	250	340	475	I
			0,015	0,02	0,03	0,035	0,04	0,04	0,045	II
0,05	—	—	16	39	99	142	265	360	500	I
			0,015	0,025	0,03	0,035	0,04	0,045	0,045	II
0,055	—	—	18	42	104	150	280	380	525	I
			0,02	0,03	0,035	0,04	0,045	0,045	0,05	II
0,061	—	—	19	45	109	157	295	400	550	I
			0,02	0,03	0,035	0,04	0,045	0,05	0,05	II
0,067	—	5	21	48	115	165	310	425	580	I
		0,01	0,02	0,03	0,04	0,04	0,05	0,05	0,06	II
0,074	—	6	23	51	121	175	325	450	610	I
		0,01	0,025	0,03	0,04	0,045	0,05	0,05	0,06	II
0,081	—	6	25	54	127	185	340	475	640	I
		0,015	0,025	0,035	0,04	0,045	0,05	0,06	0,06	II
0,09	—	7	27	57	135	195	360	500	675	I
		0,015	0,03	0,035	0,045	0,05	0,06	0,06	0,06	II
0,10	—	8	30	60	142	205	380	525	710	I
		0,015	0,03	0,04	0,045	0,05	0,06	0,06	0,07	II
0,11	—	8	31	64	150	215	400	550	745	I
		0,02	0,035	0,04	0,05	0,05	0,06	0,07	0,07	II

Geschwindigkeit des Wassers: 0,01 bis 0,3 m/sk.

Geschwindigkeit des Wassers in m/sk	Einzelwiderstände Z in mm WS für $\Sigma\zeta =$								
	1	2	3	4	5	6	7	8	9
0,015	0,01	0,02	0,05	0,05	0,1	0,1	0,1	0,1	0,1
0,02	0,02	0,05	0,1	0,1	0,1	0,1	0,2	0,2	0,2
0,025	0,05	0,1	0,1	0,1	0,2	0,2	0,2	0,3	0,3
0,03	0,05	0,1	0,2	0,2	0,2	0,3	0,3	0,4	0,4
0,035	0,1	0,1	0,2	0,3	0,3	0,4	0,5	0,5	0,6
0,04	0,1	0,2	0,3	0,3	0,4	0,6	0,6	0,7	0,7
0,045	0,1	0,2	0,3	0,4	0,5	0,6	0,7	0,8	0,9
0,05	0,1	0,3	0,4	0,5	0,6	0,8	0,9	1,0	1,1
0,06	0,2	0,4	0,6	0,7	0,9	1,1	1,3	1,4	1,6
0,07	0,3	0,5	0,8	1,0	1,2	1,5	1,7	2,0	2,2
0,08	0,3	0,7	1,0	1,3	1,6	1,9	2,2	2,6	2,9
0,09	0,4	0,8	1,2	1,6	2,0	2,4	2,8	3,2	3,6
0,1	0,5	1,0	1,5	2,0	2,5	3,0	3,5	4,0	4,5
0,11	0,6	1,2	1,8	2,4	3,0	3,6	4,2	4,8	5,4
0,12	0,7	1,4	2,2	2,9	3,6	4,3	5,0	5,7	6,5
0,13	0,9	1,7	2,5	3,4	4,2	5,1	5,9	6,7	7,6
0,14	1,0	2,0	2,9	3,9	4,9	5,9	6,8	7,8	8,8
0,15	1,1	2,2	3,4	4,5	5,6	6,7	7,8	9,0	10,1
0,16	1,3	2,6	3,8	5,1	6,4	7,7	8,9	10,2	11,5
0,17	1,4	2,9	4,3	5,8	7,2	8,6	10,1	11,5	13,0
0,18	1,6	3,2	4,8	6,5	8,1	9,7	11,3	12,9	14,5
0,19	1,8	3,6	5,4	7,2	9,0	10,8	12,6	14,4	16,2
0,2	2,0	4,0	6,0	8,0	10,0	12,0	14,0	15,9	17,9
0,22	2,4	4,8	7,2	9,6	12,1	14,5	16,9	19,3	21,5
0,24	2,9	5,7	8,6	11,5	14,4	17,2	20,0	23,0	26,0
0,26	3,4	6,7	10,1	13,5	16,8	20,0	23,5	27,0	30,5

Temperaturgefälle: 1° C.

Reibungswiderstand R für 1 m Rohr in mm WS	Mögl. stündl. zu fördernde Wärmemenge für 1° Temperaturgefälle in WE (= Liter Wasser/std)									
	Geschwindigkeit des Wassers in m/sk — für eine Rohrweite (in mm) von:									
	11	14	20	25	34	39	49	57	64	
0,12	3	9	35	68	157	225	420	575	780	I
	0,015	0,02	0,035	0,04	0,05	0,06	0,07	0,07	0,07	II
0,13	4	10	37	72	165	235	440	605	820	I
	0,015	0,02	0,04	0,045	0,05	0,06	0,07	0,07	0,08	II
0,14	4	11	40	76	172	245	460	635	860	I
	0,015	0,02	0,04	0,045	0,06	0,06	0,07	0,07	0,08	II
0,15	5	12	42	80	180	260	480	650	900	I
	0,015	0,025	0,04	0,045	0,06	0,06	0,08	0,08	0,08	II
0,17	5	13	45	84	190	275	510	690	950	I
	0,015	0,025	0,045	0,05	0,06	0,07	0,08	0,08	0,09	II
0,19	6	14	47	88	200	290	540	740	1 000	I
	0,02	0,03	0,045	0,05	0,07	0,07	0,08	0,09	0,09	II
0,21	6	16	50	92	210	305	570	780	1 050	I
	0,02	0,03	0,05	0,06	0,07	0,08	0,09	0,09	0,1	II
0,23	7	17	53	96	222	322	600	825	1 100	I
	0,02	0,035	0,05	0,06	0,07	0,08	0,09	0,1	0,1	II
0,25	7	19	56	105	235	340	630	860	1 150	I
	0,025	0,035	0,05	0,06	0,08	0,08	0,1	0,1	0,11	II
0,28	8	20	59	110	247	360	665	900	1 225	I
	0,025	0,04	0,06	0,07	0,08	0,09	0,1	0,11	0,11	II
0,31	9	22	62	115	260	380	700	950	1 300	I
	0,03	0,05	0,06	0,07	0,08	0,09	0,11	0,11	0,12	II
0,34	10	24	65	120	275	400	740	1 000	1 375	I
	0,035	0,05	0,06	0,07	0,09	0,1	0,11	0,12	0,13	II
0,37	11	25	69	127	290	420	780	1 050	1 450	I
	0,025	0,05	0,07	0,08	0,09	0,1	0,12	0,12	0,13	II
0,41	12	27	73	135	305	440	825	1 100	1 525	I
	0,04	0,06	0,07	0,08	0,1	0,11	0,13	0,13	0,14	II
0,45	14	29	77	142	320	465	870	1 175	1 600	I
	0,045	0,06	0,07	0,08	0,1	0,11	0,13	0,14	0,15	II
0,5	15	30	82	150	340	490	920	1 250	1 675	I
	0,045	0,06	0,08	0,09	0,11	0,12	0,14	0,14	0,15	II
0,55	16	32	86	157	360	502	970	1 325	1 750	I
	0,05	0,06	0,08	0,09	0,11	0,12	0,15	0,15	0,16	II
0,61	18	34	91	165	380	550	1 025	1 400	1 850	I
	0,06	0,07	0,09	0,1	0,12	0,13	0,16	0,16	0,17	II
0,67	19	36	96	175	400	580	1 075	1 475	1 975	I
	0,06	0,07	0,09	0,1	0,13	0,14	0,16	0,17	0,18	II
0,74	20	38	101	185	420	610	1 125	1 550	2 100	I
	0,06	0,07	0,09	0,11	0,13	0,15	0,17	0,18	0,19	II
0,81	21	40	106	195	440	640	1 175	1 625	2 225	I
	0,07	0,08	0,1	0,11	0,14	0,15	0,18	0,18	0,19	II
0,9	23	42	111	205	465	670	1 225	1 700	2 350	I
	0,07	0,08	0,1	0,12	0,15	0,16	0,19	0,19	0,2	II
1,0	24	45	116	215	490	700	1 275	1 800	2 475	I
	0,07	0,09	0,11	0,13	0,16	0,17	0,2	0,2	0,22	II
1,1	25	47	121	225	515	730	1 350	1 900	2 600	I
	0,08	0,09	0,12	0,13	0,17	0,18	0,22	0,22	0,24	II
1,2	27	50	126	237	540	770	1 425	2 000	2 725	I
	0,08	0,1	0,12	0,14	0,17	0,19	0,22	0,24	0,24	II
1,3	28	52	132	250	565	810	1 500	2 100	2 850	I
	0,09	0,01	0,13	0,15	0,18	0,2	0,24	0,24	0,26	II

Geschwindigkeit des Wassers: 0,01 bis 0,3 m/sk.

Geschwindigkeit des Wassers in m/sk	Einzelwiderstände Z in mm WS für $\Sigma\zeta =$								
	1	2	3	4	5	6	7	8	9
0,09	0,4	0,8	1,2	1,6	2,0	2,4	2,8	3,2	3,6
0,1	0,5	1,0	1,5	2,0	2,5	3,0	3,5	4,0	4,5
0,11	0,6	1,2	1,8	2,4	3,0	3,6	4,2	4,8	5,4
0,12	0,7	1,4	2,2	2,9	3,6	4,3	5,0	5,7	6,5
0,13	0,9	1,7	2,5	3,4	4,2	5,1	5,9	6,7	7,6
0,14	1,0	2,0	2,9	3,9	4,9	5,9	6,8	7,8	8,8
0,15	1,1	2,2	3,4	4,5	5,6	6,7	7,8	9,0	10,1
0,16	1,3	2,6	3,8	5,1	6,4	7,7	8,9	10,2	11,5
0,17	1,4	2,9	4,3	5,8	7,2	8,6	10,1	11,5	13,0
0,18	1,6	3,2	4,8	6,5	8,1	9,7	11,3	12,9	14,5
0,19	1,8	3,6	5,4	7,2	9,0	10,8	12,6	14,4	16,2
0,2	2,0	4,0	6,0	8,0	10,0	12,0	14,0	15,9	17,9
0,22	2,4	4,8	7,2	9,6	12,1	14,5	16,9	19,3	21,5
0,24	2,9	5,7	8,6	11,5	14,4	17,2	20,0	23,0	26,0
0,26	3,4	6,7	10,1	13,5	16,8	20,0	23,5	27,0	30,5
0,28	3,9	7,8	11,7	15,6	19,5	23,5	27,5	31,5	35,0
0,30	4,5	9,0	13,5	17,9	22,5	27,0	31,5	36,0	40,5

Temperaturgefälle: 1^0 C.

Rei-bungs-wider-stand R für 1 m Rohr in mm WS	Mögl. stündl. zu fördernde Wärmemenge für 1^0 Temperaturgefälle in WE (= Liter Wasser/std) Geschwindigkeit des Wassers in m/sk . . . . für eine Rohrweite (in mm) von:									I II
	11	14	20	25	34	39	49	57	64	
1,4	29	55	140	262	590	850	1 575	2 200	2 975	I
	0,09	0,1	0,13	0,16	0,2	0,2	0,24	0,26	0,28	II
1,5	30	57	147	275	620	900	1 650	2 300	3 100	I
	0,09	0,11	0,14	0,16	0,2	0,22	0,26	0,26	0,28	II
1,7	32	60	155	290	650	950	1 750	2 400	3 250	I
	0,1	0,11	0,15	0,17	0,22	0,24	0,28	0,28	0,3	II
1,9	34	63	165	305	690	1 000	1 850	2 550	—	I
	0,1	0,12	0,15	0,18	0,22	0,24	0,28	0,3		II
2,1	36	66	175	320	730	1 050	1 950	—	—	I
	0,11	0,13	0,16	0,19	0,24	0,26	0,3			II
2,3	38	70	185	340	770	1 100	—	—	—	I
	0,12	0,13	0,17	0,2	0,24	0,28				II
2,5	40	74	195	360	810	1 150	—	—	—	I
	0,12	0,14	0,18	0,22	0,26	0,28				II
2,8	42	78	207	380	850	1 200	—	—	—	I
	0,13	0,15	0,19	0,22	0,28	0,3				II
3,1	45	83	220	405	900	—	—	—	—	I
	0,13	0,16	0,2	0,24	0,3					II
3,4	47	88	232	425	950	—	—	—	—	I
	0,14	0,17	0,2	0,24	0,3					II
3,7	50	93	245	450	—	—	—	—	—	I
	0,15	0,17	0,22	0,26						II
4,1	52	98	257	475	—	—	—	—	—	I
	0,16	0,18	0,24	0,28						II
4,5	55	103	270	500	—	—	—	—	—	I
	0,17	0,19	0,24	0,28						II
5,0	58	108	285	525	—	—	—	—	—	I
	0,18	0,2	0,26	0,3						II
5,5	61	114	300	—	—	—	—	—	—	I
	0,19	0,22	0,28							II
6,1	65	120	315	—	—	—	—	—	—	I
	0,20	0,22	0,3							II
6,7	68	127	330	—	—	—	—	—	—	I
	0,20	0,24	0,3							II
7,4	71	135	—	—	—	—	—	—	—	I
	0,22	0,26								II
8,1	75	142	—	—	—	—	—	—	—	I
	0,22	0,26								II
9,0	80	150	—	—	—	—	—	—	—	I
	0,24	0,28								II
10,0	85	157	—	—	—	—	—	—	—	I
	0,26	0,3								II

Geschwindigkeit des Wassers: 0,01 bis 0,3 m/sk.

Geschwin-digkeit des Wassers in m/sk	Einzelwiderstände Z in mm WS für $\Sigma\zeta =$								
	1	2	3	4	5	6	7	8	9
0,02	0,02	0,05	0,1	0,1	0,1	0,1	0,2	0,2	0,2
0,025	0,05	0,1	0,1	0,1	0,2	0,2	0,2	0,3	0,3
0,03	0,05	0,1	0,2	0,2	0,2	0,3	0,3	0,4	0,4
0,035	0,1	0,1	0,2	0,3	03,	0,4	0,5	0,5	0,6
0,04	0,1	0,3	0,3	0,3	0,4	0,5	0,6	0,7	0,7
0,045	0,1	0,2	0,3	0,4	0,5	0,6	0,7	0,8	0,9
0,05	0,1	0,3	0,4	0,5	0,6	0,8	0,9	1,0	1,1
0,06	0,2	0,4	0,6	0,7	0,9	1,1	1,3	1,4	1,6
0,07	0,3	0,5	0,8	1,0	1,2	1,5	1,7	2,0	2,2
0,08	0,3	0,7	1,0	1,3	1,6	1,9	2,2	2,6	2,9
0,09	0,4	0,8	1,2	1,6	2,0	2,4	2,8	3,2	3,6
0,1	0,5	1,0	1,5	2,0	2,5	3,0	3,5	4,0	4,5
0,11	0,6	1,2	1,8	2,4	3,0	3,6	4,2	4,8	5,4

Temperaturgefälle: 1° C.

Reibungswiderstand R für 1 m Rohr in mm WS	Mögl. stündl. zu fördernde Wärmemenge für 1° Temperaturgefälle in WE (= Liter Wasser/std) Geschwindigkeit des Wassers in m/sk . . . . für eine Rohrweite (in mm) von:									
	70	76	82	88	94	100	106	113	119	
0,01	265	335	415	505	600	710	810	975	1 125	I
	0,02	0,02	0,025	0,025	0,025	0,025	0,030	0,030	0,030	II
0,011	280	350	435	530	630	745	850	1 025	1 175	I
	0,02	0,025	0,025	0,025	0,025	0,030	0,030	0,030	0,030	II
0,012	295	370	455	555	660	780	900	1 075	1 225	I
	0,025	0,025	0,025	0,03	0,03	0,030	0,03	0,035	0,035	II
0,013	310	390	475	580	690	820	950	1 125	1 275	I
	0,025	0,025	0,025	0,03	0,03	0,030	0,035	0,035	0,035	II
0,014	325	410	500	605	720	860	1 000	1 175	1 350	I
	0,025	0,025	0,03	0,03	0,03	0,035	0,035	0,035	0,035	II
0,015	340	430	525	630	750	900	1 050	1 225	1 425	I
	0,025	0,03	0,03	0,03	0,03	0,035	0,035	0,035	0,035	II
0,017	360	450	555	670	800	950	1 100	1 300	1 500	I
	0,03	0,03	0,03	0,035	0,035	0,035	0,035	0,040	0,040	II
0,019	380	475	585	710	850	1 000	1 150	1 375	1 600	I
	0,03	0,03	0,035	0,035	0,035	0,040	0,040	0,040	0,045	II
0,021	400	500	615	750	900	1 050	1 200	1 450	1 700	I
	0,03	0,035	0,035	0,035	0,04	0,040	0,040	0,045	0,045	II
0,023	420	530	650	790	950	1 100	1 250	1 525	1 800	I
	0,035	0,035	0,035	0,04	0,04	0,04	0,045	0,045	0,045	II
0,025	440	560	685	830	1 000	1 150	1 300	1 600	1 900	I
	0,035	0,035	0,04	0,04	0,04	0,045	0,045	0,05	0,05	II
0,028	460	590	720	870	1 050	1 225	1 400	1 700	2 000	I
	0,035	0,04	0,04	0,045	0,045	0,045	0,050	0,05	0,05	II
0,031	490	620	760	915	1 100	1 300	1 500	1 800	2 100	I
	0,04	0,04	0,04	0,045	0,045	0,050	0,050	0,05	0,06	II
0,034	502	650	800	960	1 150	1 375	1 600	1 900	2 200	I
	0,04	0,04	0,045	0,045	0,05	0,05	0,06	0,06	0,06	II
0,037	550	680	850	1 005	1 200	1 450	1 700	2 000	2 300	I
	0,04	0,045	0,045	0,05	0,05	0,06	0,06	0,06	0,06	II
0,041	580	715	900	1 050	1 275	1 525	1 800	2 100	2 400	I
	0,045	0,045	0,05	0,05	0,06	0,06	0,06	0,06	0,07	II
0,045	610	750	950	1 100	1 350	1 600	1 900	2 200	2 550	I
	0,045	0,05	0,05	0,06	0,06	0,06	0,06	0,07	0,07	II
0,05	640	800	1 000	1 150	1 425	1 675	2 000	2 300	2 700	I
	0,05	0,05	0,06	0,06	0,06	0,06	0,07	0,07	0,07	II
0,055	670	850	1 050	1 225	1 500	1 750	2 100	2 400	2 850	I
	0,05	0,06	0,06	0,06	0,06	0,07	0,07	0,07	0,08	II
0,061	710	900	1 100	1 300	1 575	1 850	2 200	2 550	3 000	I
	0,05	0,06	0,06	0,06	0,07	0,07	0,07	0,08	0,08	II
0,067	750	950	1 150	1 375	1 650	1 950	2 300	2 700	3 150	I
	0,06	0,06	0,07	0,07	0,07	0,07	0,08	0,08	0,08	II
0,074	790	1 000	1 200	1 450	1 750	2 050	2 450	2 850	3 350	I
	0,06	0,07	0,07	0,07	0,07	0,08	0,08	0,08	0,09	II
0,081	830	1 050	1 275	1 525	1 850	2 150	2 600	3 000	3 550	I
	0,06	0,07	0,07	0,08	0,08	0,08	0,09	0,09	0,09	II
0,09	870	1 100	1 350	1 600	1 950	2 250	2 750	3 100	3 750	I
	0,07	0,07	0,08	0,08	0,08	0,09	0,09	0,09	0,10	II
0,1	910	1 150	1 425	1 675	2 050	2 350	2 900	3 300	3 950	I
	0,07	0,08	0,08	0,08	0,09	0,09	0,10	0,10	0,10	II
0,11	950	1 200	1 500	1 750	2 150	2 450	3 050	3 450	4 150	I
	0,07	0,08	0,08	0,09	0,09	0,10	0,10	0,10	0,11	II
0,12	1 000	1 250	1 575	1 850	2 250	2 600	3 200	3 650	4 350	I
	0,08	0,08	0,09	0,09	0,10	0,1	0,11	0,11	0,11	II

Geschwindigkeit des Wassers: 0,01 bis 0,3 m/sk.

Geschwindigkeit des Wassers in m/sk	Einzelwiderstände Z in mm WS für $\Sigma\zeta =$								
	1	2	3	4	5	6	7	8	9
0,08	0,3	0,7	1,0	1,3	1,6	1,9	2,2	2,6	2,9
0,09	0,4	0,8	1,2	1,6	2,0	2,4	2,8	3,2	3,6
0,10	0,5	1,0	1,5	2,0	2,5	3,0	3,5	4,0	4,5
0,11	0,6	1,2	1,8	2,4	3,0	3,6	4,2	4,8	5,4
0,12	0,7	1,4	2,2	2,9	3,6	4,3	5,0	5,7	6,5
0,13	0,9	1,7	2,5	3,4	4,2	5,1	5,9	6,7	7,6
0,14	1,0	2,0	2,9	3,9	4,9	5,9	6,8	7,8	8,8
0,15	1,1	2,2	3,4	4,5	5,6	6,7	7,8	9,0	10,1
0,16	1,3	2,6	3,8	5,1	6,4	7,7	8,9	10,2	11,5
0,17	1,4	2,9	4,3	5,8	7,2	8,6	10,1	11,5	13,0
0,18	1,6	3,2	4,8	6,5	8,1	9,7	11,3	12,9	14,5
0,19	1,8	3,6	5,4	7,2	9,0	10,8	12,6	14,4	16,2
0,2	2,0	4,0	6,0	8,0	10,0	12,0	14,0	15,9	17,9
0,22	2,4	4,8	7,2	9,6	12,1	14,5	16,9	19,3	21,5
0,24	2,9	5,7	8,6	11,5	14,4	17,2	20,0	23,0	26,0
0,26	3,4	6,7	10,1	13,5	16,8	20,0	23,5	27,0	30,5
0,28	3,9	7,8	11,7	15,6	19,5	23,5	27,5	31,5	35,0
0,30	4,5	9,0	13,5	17,9	22,5	27,0	31,5	36,0	40,5

Temperaturgefälle: 1⁰ C.

Reibungswiderstand R für 1 m Rohr in mm WS	Mögl. stündl. zu fördernde Wärmemenge für 1° Temperaturgefälle in WE (= Liter Wasser/std) Geschwindigkeit des Wassers in m/sk . . . . für eine Rohrweite (in mm) von:								
	70	76	82	88	94	100	106	113	119	
0,13	1 050	1 300	1 650	1 950	2 350	2 750	3 350	3 850	4 550	I
	0,08	0,09	0,09	0,10	0,10	0,11	0,11	0,11	0,12	II
0,14	1 100	1 375	1 725	2 050	2 450	2 900	3 500	4 050	4 750	I
	0,08	0,09	0,10	0,10	0,10	0,11	0,11	0,12	0,13	II
0,15	1 150	1 450	1 800	2 150	2 600	3 050	3 650	4 250	5 000	I
	0,09	0,09	0,10	0,10	0,11	0,11	0,12	0,12	0,13	II
0,17	1 200	1 525	1 900	2 250	2 750	3 200	3 850	4 500	5 300	I
	0,09	0,09	0,10	0,11	0,11	0,12	0,13	0,13	0,14	II
0,19	1 275	1 600	2 000	2 400	2 900	3 400	4 050	4 750	5 600	I
	0,1	0,10	0,11	0,12	0,12	0,13	0,13	0,14	0,14	II
0,21	1 350	1 700	2 125	2 550	3 050	3 600	4 250	5 000	5 900	I
	0,1	0,11	0,12	0,12	0,13	0,13	0,14	0,15	0,15	II
0,23	1 425	1 800	2 250	2 700	3 200	3 800	4 500	5 300	6 200	I
	0,11	0,12	0,12	0,13	0,13	0,14	0,15	0,15	0,16	II
0,25	1 500	1 900	2 375	2 850	3 400	4 000	4 750	5 600	6 500	I
	0,12	0,12	0,13	0,14	0,14	0,15	0,16	0,16	0,17	II
0,28	1 575	2 000	2 500	3 050	3 600	4 250	5 000	5 900	6 800	I
	0,12	0,13	0,14	0,14	0,15	0,16	0,16	0,17	0,18	II
0,31	1 650	2 125	2 625	3 200	3 800	4 500	5 300	6 200	7 200	I
	0,13	0,14	0,14	0,15	0,16	0,16	0,17	0,18	0,19	II
0,34	1 750	2 250	2 750	3 350	4 000	4 750	5 600	6 500	7 650	I
	0,13	0,14	0,15	0,16	0,17	0,17	0,18	0,19	0,20	II
0,37	1 850	2 375	2 900	3 500	4 200	5 000	5 900	6 800	8 100	I
	0,14	0,15	0,16	0,17	0,17	0,18	0,19	0,20	0,20	II
0,41	1 950	2 500	3 050	3 700	4 450	5 250	6 200	6 200	8 500	I
	0,15	0,16	0,17	0,17	0,18	0,19	0,20	0,20	0,22	II
0,45	2 050	2 650	3 200	3 900	4 700	5 500	6 500	7 600	9 000	I
	0,16	0,16	0,17	0,18	0,19	0,20	0,22	0,22	0,22	II
0,5	2 150	2 800	3 400	4 150	4 950	5 800	6 800	8 000	9 500	I
	0,16	0,17	0,18	0,19	0,20	0,22	0,22	0,24	0,24	II
0,55	2 250	2 950	3 600	4 400	5 200	6 100	7 200	8 500	10 000	I
	0,17	0,18	0,19	0,20	0,22	0,22	0,24	0,24	0,26	II
0,61	2 400	3 100	3 800	4 650	5 500	6 400	7 600	9 000	10 500	I
	0,18	0,19	0,20	0,22	0,22	0,24	0,26	0,26	0,28	II
0,67	2 550	3 250	4 000	4 900	5 800	6 700	8 000	9 500	11 000	I
	0,19	0,20	0,22	0,22	0,24	0,26	0,26	0,28	0,28	II
0,74	2 700	3 400	4 200	5 150	6 100	7 100	8 500	10 000	11 750	I
	0,2	0,22	0,22	0,24	0,26	0,26	0,28	0,28	0,30	II
0,81	2 850	3 600	4 450	5 400	6 400	7 500	9 000	10 500	—	I
	0,22	0,22	0,24	0,26	0,26	0,28	0,30	0,30		II
0,9	3 000	3 800	4 700	5 700	6 800	8 000	—	—	—	I
	0,22	0,24	0,26	0,26	0,28	0,30				II
1,0	3 150	4 000	4 950	6 000	7 200	—	—	—	—	I
	0,24	0,26	0,26	0,28	0,30					II
1,1	3 300	4 200	5 200	6 350	—	—	—	—	—	I
	0,26	0,26	0,28	0,30						II
1,2	3 450	4 450	5 500	—	—	—	—	—	—	I
	0,26	0,28	0,30							II
1,3	3 600	4 650	—	—	—	—	—	—	—	I
	0,28	0,30								II
1,4	3 800	—	—	—	—	—	—	—	—	I
	0,28									II
1,5	4 000	—	—	—	—	—	—	—	—	I
	0,3									II

Geschwindigkeit des Wassers: 0,01 bis 0,3 m/sk.

Geschwindigkeit des Wassers in m/sk	Einzelwiderstände Z in mm WS für $\Sigma\zeta =$								
	1	2	3	4	5	6	7	8	9
0,03	0,05	0,1	0,2	0,2	0,2	0,3	0,3	0,4	0,4
0,035	0,1	0,1	0,2	0,3	0,3	0,4	0,5	0,5	0,6
0,04	0,1	0,2	0,3	0,3	0,4	0,5	0,6	0,7	0,7
0,045	0,1	0,2	0,3	0,4	0,5	0,6	0,7	0,8	0,9
0,05	0,1	0,3	0,4	0,5	0,6	0,8	0,9	1,0	1,1
0,06	0,2	0,4	0,6	0,7	0,9	1,1	1,3	1,4	1,6
0,07	0,3	0,5	0,8	1,0	1,2	1,5	1,7	2,0	2,2
0,08	0,3	0,7	1,0	1,3	1,6	1,9	2,2	2,6	2,9
0,09	0,4	0,8	1,2	1,6	2,0	2,4	2,8	3,2	3,6
0,1	0,5	1,0	1,5	2,0	2,5	3,0	3,5	4,0	4,5
0,11	0,6	1,2	1,8	2,4	3,0	3,6	4,2	4,8	5,4
0,12	0,7	1,4	2,2	2,9	3,6	4,3	5,0	5,7	6,5
0,13	0,9	1,7	2,5	3,4	4,2	5,1	5,9	6,7	7,6
0,14	1,0	2,0	2,9	3,9	4,9	5,9	6,8	7,8	8,8
0,15	1,1	2,2	3,4	4,5	5,6	6,7	7,8	8,9	10,1
0,16	1,3	2,6	3,8	5,1	6,4	7,7	8,9	10,2	11,5
0,17	1,4	2,9	4,3	5,8	7,2	8,6	10,1	11,5	13,0
0,18	1,6	3,2	4,8	6,5	8,1	9,7	11,3	12,9	14,5
0,19	1,8	3,6	5,4	7,2	9,0	10,8	12,6	14,4	16,2
0,2	2,0	4,0	6,0	8,0	10,0	12,0	14,0	15,9	17,9

Temperaturgefälle: 1° C.

Reibungswiderstand R fur 1 m Rohr in mm WS	Mögl. stündl. zu fördernde Wärmemenge für 1° Temperaturgefälle in WE (= Liter Wasser/std) Geschwindigkeit des Wassers in m/sk . . . . für eine Rohrweite (in mm) von:									I II
	131	143	156	169	192	216	241	264	290	
0,01	1 425	1 900	2 400	3 000	4 100	5 800	7 850	10 250	12 750	I
	0,03	0,035	0,035	0,040	0,045	0,045	0,050	0,050	0,055	II
0,011	1 500	2 000	2 525	3 150	4 300	6 100	8 200	10 750	13 250	I
	0,35	0,035	0,04	0,04	0,045	0,05	0,05	0,06	0,06	II
0,012	1 575	2 100	2 650	3 300	4 500	6 400	8 600	11 250	14 000	I
	0,035	0,04	0,04	0,045	0,045	0,05	0,06	0,06	0,07	II
0,013	1 650	2 200	2 775	3 450	4 750	6 700	9 000	11 750	14 750	I
	0,035	0,04	0,040	0,045	0,05	0,05	0,06	0,06	0,07	II
0,014	1 750	2 300	2 900	3 600	5 000	7 000	9 500	12 250	15 500	I
	0,040	0,04	0,045	0,045	0,05	0,06	0,06	0,07	0,07	II
0,015	1 850	2 400	3 050	3 750	5 300	7 350	10'000	12 750	16 500	I
	0,040	0,045	0,045	0,05	0,05	0,06	0,06	0,07	0,07	II
0,017	1 950	2 500	3 200	3 900	5 600	7 750	10 500	13 500	17 500	I
	0,045	0,045	0,05	0,05	0,06	0,06	0,07	0,07	0,08	II
0,019	2 050	2 650	3 400	4 100	5 900	8 250	11 000	14 250	18 500	I
	0,045	0,05	0,05	0,06	0,06	0,07	0,07	0,08	0,08	II
0,021	2 150	2 800	3 600	4 350	6 200	8 750	11 750	15 000	19 500	I
	0,05	0,05	0,06	0,06	0,06	0,07	0,07	0,08	0,09	II
0,023	2 300	2 950	3 800	4 600	6 500	9 250	12 500	15 750	20 750	I
	0,05	0,06	0,06	0,06	0,07	0,07	0,08	0,08	0,09	II
0,025	2 450	3 100	4 000	4 900	6 900	9 750	13 250	16 750	22 000	I
	0,05	0,06	0,06	0,07	0,07	0,08	0,08	0,09	0,10	II
0,028	2 600	3 250	4 200	5 200	7 300	10 750	14 000	17 750	23 250	I
	0,06	0,06	0,07	0,07	0,07	0,08	0,09	0,09	0,10	II
0,031	2 750	3 400	4 450	5 500	7 700	10 750	14 750	18 750	24 500	I
	0,06	0,06	0,07	0,07	0,08	0,09	0,09	0,10	0,11	II
0,034	2 900	3 600	4 700	5 800	8 100	11 250	15 500	19 750	26 000	I
	0,06	0,07	0,07	0,08	0,08	0,09	0,10	0,11	0,11	II
0,037	3 050	3 800	4 950	6 100	8 500	11 750	16 250	20 750	27 500	I
	0,07	0,07	0,08	0,08	0,09	0,10	0,10	0,11	0,12	II
0,041	3 200	4 050	5 200	6 400	9 000	12 500	17 000	21 750	29 000	I
	0,07	0,07	0,08	0,08	0,09	0,10	0,11	0,12	0,13	II
0,045	3 350	4 300	5 450	6 750	9 500	13 250	17 750	23 000	30 500	I
	0,07	0,08	0,08	0,09	0,10	0,011	0,11	0,12	0,13	II
0,05	3 550	4 550	5 750	7 100	10 000	14 000	18 750	24 250	32 000	I
	0,08	0,08	0,09	0,09	0,10	0,11	0,12	0,13	0,14	II
0,055	3 750	4 800	6 050	7 500	10 500	14 750	19 750	25 500	33 500	I
	0,08	0,09	0,09	0,10	0,11	0,12	0,13	0,13	0,14	II
0,061	3 950	5 050	6 350	7 900	11 000	15 500	20 750	27 000	35 500	I
	0,09	0,09	0,10	0,10	0,11	0,12	0,13	0,14	0,15	II
0,067	4 150	5 300	6 650	8 350	11 500	16 250	22 000	28 500	37 500	I
	0,09	0,10	0,10	0,11	0,12	0,13	0,14	0,15	0,16	II
0,074	4 400	5 600	6 950	8 800	12 000	17 250	23 250	30 000	39 500	I
	0,10	0,10	0,11	0,12	0,13	0,14	0,15	0,16	0,17	II
0,081	4 650	5 900	7 250	9 250	12 750	18 250	24 500	31 500	41 500	I
	0,10	0,11	0,11	0,12	0,13	0,14	0,15	0,17	0,18	II
0,09	4 900	6 200	7 600	9 750	13 500	19 250	25 750	33 000	44 000	I
	0,11	0,11	0,12	0,13	0,14	0,15	0,16	0,18	0,19	II
0,1	5 150	6 500	8 000	10 250	14 250	20 250	27 000	35 000	46 500	I
	0,11	0,12	0,13	0,13	0,15	0,16	0,17	0,19	0,20	II
0,11	5 400	6 800	8 500	10 750	15 000	21 250	28 500	37 000	49 000	I
	0,12	0,13	0,13	0,14	0,15	0,17	0,18	0,19	0,20	II

Geschwindigkeit des Wassers: 0,01 bis 0,3 m/sk.

Geschwin-digkeit des Wassers in m/sk	Einzelwiderstände Z in mm WS für $\Sigma\zeta =$								
	1	2	3	4	5	6	7	8	9
0,12	0,7	1,4	2,2	2,9	3,6	4,3	5,0	5,7	6,5
0,13	0,9	1,7	2,5	3,4	4,2	5,1	5,9	6,7	7,6
0,14	1,0	2,0	2,9	3,9	4,9	5,9	6,8	7,8	8,8
0,15	1,1	2,2	3,4	4,5	5,6	6,7	7,8	9,0	10,1
0,16	1,3	2,6	3,8	5,1	6,4	7,7	8,9	10,2	11,5
0,17	1,4	2,9	4,3	5,8	7,2	8,6	10,1	11,5	13,0
0,18	1,6	3,2	4,8	6,5	8,1	9,7	11,3	12,9	14,5
0,19	1,8	3,6	5,4	7,2	9,0	10,8	12,6	14,4	16,2
0,2	2,0	4,0	6,0	8,0	10,0	12,0	14,0	15,9	17,9
0,22	2,4	4,8	7,2	9,6	12,1	14,5	16,9	19,3	21,5
0,24	2,9	5,7	8,6	11,5	14,4	17,2	20,0	23,0	26,0
0,26	3,4	6,7	10,1	13,5	16,8	20,0	23,5	27,0	30,5
0,28	3,9	7,8	11,7	15,6	19,5	23,5	27,5	31,5	35,0
0,30	4,5	9,0	13,5	17,9	22,5	27,0	31,5	36,0	40,5

Temperaturgefälle: 1⁰ C.

Reibungswiderstand R für 1 m Rohr in mm WS	131	143	156	169	192	216	241	264	290	
0,12	5 650	7 150	9 000	11 250	15 750	22 250	30 000	39 000	51 500	I
	0,12	0,13	0,14	0,15	0,16	0,17	0,19	0,2	0,22	II
0,13	5 900	7 500	9 500	11 750	16 500	23 250	31 500	41 000	54 000	I
	0,13	0,14	0,14	0,15	0,17	0,18	0,2	0,22	0,24	II
0,14	6 150	7 850	10 000	12 250	17 250	24 250	33 000	43 000	56 500	I
	0,13	0,14	0,15	0,16	0,17	0,19	0,2	0,22	0,26	II
0,15	6 500	8 250	10 500	13 000	18 000	25 500	34 000	45 000	59 000	I
	0,14	0,15	0,16	0,17	0,18	0,2	0,22	0,24	0,26	II
0,17	6 850	8 750	11 000	13 750	19 000	27 000	36 000	47 500	61 500	I
	0,15	0,16	0,17	0,18	0,19	0,22	0,22	0,24	0,26	II
0,19	7 200	9 250	11 500	14 500	20 000	28 500	38 000	50 000	65 000	I
	0,15	0,16	0,18	0,18	0,2	0,22	0,24	0,26	0,28	II
0,21	7 600	9 750	12 250	15 250	21 000	30 000	40 500	52 500	68 500	I
	0,16	0,17	0,18	0,19	0,22	0,24	0,26	0,28	0,3	II
0,23	8 000	10 250	13 000	16 000	22 000	31 500	43 000	55 000	—	I
	0,17	0,18	0,19	0,2	0,22	0,24	0,26	0,28		II
0,25	8 500	10 750	13 750	17 000	23 500	33 000	45 500	58 000	—	I
	0,18	0,19	0,2	0,22	0,24	0,26	0,28	0,3		II
0,28	9 000	11 250	14 500	18 000	25 000	35 000	48 500	—	—	I
	0,19	0,2	0,22	0,24	0,26	0,28	0,3			II
0,31	9 500	11 750	15 250	20 000	26 500	37 500	—	—	—	I
	0,20	0,22	0,22	0,26	0,26	0,3				II
0,34	10 000	12 500	16 000	21 000	28 000	—	—	—	—	I
	0,22	0,22	0,24	0,28	0,28					II
0,37	10 500	13 250	16 750	22 250	29 500	—	—	—	—	I
	0,22	0,24	0,26	0,28	0,3					II
0,41	11 000	14 000	17 500	23 500	—	—	—	—	—	I
	0,22	0,26	0,26	0,3						II
0,45	11 500	14 750	18 500	—	—	—	—	—	—	I
	0,24	0,26	0,28							II
0,5	12 000	15 500	19 750	—	—	—	—	—	—	I
	0,26	0,28	0,3							II
0,55	12 750	16 250	—	—	—	—	—	—	—	I
	0,28	0,3								II
0,61	13 500	—	—	—	—	—	—	—	—	I
	0,3									II

Mögl. stündl. zu fördernde Wärmemenge für 1° Temperaturgefälle in WE (= Liter Wasser/std) — I
Geschwindigkeit des Wassers in m/sk . . . . — II
für eine Rohrweite (in mm) von:

Geschwindigkeit des Wassers: 0,3 bis 3,0 m/sk.

Geschwindigkeit des Wassers in m/sk	Einzelwiderstände Z in mm WS für $\Sigma\zeta =$								
	1	2	3	4	5	6	7	8	9
0,3	4,5	9,0	13,5	17,9	22,5	27,0	31,5	36,0	40,5
0,32	5,1	10,2	15,3	20,5	25,5	30,5	35,5	41,0	46,0
0,34	5,8	11,5	17,3	23,0	29,0	34,5	40,5	46,0	52,0
0,36	6,5	12,9	19,4	26,0	32,5	39,0	45,0	52,0	58,0
0,38	7,2	14,4	21,5	29,0	36,0	43,0	50,0	58,0	65,0
0,40	8,0	16,0	24,0	32,0	40,0	48,0	56,0	64,0	72,0
0,42	8,8	17,6	26,5	35,0	44,0	53,0	62,0	70,0	79,0
0,44	9,6	19,3	29,0	38,5	48,0	58,0	68,0	77,0	87,0
0,46	10,5	21,0	31,5	42,0	53,0	63,0	74,0	84,0	95,0
0,48	11,5	23,0	34,5	46,0	57,0	69,0	80,0	92,0	104
0,5	12,5	25,0	37,5	50,0	62,0	75,0	87,0	100	112
0,55	15,1	30,0	45,0	60,0	75,0	90,0	106	120	136
0,6	17,9	36,0	54,0	72,0	90,0	108	126	144	162
0,65	21,0	42,0	63,0	84,0	106	126	148	168	190
0,7	24,5	49,0	73,0	98,0	122	146	170	196	220
0,75	28,0	56,0	84,0	112	140	168	196	225	250
0,8	32,0	64,0	96,0	128	160	192	225	255	285
0,85	36,0	72,0	108,0	144	180	215	250	290	325
0,9	40,5	81,0	122	162	200	240	285	325	365
0,95	45,0	90,0	134	180	225	270	315	360	405
1,0	50,0	100	150	200	250	300	350	400	450
1,1	60,0	120	180	240	300	360	420	480	540
1,2	72,0	144	215	285	360	430	500	570	650

Temperaturgefälle: 1°C.

Mögl. stündl. zu fördernde Wärmemenge für 1° Temperaturgefälle in WE (= Liter Wasser/std) — **I**
Geschwindigkeit des Wassers in m/sk . . . . — **II**
für eine Rohrweite (in mm) von:

Reibungswiderstand R für 1 m Rohr in mm WS	11	14	20	25	34	39	49	57	64	
1,7	—	—	—	—	—	—	—	—	3 250	I
									0,3	II
1,9	—	—	—	—	—	—	—	2 550	3 450	I
								0,3	0,32	II
2,1	—	—	—	—	—	—	1 950	2 700	3 650	I
							0,3	0,3	0,34	II
2,3	—	—	—	—	—	—	2 050	2 850	3 850	I
							0,32	0,32	0,34	II
2,5	—	—	—	—	—	—	2 150	3 000	4 100	I
							0,34	0,34	0,36	II
2,8	—	—	—	—	—	1 200	2 300	3 150	4 350	I
						0,3	0,36	0,36	0,38	II
3,1	—	—	—	—	—	1 275	2 450	3 300	4 600	I
						0,32	0,38	0,38	0,4	II
3,4	—	—	—	—	950	1 350	2 600	3 500	4 850	I
					0,3	0,34	0,4	0,4	0,44	II
3,7	—	—	—	—	1 000	1 425	2 750	3 700	5 100	I
					0,32	0,36	0,42	0,42	0,46	II
4,1	—	—	—	—	1 050	1 500	2 900	3 900	5 350	I
					0,34	0,38	0,44	0,44	0,48	II
4,5	—	—	—	—	1 100	1 600	3 050	4 100	5 600	I
					0,36	0,4	0,46	0,46	0,5	II
5,0	—	—	—	525	1 150	1 700	3 200	4 300	5 850	I
				0,3	0,38	0,42	0,48	0,48	0,55	II
5,5	—	—	—	550	1 225	1 800	3 400	4 550	6 150	I
				0,32	0,4	0,44	0,5	0,5	0,55	II
6,1	—	—	—	580	1 300	1 900	3 600	4 800	6 500	I
				0,34	0,42	0,46	0,55	0,55	0,6	II
6,7	—	—	330	610	1 375	2 000	3 800	5 050	6 850	I
			0,3	0,36	0,44	0,48	0,55	0,6	0,65	II
7,4	—	—	350	640	1 450	2 100	4 000	5 300	7 200	I
			0,32	0,38	0,46	0,5	0,6	0,6	0,65	II
8,1	—	—	370	675	1 525	2 200	4 200	5 600	7 600	I
			0,34	0,4	0,5	0,55	0,65	0,65	0,7	II
9,0	—	—	390	710	1 600	2 300	4 400	5 900	8 000	I
			0,36	0,42	0,55	0,55	0,65	0,65	0,75	II
10,0	—	157	410	745	1 700	2 400	4 650	6 200	8 450	I
		0,3	0,38	0,44	0,55	0,6	0,7	0,70	0,75	II
11,0	—	165	430	780	1 800	2 550	4 900	6 500	8 900	I
		0,32	0,4	0,46	0,6	0,65	0,75	0,75	0,8	II
12,0	—	172	450	815	1 900	2 700	5 150	6 800	9 350	I
		0,34	0,42	0,48	0,6	0,65	0,8	0,8	0,85	II
13,0	99	180	470	850	2 000	2 850	5 400	7 100	9 800	I
	0,30	0,36	0,44	0,5	0,65	0,7	0,8	0,85	0,9	II
14,0	104	187	490	900	2 100	3 000	5 650	7 400	10 250	I
	0,3	0,36	0,46	0,55	0,65	0,75	0,85	0,85	0,95	II
15,0	107	197	515	950	2 200	3 150	5 900	7 750	10 750	I
	0,32	0,38	0,48	0,55	0,7	0,75	0,9	0,9	0,95	II
17,0	112	210	540	1 000	2 300	3 350	6 150	8 250	11 250	I
	0,34	0,4	0,5	0,6	0,75	0,8	0,95	0,95	1,0	II
19,0	120	222	565	1 050	2 400	3 550	6 400	8 750	12 000	I
	0,36	0,42	0,55	0,65	0,8	0,85	1,0	1,0	1,1	II
21,0	127	235	590	1 125	2 550	3 750	6 850	9 250	12 750	I
	0,38	0,44	0,6	0,65	0,8	0,9	1,1	1,1	1,2	II

Geschwindigkeit des Wassers: 0,3 bis 3,0 m/sk.

Geschwindigkeit des Wassers in m/sk	Einzelwiderstände Z in mm WS für $\Sigma\zeta =$								
	1	2	3	4	5	6	7	8	9
0,40	8,0	16,0	24,0	32,0	40,0	48,0	56,0	64,0	72,0
0,42	8,8	17,6	26,5	35,0	44,0	53,0	62,0	70,0	79,0
0,44	9,6	19,3	29,0	38,5	48,0	58,0	68,0	77,0	87,0
0,46	10,5	21,0	31,5	42,0	53,0	63,0	74,0	84,0	95,0
0,48	11,5	23,0	34,5	46,0	57,0	69,0	80,0	92,0	104
0,5	12,5	25,0	37,5	50,0	62,0	75,0	87,0	100	112
0,55	15,1	30,0	45,0	60,0	75,0	90,0	106	120	136
0,6	17,9	36,0	54,0	72,0	90,0	108	126	144	162
0,65	21,0	42,0	63,0	84,0	106	126	148	168	190
0,7	24,5	49,0	73,0	98,0	122	146	170	196	220
0,75	28,0	56,0	84,0	112,0	140	168	196	225	250
0,8	32,0	64,0	96,0	128	160	192	225	255	285
0,85	36,0	72,0	108	144	180	215	250	290	325
0,9	40,5	81,0	122	162	200	240	285	325	365
0,95	45,0	90,0	134	180	225	270	315	360	405
1,0	50,0	100	150	200	250	300	350	400	450
1,1	60,0	120	180	240	300	360	420	480	540
1,2	72,0	144	215	285	360	430	500	570	650
1,3	84,0	168	255	335	420	510	590	670	760
1,4	98,0	196	295	390	490	590	680	780	880
1,5	112	225	335	450	560	670	780	900	1010
1,6	128	255	385	510	640	770	890	1020	1150
1,7	144	290	430	580	720	860	1010	1150	1300
1,8	162	325	485	650	810	970	1130	1290	1450
1,9	180	360	540	720	900	1080	1260	1440	1620
2,0	200	400	600	800	1000	1200	1400	1590	1790
2,2	240	480	720	960	1210	1450	1690	1930	2170
2,4	285	570	860	1150	1440	1720	2010	2300	2580
2,6	335	670	1010	1350	1680	2020	2360	2700	3030
2,8	390	780	1170	1560	1950	2340	2740	3130	3520
3,0	450	900	1350	1790	2240	2690	3140	3590	4040

Temperaturgefälle: 1⁰ C.

Reibungswiderstand R für 1 m Rohr in mm WS	Mögl. stündl. zu fördernde Wärmemenge für 1° Temperaturgefälle in WE (= Liter Wasser/std) Geschwindigkeit des Wassers in m/sk . . . . . für eine Rohrweite (in mm) von:									
	11	**14**	**20**	**25**	**34**	**39**	**49**	**57**	**64**	
23,0	135	250	630	1 200	2 700	3 950	7 300	9 750	13 500	I
	0,40	0,46	0,6	0,7	0,85	0,95	1,1	1,1	1,2	II
25,0	140	265	670	1 275	2 850	4 150	7 750	10 250	14 250	I
	0,42	0,5	0,65	0,75	0,9	1,0	1,2	1,2	1,3	II
28,0	150	280	710	1 350	3 000	4 400	8 200	10 750	15 000	I
	0,46	0,55	0,65	0,8	0,95	1,1	1,3	1,3	1,4	II
31,0	157	295	750	1 425	3 150	4 650	8 650	11 250	15 750	I
	0,48	0,55	0,7	0,85	1,0	1,1	1,3	1,3	1,4	II
34,0	165	310	800	1 500	3 300	4 900	9 100	12 000	16 500	I
	0,5	0,6	0,75	0,9	1,1	1,2	1,4	1,4	1,5	II
37,0	172	325	850	1 575	3 450	5 150	9 550	12 750	17 250	I
	0,55	0,6	0,8	0,95	1,1	1,2	1,5	1,5	1,6	II
41,0	182	340	900	1 650	3 650	5 400	10 000	18 500	18 000	I
	0,55	0,65	0,85	0,95	1,2	1,3	1,5	· 1,5	1,6	II
45,0	192	360	950	1 725	3 900	5 650	10 500	14 250	19 000	I
	0,6	0,7	0,85	1,0	1,3	1,4	1,6	1,6	1,7	II
50,0	205	380	1 000	1 800	4 150	6 000	11 000	15 000	20 000	I
	0,6	0,7	0,9	1,1	1,3	1,5	1,7	1,7	1,8	II
55,0	215	400	1 050	1 900	4 400	6 350	11 750	15 750	21 250	I
	0,65	0,75	0,95	1,1	1,4	1,5	1,8	1,8	1,9	II
61,0	227	425	1 100	2 000	4 650	6 700	12 500	16 500	22 500	I
	0,7	0,8	1,0	1,2	1,5	1,6	1,9	1,9	2,0	II
67,0	240	450	1 150	2 125	4 900	7 050	13 250	17 500	23 750	I
	0,75	0,85	1,1	1,3	1,6	1,7	2,0	2,0	2,2	II
74,0	255	475	1 200	2 250	5 150	7 400	14 000	18 500	25 000	I
	0,75	0,9	1,2	1,3	1,7	1,8	2,2	2,2	2,4	II
81,0	267	500	1 275	2 375	5 400	7 750	14 750	19 500	26 500	I
	0,8	0,95	1,2	1,4	1,7	1,9	2,2	2,2	2,6	II
90,0	285	525	1 350	2 500	5 700	8 250	15 500	20 500	28 000	I
	0,85	1,0	1,3	1,5	1,8	2,0	2,4	2,4	2,6	II
100,0	300	550	1 425	2 650	6 000	8 750	16 250	21 500	29 500	I
	0,9	1,1	1,3	1,6	1,9	2,2	2,6	2,6	2,8	II
110,0	315	580	1 500	2 800	6 300	9 250	17 000	22 500	31 000	I
	0,95	1,1	1,4	1,7	2,0	2,2	2,6	2,6	2,8	II
120,0	330	610	1 575	2 950	6 600	9 750	18 000	23 500	32 500	I
	1,0	1,2	1,5	1,7	2,2	2,4	2,8	2,8	3,0	II
130,0	345	640	1 650	3 050	6 900	10 250	19 000	25 000	—	I
	1,1	1,2	1,5	1,8	2,2	2,4	2,8	2,8		II
140,0	360	670	1 725	3 200	7 200	10 750	20 000	26 500	—	I
	1,1	1,3	1,6	1,9	2,4	2,6	3,0	3,0		II
150,0	375	700	1 800	3 350	7 600	11 250	—	—	—	I
	1,1	1,3	1,7	2,0	2,4	2,6				II
170,0	400	740	1 900	3 550	8 100	11 750	—	—	—	I
	1,2	1,4	1,8	2,2	2,6	2,8				II
190,0	425	780	2 000	3 750	8 600	12 500	—	—	—	I
	1,3	1,5	1,9	2,2	2,8	3,0				II
210,0	440	825	2 125	4 000	9 100	—	—	—	—	I
	1,3	1,6	2,0	2,4	2,8					II

Geschwindigkeit des Wassers: 0,3 bis 3,0 m/sk.

Geschwindigkeit des Wassers in m/sk	Einzelwiderstände Z in mm WS für $\Sigma\zeta =$								
	1	2	3	4	5	6	7	8	9
1,4	98,0	196	295	390	490	590	680	780	880
1,5	112	225	335	450	560	670	780	900	1010
1,6	128	255	385	510	640	770	890	1020	1150
1,7	144	290	430	580	720	860	1010	1150	1300
1,8	162	325	485	650	810	970	1130	1290	1450
1,9	180	360	540	720	900	1080	1260	1440	1620
2,0	200	400	600	800	1000	1200	1400	1590	1790
2,2	240	480	720	960	1210	1450	1690	1930	2170
2,4	285	570	860	1150	1440	1720	2010	2300	2580
2,6	335	670	1010	1350	1680	2020	2360	2700	3030
2,8	390	780	1170	1560	1950	2340	2740	3130	3520
3,0	450	900	1350	1790	2240	2690	3140	3590	4040

Temperaturgefälle: 1^0 C.

Rei-bungs-wider-stand R für 1 m Rohr in mm WS	Mögl. stündl. zu fördernde Wärmemenge für 1^0 Temperaturgefälle in WE (= Liter Wasser/std) Geschwindigkeit des Wassers in m/sk . . . . . für eine Rohrweite (in mm) von:									I II
	11	**14**	**20**	**25**	**34**	**39**	**49**	**57**	**64**	
230,0	475	875	2 250	4 250	9 600	—	—	—	—	I
	1,4	1,7	2,2	2,4	3,0					II
250,0	500	925	2 400	4 500	—	—	—	—	—	I
	1,5	1,8	2,2	2,6						II
280,0	503	975	2 550	4 750	—	—	—	—	—	I
	1,6	1,9	2,4	2,8						II
310,0	506	1 025	2 700	5 000	—	—	—	—	—	I
	1,7	2,0	2,6	3,0						II
340,0	509	1 075	3 000	—	—	—	—	—	—	I
	1,8	2,2	2,8							II
370,0	620	1 125	3 150	—	—	—	—	—	—	I
	1,9	2,2	3,0							II
410,0	650	1 200	—	—	—	—	—	—	—	I
	2,0	2,4								II
450,0	680	1 275	—	—	—	—	—	—	—	I
	2,0	2,6								II
500,0	720	1 350	—	—	—	—	—	—	—	I
	2,2	2,6								II
550,0	760	1 425	—	—	—	—	—	—	—	I
	2,4	2,8								II
610,0	ʽ810	1 500	—	—	—	—	—	—	—	I
	2,4	2,8								II
670,0	850	1 575	—	—	—	—	—	—	—	I
	2,6	3,0								II.
740,0	900	—	—	—	—	—	—	—	—	I
	2,6									II
810,0	950	—	—	—	—	—	—	—	—	I
	2,8									II
900,0	1 000	—	—	—	—	—	—	—	—	I
	3,0									II

Geschwindigkeit des Wassers: 0,3 bis 3,0 m/sk.

Geschwindigkeit des Wassers in m/sk	Einzelwiderstände Z in mm WS für $\Sigma\zeta =$								
	1	2	3	4	5	6	7	8	9
0,3	4,5	9,0	13,5	17,9	22,5	27,0	31,5	36,0	40,5
0,32	5,1	10,2	15,3	20,5	25,5	30,5	35,5	41,0	46,0
0,34	5,8	11,5	17,3	23,0	29,0	34,5	40,5	46,0	52,0
0,36	6,5	12,9	19,4	26,0	32,5	39,0	45,0	52,0	58,0
0,38	7,2	14,4	21,5	29,0	36,0	43,0	50,0	58,0	65,0
0,4	8,0	16,0	24,0	32,0	40,0	48,0	56,0	64,0	72,0
0,42	8,8	17,6	26,5	35,0	44,0	53,0	62,0	70,0	79,0
0,44	9,6	19,3	29,0	38,5	48,0	58,0	68,0	77,0	87,0
0,46	10,5	21,0	31,5	42,0	53,0	63,0	74,0	84,0	95,0
0,48	11,5	23,0	34,5	46,0	57,0	69,0	80,0	92,0	104
0,5	12,5	25,0	37,5	50,0	62,0	75,0	87,0	100	112
0,55	15,1	30,0	45,0	60,0	75,0	90,0	106	120	136
0,6	17,9	36,0	54,0	72,0	90,0	108	126	144	162
0,65	21,0	42,0	63,0	84,0	106	126	148	168	190
0,7	24,5	49,0	73,0	98,0	122	146	170	196	220
0,75	28,0	56,0	84,0	112	140	168	196	225	250
0,8	32,0	64,0	96,0	128	160	192	225	255	285
0,85	36,0	72,0	108	144	180	215	250	290	325
0,9	40,5	81,0	122	162	200	240	285	325	365
0,95	45,0	90,0	134	180	225	270	315	360	405
1,0	50,0	100	150	200	250	300	350	400	450
1,1	60,0	120	180	240	300	360	420	480	540
1,2	72,0	144	215	285	360	430	500	570	650

Temperaturgefälle: 1^0 C.

Reibungswiderstand R für 1 m Rohr in mm WS	Mögl. stündl. zu fördernde Wärmemenge für 1° Temperaturgefälle in WE (= Liter Wasser/std) — Geschwindigkeit des Wassers in m/sk — für eine Rohrweite (in mm) von:									
	70	76	82	88	94	100	106	113	119	
0,74	—	—	—	—	—	—	—	—	11 750	I
									0,3	II
0,81	—	—	—	—	—	—	9 000	10 500	12 000	I
							0,3	0,3	0,32	II
0,9	—	—	—	—	—	8 000	9 350	10 900	12 750	I
						0,3	0,3	0,32	0,34	II
1,0	—	—	—	—	7 200	8 400	9 900	11 500	13 500	I
					0,3	0,3	0,32	0,34	0,36	II
1,1	—	—	—	6 350	7 500	8 800	10 500	12 000	14 250	I
				0,3	0,32	0,32	0,34	0,36	0,38	II
1,2	—	—	5 500	6 600	7 850	9 250	11 000	12 500	15 000	I
			0,3	0,32	0,32	0,34	0,36	0,38	0,38	II
1,3	—	4 650	5 700	6 900	8 250	9 700	11 500	13 250	15 500	I
		0,3	0,32	0,32	0,34	0,36	0,38	0,38	0,40	II
1,4	—	4 900	6 000	7 200	8 600	10 100	12 000	13 750	16 250	I
		0,3	0,32	0,34	0,36	0,38	0,38	0,4	0,42	II
1,5	4 000	5 000	6 150	7 500	8 900	10 500	12 250	14 250	16 750	I
	0,3	0,32	0,34	0,36	0,38	0,40	0,4	0,42	0,44	II
1,7	4 250	5 350	6 600	8 000	9 500	11 250	13 000	15 000	17 750	I
	0,32	0,34	0,36	0,38	0,4	0,42	0,42	0,44	0,46	II
1,9	4 500	5 700	6 950	8 500	10 000	11 900	14 000	16 000	19 000	I
	0,34	0,36	0,38	0,4	0,42	0,44	0,46	0,48	0,5	II
2,1	4 750	6 000	7 300	8 900	10 600	12 500	14 500	16 750	20 000	I
	0,36	0,38	0,4	0,42	0,44	0,46	0,48	0,5	0,55	II
2,3	5 000	6 300	7 700	9 400	11 250	13 250	15 250	17 500	21 000	I
	0,38	0,4	0,42	0,44	0,46	0,48	0,5	0,55	0,55	II
2,5·	5 250	6 600	8 100	10 000	11 750	13 750	16 250	18 750	22 250	I
	0,4	0,42	0,44	0,46	0,48	0,5	0,55	0,55	0,6	II
2,8	5 500	7 000	8 600	10 500	12 250	14 500	17 000	19 750	23 500	I
	0,42	0,44	0,46	0,5	0,5	0,55	0,6	0,6	0,65	II
3,1	5 800	7 400	9 100	11 250	13 250	15 500	18 000	21 000	25 000	I
	0,44	0,46	0,5	0,55	0,55	0,6	0,6	0,65	0,65	II
3,4	6 100	7 800	9 600	11 750	13 750	16 250	19 000	22 250	25 750	I
	0,46	0,5	0,55	0,55	0,6	0,6	0,65	0,65	0,7	II
3,7	6 400	8 200	10 100	12 250	14 500	17 000	20 000	23 250	27 500	I
	0,48	0,5	0,55	0,6	0,6	0,65	0,65	0,7	0,7	II
4,1	6 700	8 600	10 900	12 750	15 250	17 750	21 250	24 500	29 000	I
	0,5	0,55	0,6	0,6	0,65	0,65	0,7	0,7	0,75	II
4,5	7 100	9 100	11 250	13 500	16 000	18 750	22 250	26 000	30 500	I
	0,55	0,6	0,6	0,65	0,7	0,7	0,75	0,75	0,8	II
5,0	7 500	9 600	11 900	14 250	17 000	20 000	23 750	27 500	32 500	I
	0,6	0,6	0,65	0,7	0,7	0,75	0,8	0,8	0,85	II
5,5	8 000	10 100	12 250	15 000	17 500	21 000	25 000	28 500	33 500	I
	0,6	0,65	0,7	0,7	0,75	0,8	0,8	0,85	0,9	II
6,1	8 500	10 750	13 250	16 000	19 000	22 250	26 500	30 500	35 500	I
	0,65	0,7	0,7	0,8	0,8	0,85	0,85	0,90	0,95	II
6,7	9 000	11 250	13 750	16 750	20 000	23 500	27 500	32 000	37 500	I
	0,65	0,7	0,75	0,8	0,85	0,85	0,9	0,95	1,0	II
7,4	9 500	12 000	14 500	17 500	21 000	25 000	29 250	33 500	40 000	I
	0,7	0,75	0,8	0,85	0,9	0,9	0,95	1,0	1,1	II
8,1	10 000	12 500	15 250	18 500	22 000	26 000	30 500	35 000	42 000	I
	0,75	0,8	0,85	0,9	0,9	0,95	1,0	1,1	1,1	II
9,0	10 500	13 250	16 250	19 500	23 500	27 500	32 500	37 500	44 500	I
	0,8	0,85	0,9	0,95	0,95	1,0	1,1	1,1	1,2	II

Geschwindigkeit des Wassers: 0,3 bis 3,0 m/sk.

Geschwindigkeit des Wassers in m/sk.	Einzelwiderstände Z in mm WS für $\Sigma\zeta =$								
	1	2	3	4	5	6	7	8	9
0,8	32,0	64,0	96,0	128	160	192	225	255	285
0,85	36,0	72,0	108	144	180	215	250	290	325
0,9	40,5	81,0	122	162	200	240	285	325	365
0,95	45,0	90,0	134	180	225	270	315	360	405
1,0	50,0	100	150	200	250	300	350	400	450
1,1	60,0	120	180	240	300	360	420	480	540
1,2	72,0	144	215	285	360	430	500	570	650
1,3	84,0	168	255	335	420	510	590	670	760
1,4	98,0	196	295	390	490	590	680	780	880
1,5	112	225	335	450	560	670	780	900	1010
1,6	128	255	385	510	640	770	890	1020	1150
1,7	144	290	430	580	720	860	1010	1150	1300
1,8	162	325	485	650	810	970	1130	1290	1450
1,9	180	360	540	720	900	1080	1260	1440	1620
2,0	200	400	600	800	1000	1200	1400	1590	1790
2,2	240	480	720	960	1210	1450	1690	1930	2170
2,4	285	570	860	1150	1440	1720	2010	2300	2580
2,6	335	670	1010	1350	1680	2020	2360	2700	3030
2,8	390	780	1170	1560	1950	2340	2740	3130	3520
3,0	450	900	1350	1790	2240	2690	3140	3590	4040

Temperaturgefälle: 1° C.

Reibungswiderstand R für 1 m Rohr in mm WS	Mögl. stündl. zu fördernde Wärmemenge für 1° Temperaturgefälle in WE (= Liter Wasser/std) / Geschwindigkeit des Wassers in m/sk .... für eine Rohrweite (in mm) von:									
	70	76	82	88	94	100	106	113	119	
10,0	11 000	13 750	17 000	21 000	25 000	29 000	34 000	39 500	47 000	I
	0,8	0,9	0,95	1,0	1,0	1,1	1,1	1,2	1,2	II
11,0	11 500	14 500	17 750	21 750	26 000	30 500	36 000	41 500	49 500	I
	0,85	0,9	1,0	1,0	1,1	1,1	1,2	1,2	1,3	II
12,0	12 000	15 250	18 750	23 000	27 500	32 000	37 500	44 000	52 000	I
	0,9	0,95	1,0	1,1	1,2	1,2	1,3	1,3	1,4	II
13,0	12 500	15 750	19 750	24 000	28 500	33 500	39 500	45 500	54 000	I
	0,95	1,0	1,1	1,1	1,2	1,3	1,3	1,4	1,4	II
14,0	13 000	16 750	20 750	25 000	30 000	35 000	41 500	47 500	57 000	I
	1,0	1,1	1,1	1,2	1,3	1,3	1,4	1,4	1,5	II
15,0	13 500	17 000	21 250	26 000	30 750	36 000	43 000	49 500	58 000	I
	1,0	1,1	1,2	1,2	1,3	1,4	1,4	1,5	1,5	II
17,0	14 250	18 250	22 750	27 500	32 500	38 500	45 500	52 500	62 000	I
	1,1	1,2	1,3	1,3	1,4	1,4	1,5	1,6	1,6	II
19,0	15 000	19 500	24 000	29 500	34 500	41 000	48 500	56 000	66 000	I
	1,2	1,3	1,3	1,4	1,5	1,5	1,6	1,6	1,7	II
21,0	16 000	20 500	25 500	31 000	36 500	43 000	51 000	59 000	69 000	I
	1,2	1,3	1,4	1,5	1,5	1,6	1,7	1,7	1,8	II
23,0	17 000	21 750	27 000	32 500	38 500	45 500	54 000	61 000	72 500	I
	1,3	1,4	1,5	1,5	1,6	1,7	1,8	1,8	1,9	II
25,0	18 000	23 000	28 500	34 000	40 500	48 000	56 500	64 500	76 500	I
	1,4	1,4	1,5	1,6	1,7	1,8	1,8	1,9	2,0	II
28,0	19 000	24 250	30 000	36 000	43 000	51 000	59 500	68 000	81 000	I
	1,4	1,5	1,6	1,7	1,8	1,9	2,0	2,0	2,2	II
31,0	20 000	25 750	31 500	38 000	45 500	54 000	63 000	72 000	86 000	I
	1,5	1,6	1,7	1,8	1,9	2,0	2,2	2,2	2,2	II
34,0	21 250	27 000	33 000	40 000	48 000	57 000	66 000	76 000	91 000	I
	1,6	1,7	1,8	1,9	2,0	2,2	2,2	2,4	2,4	II
37,0	22 500	28 250	34 500	42 000	50 000	59 000	69 000	80 000	95 000	I
	1,7	1,8	1,9	2,0	2,2	2,2	2,2	2,4	2,6	II
41,0	23 750	30 000	36 500	44 500	53 000	62 000	73 000	84 000	100 000	I
	1,8	1,9	2,0	2,2	2,2	2,4	2,4	2,6	2,6	II
45,0	25 000	31 500	38 500	47 000	56 000	65 000	77 000	89 000	105 000	I
	1,9	2,0	2,2	2,2	2,4	2,4	2,6	2,6	2,8	II
50,0	26 250	33 000	41 000	49 500	59 000	69 000	82 000	94 000	112 500	I
	2,0	2,2	2,4	2,4	2,4	2,6	2,6	2,8	3,0	II
55,0	27 500	34 500	43 000	52 000	62 000	72 000	86 000	99 000	—	I
	2,2	2,2	2,2	2,4	2,6	2,8	2,8	3,0		II
61,0	29 000	37 000	45 500	55 000	65 000	76 000	91 000	—	—	I
	2,2	2,4	2,6	2,6	2,8	2,8	3,0			II
67,0	30 500	39 000	48 000	58 000	68 500	81 500	—	—	—	I
	2,4	2,6	2,6	2,8	2,8	3,0				II
74,0	32 000	41 000	51 000	61 000	72 500	—	—	—	—	I
	2,4	2,6	2,8	3,0	3,0					II
81,0	34 000	43 000	53 500	64 000	—	—	—	—	—	I
	2,6	2,8	3,0	3,0						II
90,0	36 000	46 000	56 000	—	—	—	—	—	—	I
	2,8	3,0	3,0							II
100,0	38 000	48 500	—	—	—	—	—	—	—	I
	2,8	3,0								II
110,0	40 000	—	—	—	—	—	—	—	—	I
	3,0									II

Geschwindigkeit des Wassers: 0,3 bis 3,0 m/sk.

Geschwindigkeit des Wassers in m/sk	Einzelwiderstände Z in mm WS für $\Sigma\zeta =$								
	1	2	3	4	5	6	7	8	9
0,3	4,5	9,0	13,5	17,9	22,5	27,0	31,5	36,0	40,5
0,32	5,1	10,2	15,3	20,5	25,5	30,5	35,5	41,0	46,0
0,34	5,8	11,5	17,3	23,0	29,0	34,5	40,5	46,0	52,0
0,36	6,5	12,9	19,4	26,0	32,5	39,0	45,0	52,0	58,0
0,38	7,2	14,4	21,5	29,0	36,0	43,0	50,0	58,0	65,0
0,4	8,0	16,0	24,0	32,0	40,0	48,0	56,0	64,0	72,0
0,42	8,8	17,6	26,5	35,0	44,0	53,0	62,0	70,0	79,0
0,44	9,6	19,3	29,0	38,5	48,0	58,0	68,0	77,0	87,0
0,46	10,5	21,0	31,5	42,0	53,0	63,0	74,0	84,0	95,0
0,48	11,5	23,0	34,5	46,0	57,0	69,0	80,0	92,0	104
0,5	12,5	25,0	37,5	50,0	62,0	75,0	87,0	100	112
0,55	15,1	30,0	45,0	60,0	75,0	90,0	106	120	136
0,6	17,9	36,0	54,0	72,0	90,0	108	126	144	162
0,65	21,0	42,0	63,0	84,0	106	126	148	168	190
0,7	24,5	49,0	73,0	98,0	122	146	170	196	220
0,75	28,0	56,0	84,0	112	140	168	196	225	250
0,8	32,0	64,0	96,0	128	160	192	225	255	285
0,85	36,0	72,0	108	144	180	215	250	290	325
0,9	40,5	81,0	122	162	200	240	285	325	365
0,95	45,0	90,0	134	180	225	270	315	360	405
1,0	50,0	100	150	200	250	300	350	400	450
1,1	60,0	120	180	240	300	360	420	480	540
1,2	72,0	144	215	285	360	430	500	570	650

Temperaturgefälle: 1° C.

Mögl. stündl. zu fördernde Wärmemenge für 1° Temperaturgefälle in WE (= Liter Wasser/std) — **I**
Geschwindigkeit des Wassers in m/sk . . . . — **II**
für eine Rohrweite (in mm) von:

Reibungswiderstand R fur 1 m Rohr in mm WS	131	143	156	169	192	216	241	264	290	
0,21	—	—	—	—	—	—	—	—	68 500	I
									0,3	II
0,23	—	—	—	—	—	—	—	—	72 000	I
									0,32	II
0,25	—	—	—	—	—	—	—	58 000	76 000	I
								0,3	0,32	II
0,28	—	—	—	—	—	—	48 500	61 000	80 000	I
							0,3	0,32	0,34	II
0,31	—	—	—	—	—	37 500	51 000	64 000	85 000	I
						0,3	0,32	0,34	0,36	II
0,34	—	—	—	—	—	39 000	54 000	67 500	90 000	I
						0,32	0,34	0,36	0,38	II
0,37	—	—	—	—	29 500	41 000	56 000	71 000	95 000	I
					0,3	0,32	0,36	0,38	0,4	II
0,41	—	—	—	—	31 000	43 000	59 000	75 000	100 000	I
					0,32	0,34	0,36	0,4	0,42	II
0,45	—	—	—	23 500	32 500	45 500	62 000	80 000	105 000	I
				0,3	0,32	0,36	0,38	0,42	0,44	II
0,5	—	—	19 750	24 500	34 500	48 000	65 000	85 000	110 000	I
			0,3	0,32	0,34	0,38	0,4	0,44	0,46	II
0,55	—	16 250	20 750	25 500	36 000	50 000	68 000	90 000	115 000	I
		0,3	0,32	0,32	0,36	0,4	0,42	0,46	0,5	II
0,61	13 500	17 000	22 000	27 500	38 500	54 000	72 000	95 000	120 000	I
	0,3	0,32	0,34	0,36	0,38	0,42	0,46	0,48	0,55	II
0,67	14 250	18 000	23 250	28 750	40 500	56 500	76 000	100 000	127 500	I
	0,3	0,32	0,34	0,38	0,4	0,44	0,48	0,5	0,55	II
0,74	15 000	19 000	24 500	30 000	43 000	59 000	81 000	105 000	135 000	I
	0,32	0,34	0,36	0,38	0,42	0,46	0,5	0,55	0,6	II
0,81	15 750	20 000	25 500	31 500	45 000	62 500	85 000	110 000	142 500	I
	0,34	0,36	0,38	0,4	0,44	0,48	0,55	0,6	0,65	II
0,9	16 500	21 000	27 000	33 500	47 500	66 000	90 000	115 000	150 000	I
	0,36	0,38	0,4	0,44	0,48	0,5	0,55	0,6	0,65	II
1,0	17 250	22 500	29 000	35 000	50 000	69 000	95 000	120 000	157 500	I
	0,38	0,4	0,44	0,46	0,5	0,55	0,6	0,65	0,7	II
1,1	18 000	23 500	30 000	37 000	53 500	72 500	100 000	125 000	165 000	I
	0,40	0,42	0,46	0,48	0,55	0,6	0,65	0,65	0,7	II
1,2	19 000	24 750	31 500	39 000	56 000	77 000	105 000	130 000	172 500	I
	0,42	0,44	0,48	0,5	0,55	0,65	0,65	0,7	0,75	II
1,3	20 000	26 000	33 000	41 000	58 000	80 000	110 000	135 000	180 000	I
	0,44	0,46	0,5	0,55	0,6	0,65	0,7	0,75	0,8	II
1,4	21 000	27 000	34 500	43 000	60 500	84 000	115 000	142 500	190 000	I
	0,46	0,48	0,5	0,55	0,6	0,65	0,7	0,75	0,8	II
1,5	22 000	28 000	35 500	44 500	63 000	87 000	117 500	150 000	200 000	I
	0,48	0,5	0,55	0,6	0,65	0,7	0,75	0,8	0,85	II
1,7	23 250	30 000	38 000	47 500	67 000	92 500	125 000	160 000	212 500	I
	0,5	0,55	0,6	0,6	0,7	0,75	0,8	0,85	0,9	II
1,9	24 500	31 500	40 500	50 000	71 000	99 000	135 000	170 000	225 000	I
	0,55	0,6	0,6	0,65	0,7	0,8	0,85	0,9	0,95	II
2,1	26 000	33 000	42 500	53 500	74 500	105 000	140 000	177 500	237 500	I
	0,55	0,6	0,65	0,7	0,75	0,8	0,9	0,95	1,0	II
2,3	27 500	34 500	45 000	56 000	78 000	110 000	147 500	185 000	250 000	I
	0,6	0,65	0,7	0,7	0,8	0,85	0,95	1,0	1,1	II
2,5	29 000	36 500	47 500	59 000	83 000	115 000	155 000	197 500	265 000	I
	0,65	0,65	0,7	0,75	0,85	0,9	1,0	1,1	1,2	II
2,8	30 500	39 000	50 000	62 000	88 000	120 000	165 000	212 500	280 000	I
	0,65	0,7	0,75	0,8	0,9	0,95	1,1	1,1	1,2	II

Geschwindigkeit des Wassers: 0,3 bis 3,0 m/sk.

Geschwindigkeit des Wassers in m/sk	Einzelwiderstände Z in mm WS für $\Sigma\zeta =$								
	1	2	3	4	5	6	7	8	9
0,70	24,5	49,0	73,0	98,0	122	146	170	196	220
0,75	28,0	56,0	84,0	112	140	168	196	225	250
0,8	32,0	64,0	96,0	128	160	192	225	255	285
0,85	36,0	72,0	108	144	180	215	250	290	325
0,9	40,5	81,0	122	162	200	240	285	325	365
0,95	45,0	90,0	134	180	225	270	315	360	405
1,0	50,0	100	150	200	250	300	350	400	450
1,1	60,0	120	180	240	300	360	420	480	540
1,2	72,0	144	215	285	360	430	500	570	650
1,3	84,0	168	255	335	420	510	590	670	760
1,4	98,0	196	295	390	490	590	680	780	880
1,5	112	225	335	450	560	670	780	900	1010
1,6	128	255	385	510	640	770	890	1020	1150
1,7	144	290	430	580	720	860	1010	1150	1300
1,8	162	325	485	650	810	970	1130	1290	1450
1,9	180	360	540	720	900	1080	1260	1440	1620
2,0	200	400	600	800	1000	1200	1400	1590	1790
2,2	240	480	720	960	1210	1450	1690	1930	2170
2,4	285	570	860	1150	1440	1720	2010	2300	2580
2,6	335	670	1010	1350	1680	2020	2360	2700	3030
2,8	390	780	1170	1560	1950	2340	2740	3130	3520
3,0	450	900	1350	1790	2240	2690	3140	3590	4040

Temperaturgefälle: 1⁰ C.

Reibungswiderstand R für 1 m Rohr in mm WS	Mögl. stündl. zu fördernde Wärmemenge für 1° Temperaturgefälle in WE (= Liter Wasser/std) Geschwindigkeit des Wassers in m/sk . . . . für eine Rohrweite (in mm) von:									I / II
	131	143	156	169	192	216	241	264	290	
3,1	32 000	41 500	53 500	65 500	92 500	127 500	172 500	225 000	295 000	I
	0,7	0,75	0,8	0,85	0,95	1,0	1,1	1,2	1,3	II
3,4	33 500	43 500	56 000	69 000	98 000	135 000	185 000	237 500	310 000	I
	0,75	0,8	0,85	6,9	1,0	1,1	1,2	1,3	1,3	II
3,7	35 500	45 500	59 000	72 000	102 500	140 000	192 500	250 000	325 000	I
	0,75	0,8	0,9	0,95	1,0	1,1	1,2	1,3	1,4	II
4,1	37 500	48 000	62 000	76 000	107 500	147 500	205 000	255 000	340 000	I
	0,8	0,85	0,95	1,0	1,1	1,2	1,3	1,4	1,5	II
4,5	39 500	51 000	64 500	80 000	115 000	157 500	212 500	275 000	360 000	I
	0,85	0,9	0,95	1,0	1,1	1,3	1,3	1,4	1,5	II
5,0	42 000	54 000	68 000	85 000	120 000	165 000	225 000	290 000	380 000	I
	0,9	0,95	1,0	1,1	1,2	1,3	1,4	1,5	1,6	II
5,5	44 000	56 000	72 000	90 000	125 000	172 500	240 000	305 000	400 000	I
	0,95	1,0	1,1	1,2	1,3	1,4	1,5	1,6	1,7	II
6,1	47 000	60 000	76 000	95 000	132 500	185 000	250 000	325 000	425 000	I
	1,0	1,1	1,2	1,2	1,3	1,5	1,6	1,7	1,8	II
6,7	50 000	63 000	80 000	100 000	140 000	195 000	267 500	340 000	450 000	I
	1,1	1,2	1,2	1,3	1,4	1,5	1,7	1,8	1,9	II
7,4	52 500	66 000	85 000	105 000	147 500	205 000	280 000	355 000	475 000	I
	1,1	1,2	1,3	1,4	1,5	1,6	1,8	1,9	2,0	II
8,1	55 000	69 000	90 000	112 500	155 000	215 000	295 000	375 000	500 000	I
	1,2	1,3	1,3	1,4	1,5	1,7	1,9	2,0	2,2	II
9,0	58 000	72 500	95 000	117 500	165 000	222 500	310 000	400 000	525 000	I
	1,3	1,3	1,4	1,5	1,6	1,8	2,0	2,2	2,2	II
10,0	61 000	77 500	100 000	122 500	172 500	240 000	330 000	420 000	550 000	I
	1,3	1,4	1,5	1,6	1,7	1,9	2,0	2,2	2,4	II
11,0	64 000	81 000	105 000	130 000	180 000	255 000	345 000	440 000	575 000	I
	1,4	1,5	1,6	1,7	1,8	2,0	2,2	2,4	2,6	II
12,0	67 000	86 000	110 000	135 000	190 000	265 000	360 000	465 000	605 000	I
	1,4	1,5	1,6	1,8	1,9	2,2	2,4	2,4	2,6	II
13,0	70 000	90 000	115 000	140 000	200 000	277 500	375 000	490 000	635 000	I
	1,5	1,6	1,7	1,8	2,0	2,2	2,4	2,6	2,8	II
14,0	73 000	94 000	120 000	147 500	210 000	290 000	395 000	510 000	665 000	I
	1,6	1,7	1,8	1,9	2,2	2,4	2,6	2,6	2,8	II
15,0	76 000	97 000	122 500	152 500	215 000	300 000	410 000	525 000	690 000	I
	1,6	1,8	1,9	2,0	2,2	2,4	2,6	2,8	3,0	II
17,0	81 000	102 500	132 500	162 500	230 000	320 000	435 000	550 000	—	I
	1,7	1,9	2,0	2,2	2,4	2,6	2,8	3,0		II
19,0	86 000	110 000	140 000	172 500	245 000	335 000	465 000	—	—	I
	1,8	2,0	2,2	2,2	2,4	2,8	3,0			II
21,0	91 000	115 000	145 000	180 000	255 000	355 000	—	—	—	I
	1,9	2,2	2,2	2,4	2,6	2,8				II
23,0	95 000	120 000	152 500	190 000	270 000	375 000	—	—	—	I
	2,0	2,2	2,4	2,6	2,8	3,0				II
25,0	100 000	127 500	162 500	202 500	285 000	—	—	—	—	I
	2,2	2,4	2,6	2,6	2,8					II
28,0	107 500	135 000	170 000	212 500	300 000	—	—	—	—	I
	2,4	2,4	2,6	2,8	3,0					II
31,0	112 500	142 500	180 000	225 000	—	—	—	—	—	I
	2,4	2,6	2,8	3,0						II
34,0	117 500	150 000	190 000	—	—	—	—	—	—	I
	2,6	2,8	2,8							II
37,0	122 500	155 000	200 000	—	—	—	—	—	—	I
	2,8	2,8	3,0							II
41,0	130 000	165 000	—	—	—	—	—	—	—	I
	2,8	3,0								II
45,0	137 500	—	—	—	—	—	—	—	—	I
	3,0									II

Bestimmung der Rohrweiten bei Warmwasserheizungen.

Geschwindigkeit des Wassers: 0,01 bis 3,0 m/sk. Temperaturgefälle: 20° C.

Den Werten der Zahlentafel liegt die Annahme einer mittleren Wassertemperatur von 70° C zugrunde (siehe Bd. I, Kap. XI, B, III).

Geschwindigkeit des Wassers: 0,01 bis 0,3 m/sk.

Geschwindigkeit des Wassers in m/sk	Einzelwiderstände Z in mm WS für $\Sigma\zeta =$								
	1	2	3	4	5	6	7	8	9
0,01	0,01	0,01	0,02	0,02	0,05	0,05	0,05	0,05	0,05
0,015	0,01	0,02	0,05	0,05	0,1	0,1	0,1	0,1	0,1
0,02	0,02	0,05	0,1	0,1	0,1	0,1	0,2	0,2	0,2
0,025	0,05	0,1	0,1	0,1	0,2	0,2	0,2	0,3	0,3
0,03	0,05	0,1	0,2	0,2	0,2	0,3	0,3	0,4	0,4
0,035	0,1	0,1	0,2	0,3	0,3	0,4	0,5	0,5	0,6
0,04	0,1	0,2	0,3	0,3	0,4	0,5	0,6	0,7	0,7
0,045	0,1	0,2	0,3	0,4	0,5	0,6	0,7	0,8	0,9
0,05	0,1	0,3	0,4	0,5	0,6	0,8	0,9	1,0	1,1
0,06	0,2	0,4	0,6	0,7	0 9	1,1	1,3	1,4	1,6
0,07	0,3	0,5	0,8	1,0	1,2	1,5	1,7	2,0	2,2

Temperaturgefälle: 20° C.

Reibungswiderstand R für 1 m Rohr in mm WS	Mögliche stündlich zu fördernde Wärmemenge in WE / Geschwindigkeit des Wassers in m/sk für eine Rohrweite (in mm) von:									
	11	14	20	25	34	39	49	57	64	
0,010	—	—	—	—	560	980	2 200	3 050	4 050	I
					0,010	0,015	0,020	0,020	0,020	II
0,011	—	—	—	—	620	1 080	2 300	3 200	4 250	I
					0,010	0,015	0,020	0,020	0,020	II
0,012	—	—	—	—	680	1 180	2 400	3 350	4 450	I
					0,015	0,015	0,020	0,020	0,020	II
0,013	—	—	—	210	740	1 280	2 500	3 500	4 700	I
				0,010	0,015	0,015	0,020	0,020	0,020	II
0,014	—	—	—	230	800	1 380	2 600	3 650	5 050	I
				0,010	0,015	0,020	0,020	0,025	0,025	II
0,015	—	—	—	250	860	1 480	2 700	3 800	5 300	I
				0,010	0,015	0,020	0,020	0,025	0,025	II
0,017	—	—	—	280	970	1580	2 850	4 000	5 600	I
				0,010	0,015	0,020	0,025	0,025	0,025	II
0,019	—	—	—	310	1 080	1 680	3 000	4 200	5 900	I
				0,010	0,020	0,020	0,025	0,025	0,030	II
0,021	—	—	—	340	1 190	1 780	3 200	4 450	6 200	I
				0,010	0,020	0,025	0,025	0,030	0,030	II
0,023	—	—	—	380	1 300	1 880	3 400	4 700	6 500	I
				0,010	0,020	0,025	0,030	0,030	0,030	II
0,025	—	—	170	420	1 360	1 980	3 600	5 050	6 800	I
			0,010	0,015	0,020	0,025	0,030	0,030	0,030	II
0,028	—	—	190	470	1 440	2 080	3 800	5 300	7 200	I
			0,010	0,015	0,025	0,025	0,030	0,030	0,035	II
0,031	—	—	210	520	1 520	2 180	4 000	5 600	7 600	I
			0,010	0,015	0,025	0,030	0,030	0,035	0,035	II
0,034	—	—	230	570	1 610	2 290	4 250	5 900	8 000	I
			0,010	0,020	0,025	0,030	0,035	0,035	0,040	II
0,037	—	—	250	620	1 700	2 400	4 500	6 200	8 500	I
			0,015	0,020	0,030	0,030	0,035	0,035	0,040	II
0,041	—	—	270	670	1 790	2 550	4 750	6 500	9 000	I
			0,015	0,020	0,030	0,030	0,035	0,040	0,040	II
0,045	—	—	300	720	1 880	2 700	5 000	6 800	9 500	I
			0,015	0,020	0,030	0,035	0,040	0,040	0,045	II
0,050	—	—	330	780	1 980	2 850	5 300	7 200	10 000	I
			0,015	0,025	0,030	0,035	0,040	0,045	0,045	II
0,055	—	—	360	840	2 080	3 000	5 600	7 600	10 500	I
			0,020	0,030	0,035	0,040	0,045	0,045	0,05	II
0,061	—	—	390	900	2 180	3 150	5 900	8 000	11 000	I
			0,020	0,030	0,035	0,040	0,045	0,05	0,05	II
0,067	—	110	420	960	2 300	3 300	6 200	8 500	11 600	I
		0,010	0,020	0,030	0,040	0,040	0,05	0,05	0,06	II
0,074	—	120	460	1 020	2 420	3 500	6 500	9 000	12 200	I
		0,010	0,025	0,030	0,040	0,045	0,05	0,05	0,06	II
0,081	—	130	500	1 080	2 550	3 700	6 800	9 500	12 800	I
		0,015	0,025	0,035	0,040	0,045	0,05	0,06	0,06	II
0,09	—	140	550	1 140	2 700	3 900	7 200	10 000	13 500	I
		0,015	0,030	0,035	0,045	0,050	0,06	0,06	0,06	II
0,10	—	155	600	1 200	2 850	4 100	7 600	10 500	14 200	I
		0,015	0,030	0,040	0,045	0,05	0,06	0,06	0,07	II
0,11	—	170	650	1 280	3 000	4 300	8 000	11 000	14 900	I
		0,02	0,035	0,04	0,05	0,05	0,06	0,07	0,07	II

Geschwindigkeit des Wassers: 0,01 bis 0,3 m/sk.

Geschwindigkeit des Wassers in m/sk	Einzelwiderstände Z in mm WS für $\Sigma\zeta =$								
	1	2	3	4	5	6	7	8	9
0,015	0,01	0,02	0,05	0,05	0,1	0,1	0,1	0,1	0,1
0,02	0,02	0,05	0,1	0,1	0,1	0,1	0,2	0,2	0,2
0,025	0,05	0,1	0,1	0,1	0,2	0,2	0,2	0,3	0,3
0,03	0,05	0,1	0,2	0,2	0,2	0,3	0,3	0,4	0,4
0,035	0,1	0,1	0,2	0,3	0,3	0,4	0,5	0,5	0,6
0,04	0,1	0,2	0,3	0,3	0,4	0,6	0,6	0,7	0,7
0,045	0,1	0,2	0,3	0,4	0,5	0,6	0,7	0,8	0,9
0,05	0,1	0,3	0,4	0,5	0,6	0,8	0,9	1,0	1,1
0,06	0,2	0,4	0,6	0,7	0,9	1,1	1,3	1,4	1,6
0,07	0,3	0,5	0,8	1,0	1,2	1,5	1,7	2,0	2,2
0,08	0,3	0,7	1,0	1,3	1,6	1,9	2,2	2,6	2,9
0,09	0,4	0,8	1,2	1,6	2,0	2,4	2,8	3,2	3,6
0,1	0,5	1,0	1,5	2,0	2,5	3,0	3,5	4,0	4,5
0,11	0,6	1,2	1,8	2,4	3,0	3,6	4,2	4,8	5,4
0,12	0,7	1,4	2,2	2,9	3,6	4,3	5,0	5,7	6,5
0,13	0,9	1,7	2,5	3,4	4,2	5,1	5,9	6,7	7,6
0,14	1,0	2,0	2,9	3,9	4,9	5,9	6,8	7,8	8,8
0,15	1,1	2,2	3,4	4,5	5,6	6,7	7,8	9,0	10,1
0,16	1,3	2,6	3,8	5,1	6,4	7,7	8,9	10,2	11,5
0,17	1,4	2,9	4,3	5,8	7,2	8,6	10,1	11,5	13,0
0,18	1,6	3,2	4,8	6,5	8,1	9,7	11,3	12,9	14,5
0,19	1,8	3,6	5,4	7,2	9,0	10,8	12,6	14,4	16,2
0,2	2,0	4,0	6,0	8,0	10,0	12,0	14,0	15,9	17,9
0,22	2,4	4,8	7,2	9,6	12,1	14,5	16,9	19,3	21,5
0,24	2,9	5,7	8,6	11,5	14,4	17,2	20,0	23,0	26,0
0,26	3,4	6,7	10,1	13,5	16,8	20,0	23,5	27,0	30,5

Temperaturgefälle: 20° C.

Rei-bungs-wider-stand R für 1 m Rohr in mm WS	Mögliche stündlich zu fördernde Wärmemenge in WE Geschwindigkeit des Wassers in m/sk für eine Rohrweite (in mm) von:									
	11	14	20	25	34	39	49	57	64	
0,12	70	185	700	1 360	3 150	4 500	8 400	11 500	15 600	I
	0,015	0,02	0,035	0,04	0,05	0,06	0,07	0,07	0,07	II
0,13	80	200	750	1 440	3 300	4 700	8 800	12 100	16 400	I
	0,015	0,02	0,04	0,045	0,05	0,06	0,07	0,07	0,08	II
0,14	85	215	800	1 520	3 450	4 900	9 200	12 700	17 200	I
	0,015	0,02	0,04	0,045	0,06	0,06	0,07	0,07	0,08	II
0,15	92	235	850	1 600	3 600	5 200	9 600	13 000	18 000	I
	0,015	0,025	0,04	0,045	0,06	0,06	0,08	0,08	0,08	II
0,17	104	260	900	1 680	3 800	5 500	10 200	13 800	19 000	I
	0,015	0,025	0,045	0,05	0,06	0,07	0,08	0,08	0,09	II
0,19	116	290	950	1 760	4 000	5 800	10 800	14 800	20 000	I
	0,02	0,03	0,045	0,05	0,07	0,07	0,08	0,09	0,09	II
0,21	128	320	1 000	1 840	4 200	6 100	11 400	15 600	21 000	I
	0,02	0,03	0,05	0,06	0,07	0,08	0,09	0,09	0,10	II
0,23	140	350	1 060	1 920	4 450	6 450	12 000	16 500	22 000	I
	0,02	0,035	0,05	0,06	0,07	0,08	0,09	0,10	0,10	II
0,25	154	380	1 120	2 100	4 700	6 800	12 600	17 200	23 000	I
	0,025	0,035	0,05	0,06	0,08	0,08	0,10	0,10	0,11	II
0,28	172	410	1 180	2 200	4 950	7 200	13 300	18 000	24 500	I
	0,025	0,04	0,06	0,07	0,08	0,09	0,10	0,11	0,11	II
0,31	192	440	1 240	2 300	5 200	7 600	14 000	19 000	26 000	I
	0,03	0,05	0,06	0,07	0,08	0,09	0,11	0,11	0,12	II
0,34	212	475	1 300	2 400	5 500	8 000	14 800	20 000	27 500	I
	0,035	0,05	0,06	0,07	0,09	0,10	0,11	0,12	0,13	II
0,37	230	510	1 380	2 550	5 800	8 400	15 600	21 000	29 000	I
	0,035	0,05	0,07	0,08	0,09	0,10	0,12	0,12	0,13	II
0,41	250	545	1 460	2 700	6 100	8 800	16 500	22 000	30 500	I
	0,04	0,06	0,07	0,08	0,10	0,11	0,13	0,13	0,14	II.
0,45	275	580	1 550	2 850	6 400	9 300	17 400	23 500	32 000	I
	0,045	0,06	0,07	0,08	0,10	0,11	0,13	0,14	0,15	II
0,50	305	615	1640	3 000	6 800	9 800	18 400	25 000	33 500	I
	0,045	0,06	0,08	0,09	0,11	0,12	0,14	0,14	0,15	II
0,55	335	650	1 730	3 150	7 200	10 400	19 400	26 500	35 000	I
	0,05	0,06	0,08	0,09	0,11	0,12	0,15	0,15	0,16	II
0,61	370	685	1 820	3 300	7 600	11 000	20 500	28 000	37 000	I
	0,06	0,07	0,09	0,10	0,12	0,13	0,16	0,16	0,17	II
0,67	390	720	1 920	3 500	8 000	11 600	21 500	29 500	39 500	I
	0,06	0,07	0,09	0,10	0,13	0,14	0,16	0,17	0,18	II
0,74	410	760	2 020	3 700	8 400	12 200	22 500	31 000	42 000	I
	0,06	0,07	0,09	0,11	0,13	0,15	0,17	0,18	0,19	II
0,81	430	800	2 120	3 900	8 800	12 800	23 500	32 500	44 500	I
	0,07	0,08	0,10	0,11	0,14	0,15	0,18	0,18	0,19	II
0,90	460	850	2 220	4 100	9 300	13 400	24 500	34 000	47 000	I
	0,07	0,08	0,10	0,12	0,15	0,16	0,19	0,19	0,20	II
1,0	485	900	2 320	4 300	9 800	14 000	25 500	36 000	49 500	I
	0,07	0,09	0,11	0,13	0,16	0,17	0,20	0,20	0,22	II
1,1	510	950	2 420	4 500	10 300	14 600	27 000	38 000	52 000	I
	0,08	0,09	0,12	0,13	0,17	0,18	0,22	0,22	0,24	II
1,2	540	1 000	2 520	4 750	10 800	15 400	28 500	40 000	54 500	I
	0,08	0,10	0,12	0,14	0,17	0,19	0,22	0,24	0,24	II
1,3	560	1 050	2 650	5 000	11 300	16 200	30 000	42 000	57 000	I
	0,09	0,10	0,13	0,15	0,18	0,20	0,24	0,24	0,26	II

Geschwindigkeit des Wassers: 0,01 bis 0,3 m/sk.

Geschwindigkeit des Wassers in m/sk	Einzelwiderstände Z in mm WS für $\Sigma\zeta =$								
	1	2	3	4	5	6	7	8	9
0,09	0,4	0,8	1,2	1,6	2,0	2,4	2,8	3,2	3,6
0,1	0,5	1,0	1,5	2,0	2,5	3,0	3,5	4,0	4,5
0,11	0,6	1,2	1,8	2,4	3,0	3,6	4,2	4,8	5,4
0,12	0,7	1,4	2,2	2,9	3,6	4,3	5,0	5,7	6,5
0,13	0,9	1,7	2,5	3,4	4,2	5,1	5,9	6,7	7,6
0,14	1,0	2,0	2,9	3,9	4,9	5,9	6,8	7,8	8,8
0,15	1,1	2,2	3,4	4,5	5,6	6,7	7,8	9,0	10,1
0,16	1,3	2,6	3,8	5,1	6,4	7,7	8,9	10,2	11,5
0,17	1,4	2,9	4,3	5,8	7,2	8,6	10,1	11,5	13,0
0,18	1,6	3,2	4,8	6,5	8,1	9,7	11,3	12,9	14,5
0,19	1,8	3,6	5,4	7,2	9,0	10,8	12,6	14,4	16,2
0,2	2,0	4,0	6,0	8,0	10,0	12,0	14,0	15,9	17,9
0,22	2,4	4,8	7,2	9,6	12,1	14,5	16,9	19,3	21,5
0,24	2,9	5,7	8,6	11,5	14,4	17,2	20,0	23,0	26,0
0,26	3,4	6,7	10,1	13,5	16,8	20,0	23,5	27,0	30,5
0,28	3,9	7,8	11,7	15,6	19,5	23,5	27,5	31,5	35,0
0,30	4,5	9,0	13,5	17,9	22,5	27,0	31,5	36,0	40,5

Temperaturgefälle: 20° C.

Reibungswiderstand R für 1 m Rohr in mm WS	Mögliche stündlich zu fördernde Wärmemenge in WE . . . . I Geschwindigkeit des Wassers in m/sk . . . . II für eine Rohrweite (in mm) von:									
	11	14	20	25	34	39	49	57	64	
1,4	590	1 100	2 800	5 250	11 800	17 000	31 500	44 000	59 500	I
	0,09	0,10	0,13	0,16	0,20	0,20	0,24	0,26	0,28	II
1,5	600	1 150	2 950	5 500	12 400	18 000	33 000	46 000	62 000	I
	0,09	0,11	0,14	0,16	0,20	0,22	0,26	0,26	0,28	II
1,7	650	1 200	3 100	5 800	13 000	19 000	35 000	48 000	65 000	I
	0,10	0,11	0,15	0,17	0,22	0,24	0,28	0,28	0,30	II
1,9	680	1 260	3 300	6 100	13 800	20 000	37 000	51 000	—	I
	0,10	0,12	0,15	0,18	0,22	0,24	0,28	0,30		II
2,1	720	1 330	3 500	6 400	14 600	21 000	39 000	—	—	I
	0,11	0,13	0,16	0,19	0,24	0,26	0,30			II
2,3	760	1 400	3 700	6 800	15 400	22 000	—	—	—	I
	0,12	0,13	0,17	0,20	0,24	0,28				II
2,5	800	1 480	3 900	7 200	16 200	23 000	—	—	—	I
	0,12	0,14	0,18	0,22	0,26	0,28				II
2,8	850	1 570	4 150	7 600	17 000	24 000	—	—	—	I
	0,13	0,15	0,19	0,22	0,28	0,30				II
3,1	900	1 660	4 400	8 100	18 000	—	—	—	—	I
	0,13	0,16	0,20	0,24	0,30					II
3,4	950	1 760	4 650	8 500	19 000	—	—	—	—	I
	0,14	0,17	0,20	0,24	0,30					II
3,7	1 000	1 860	4 900	9 000	—	—	—	—	—	I
	0,15	0,17	0,22	0,26						II
4,1	1 050	1 960	5 150	9 500	—	—	—	—	—	I
	0,16	0,18	0,24	0,28						II
4,5	1 100	2 060	5 400	10 000	—	—	—	—	—	I
	0,17	0,19	0,24	0,28						II
5,0	1 160	2 160	5 700	10 500	—	—	—	—	—	I
	0,18	0,20	0,26	0,30						II
5,5	1 220	2 280	6 000	—	—	—	—	—	—	I
	0,19	0,22	0,28							II
6,1	1 300	2 400	6 300	—	—	—	—	—	—	I
	0,20	0,22	0,30							II
6,7	1 360	2 550	6 600	—	—	—	—	—	—	I
	0,20	0,24	0,30							II
7,4	1 430	2 700	—	—	—	—	—	—	—	I
	0,22	0,26								II
8,1	1 500	2 850	—	—	—	—	—	—	—	I
	0,22	0,26								II
9,0	1 600	3 000	—	—	—	—	—	—	—	I
	0,24	0,28								II
10,0	1 700	3 150	—	—	—	—	—	—	—	I
	0,26	0,30								II

Geschwindigkeit des Wassers: 0,01 bis 0,3 m/sk.

Geschwindigkeit des Wassers in m/sk	Einzelwiderstände Z in mm WS für $\Sigma\zeta =$								
	1	2	3	4	5	6	7	8	9
0,02	0,02	0,05	0,1	0,1	0,1	0,1	0,2	0,2	0,2
0,025	0,05	0,1	0,1	0,1	0,2	0,2	0,2	0,3	0,3
0,03	0,05	0,1	0,2	0,2	0,2	0,3	0,3	0,4	0,4
0,035	0,1	0,1	0,2	0,3	03,	0,4	0,5	0,5	0,6
0,04	0,1	0,3	0,3	0,3	0,4	0,5	0,6	0,7	0,7
0,045	0,1	0,2	0,3	0,4	0,5	0,6	0,7	0,8	0,9
0,05	0,1	0,3	0,4	0,5	0,6	0,8	0,9	1,0	1,1
0,06	0,2	0,4	0,6	0,7	0,9	1,1	1,3	1,4	1,6
0,07	0,3	0,5	0,8	1,0	1,2	1,5	1,7	2,0	2,2
0,08	0,3	0,7	1,0	1,3	1,6	1,9	2,2	2,6	2,9
0,09	0,4	0.8	1,2	1,6	2,0	2,4	2,8	3,2	3,6
0,1	0,5	1,0	1,5	2,0	2,5	3,0	3,5	4,0	4,5
0,11	0,6	1,2	1,8	2,4	3,0	3,6	4,2	4,8	5,4

Temperaturgefälle: 20° C.

Rei-bungs-wider-stand R fur 1 m Rohr in mm WS	Mögliche stündlich zu fördernde Wärmemenge in WE . . . . Geschwindigkeit des Wassers in m/sk . . . . für eine Rohrweite (in mm) von:									
	70	76	82	88	94	100	106	113	119	
0,01	5 300	6 700	8 300	10 100	12 000	14 200	16 200	19 500	22 500	I
	0,020	0,020	0,025	0,025	0,025	0,025	0,030	0,030	0,030	II
0,011	5 600	7 000	8 700	10 600	12 600	14 900	17 000	20 500	23 500	I
	0,020	0,025	0,025	0,025	0,025	0,030	0,030	0,030	0,030	II
0,012	5 900	7 400	9 100	11 100	13 200	15 600	18 000	21 500	24 500	I
	0,025	0,025	0,025	0,030	0,030	0,030	0,03	0,035	0,035	II
0,013	6 200	7 800	9 500	11 600	13 800	16 400	19 000	22 500	25 500	I
	0,025	0,025	0,025	0,030	0,030	0,030	0,035	0,035	0,035	II
0,014	6 500	8 200	10 000	12 100	14 400	17 200	20 000	23 500	27 000	I
	0,025	0,025	0,030	0,030	0,030	0,035	0,035	0,035	0,035	II
0,015	6 800	8 600	10 500	12 600	15 000	18 000	21 000	24 500	28 500	I
	0,025	0,030	0,030	0,030	0,030	0,035	0,035	0,035	0,035	II
0,017	7 200	9 000	11 100	13 400	16 000	19 000	22 000	26 000	30 000	I
	0,030	0,03	0,030	0,035	0,035	0,035	0,035	0,040	0,040	II
0,019	7 600	9 500	11 700	14 200	17 000	20 000	23 000	27 500	32 000	I
	0,030	0,03	0,035	0,035	0,035	0,040	0,040	0,040	0,045	II
0,021	8 000	10 000	12 300	15 000	18 000	21 000	24 000	29 000	34 000	I
	0,030	0,035	0,035	0,035	0,040	0,040	0,040	0,045	0,045	II
0,023	8 400	10 600	13 000	15 800	19 000	22 000	25 000	30 500	36 000	I
	0,035	0,035	0,035	0,040	0,040	0,040	0,045	0,045	0,045	II
0,025	8 800	11 200	13 700	16 600	20 000	23 000	26 000	32 000	38 000	I
	0,035	0,035	0,040	0,040	0,040	0,045	0,045	0,05	0,05	II
0,028	9 200	11 800	14 400	17 400	21 000	24 500	28 000	34 000	40 000	I
	0,035	0,040	0,040	0,045	0,045	0,045	0,050	0,05	0,05	II
0,031	9 800	12 400	15 200	18 300	22 000	26 000	30 000	36 000	42 000	I
	0,040	0,040	0,040	0,045	0,045	0,050	0,050	0,05	0,06	II
0,034	10 400	13 000	16 000	19 200	23 000	27 500	32 000	38 000	44 000	I
	0,040	0,04	0,045	0,045	0,05	0,05	0,06	0,06	0,06	II
0,037	11 000	13 600	17 000	20 100	24 000	29 000	34 000	40 000	46 000	I
	0,040	0,045	0,045	0,05	0,05	0,06	0,06	0,06	0,06	II
0,041	11 600	14 300	18 000	21 000	25 500	30 500	36 000	42 000	48 000	I
	0,045	0,045	0,05	0,05 .	0,06	0,06	0,06	0,06	0,07	II
0,045	12 200	15 000	19 000	22 000	27 000	32 000	38 000	44 000	51 000	I
	0,045	0,05	0,05	0,06	0,06	0,06	0,06	0,07	0,07	II
0,05	12 800	16 000	20 000	23 000	28 500	33 500	40 000	46 000	54 000	I
	0,050	0,05	0,06	0,06	0,06	0,06	0,07	0,07	0,07	II
0,055	13 400	17 000	21 000	24 500	30 000	35 000	42 000	48 000	57 000	I
	0,05	0,06	0,06	0,06	0,06	0,07	0,07	0,07	0,08	II
0,061	14 200	18 000	22 000	26 000	31 500	37 000	44 000	51 000	60 000	I
	0,05	0,06	0,06	0,06	0,07	0,07	0,07	0,08	0,08	II
0,067	15 000	19 000	23 000	27 500	33 000	39 000	46 000	54 000	63 000	I
	0,06	0,06	0,07	0,07	0,07	0,07	0,08	0,08	0,08	II
0,074	15 800	20 000	24 000	29 000	35 000	41 000	49 000	57 000	67 000	I
	0,06	0,07	0,07	0,07	0,07	0,08	0,08	0,08	0,09	II
0,081	16 600	21 000	25 500	30 500	37 000	43 000	52 000	60 000	71 000	I
	0,06	0,07	0,07	0,08	0,08	0,08	0,09	0,09	0,09	II
0,09	17 400	22 000	27 000	32 000	39 000	45 000	55 000	63 000	75 000	I
	0,07	0,07	0,08	0,08	0,08	0,09	0,09	0,09	0,10	II
0,10	18 200	23 000	28 500	33 500	41 000	47 000	58 000	66 000	79 000	I
	0,07	0,08	0,08	0,08	0,09	0,09	0,10	0,10	0,10	II
0,11	19 000	24 000	30 000	35 000	43 000	49 000	61 000	69 000	83 000	I
	0,07	0,08	0,08	0,09	0,09	0,10	0,10	0,10	0,11	II
0,12	20 000	25 000	31 500	37 000	45 000	52 000	64 000	73 000	87 000	I
	0,08	0,08	0,09	0,09	0,10	0,10	0,11	0,11	0,11	II

Geschwindigkeit des Wassers: 0,01 bis 0,3 m/sk.

Geschwindigkeit des Wassers in m/sk	Einzelwiderstände Z in mm WS für $\Sigma\zeta =$								
	1	2	3	4	5	6	7	8	9
0,08	0,3	0,7	1,0	1,3	1,6	1,9	2,2	2,6	2,9
0,09	0,4	0,8	1,2	1,6	2,0	2,4	2,8	3,2	3,6
0,10	0,5	1,0	1,5	2,0	2,5	3,0	3,5	4,0	4,5
0,11	0,6	1,2	1,8	2,4	3,0	3,6	4,2	4,8	5,4
0,12	0,7	1,4	2,2	2,9	3,6	4,3	5,0	5,7	6,5
0,13	0,9	1,7	2,5	3,4	4,2	5,1	5,9	6,7	7,6
0,14	1,0	2,0	2,9	3,9	4,9	5,9	6,8	7,8	8,8
0,15	1,1	2,2	3,4	4,5	5,6	6,7	7,8	9,0	10,1
0,16	1,3	2,6	3,8	5,1	6,4	7,7	8,9	10,2	11,5
0,17	1,4	2,9	4,3	5,8	7,2	8,6	10,1	11,5	13,0
0,18	1,6	3,2	4,8	6,5	8,1	9,7	11,3	12,9	14,5
0,19	1,8	3,6	5,4	7,2	9,0	10,8	12,6	14,4	16,2
0,2	2,0	4,0	6,0	8,0	10,0	12,0	14,0	15,9	17,9
0,22	2,4	4,8	7,2	9,6	12,1	14,5	16,9	19,3	21,5
0,24	2,9	5,7	8,6	11,5	14,4	17,2	20,0	23,0	26,0
0,26	3,4	6,7	10,1	13,5	16,8	20,0	23,5	27,0	30,5
0,28	3,9	7,8	11,7	15,6	19,5	23,5	27,5	31,5	35,0
0,30	4,5	9,0	13,5	17,9	22,5	27,0	31,5	36,0	40,5

Temperaturgefälle: 20⁰ C.

Reibungswiderstand R für 1 m Rohr in mm WS	Mögliche stündlich zu fördernde Wärmemenge in WE .... Geschwindigkeit des Wassers in m/sk .... für eine Rohrweite (in mm) von:									I II
	70	**76**	**82**	**88**	**94**	**100**	**106**	**113**	**119**	
0,13	21 000	26 000	33 000	39 000	47 000	55 000	67 000	77 000	91 000	I
	0,08	0,09	0,09	0,10	0,10	0,11	0,11	0,11	0,12	II
0,14	22 000	27 500	34 500	41 000	49 000	58 000	70 000	81 000	95 000	I
	0,08	0,09	0,10	0,10	0,10	0,11	0,11	0,12	0,13	II
0,15	23 000	29 000	36 000	43 000	52 000	61 000	73 000	85 000	100 000	I
	0,09	0,09	0,10	0,10	0,11	0,11	0,12	0,12	0,13	II
0,17	24 000	30 500	38 000	45 000	55 000	64 000	77 000	90 000	106 000	I
	0,09	0,09	0,10	0,11	0,11	0,12	0,13	0,13	0,14	II
0,19	25 500	32 000	40 000	48 000	58 000	68 000	81 000	95 000	112 000	I
	0,10	0,10	0,11	0,12	0,12	0,13	0,13	0,14	0,14	II
0,21	27 000	34 000	42 500	51 000	61 000	72 000	85 000	100 000	118 000	I
	0,10	0,11	0,12	0,12	0,13	0,13	0,14	0,15	0,15	II
0,23	28 500	36 000	45 000	54 000	64 000	76 000	90 000	106 000	124 000	I
	0,11	0,12	0,12	0,13	0,13	0,14	0,15	0,15	0,16	II
0,25	30 000	38 000	47 500	57 000	68 000	80 000	95 000	112 000	130 000	I
	0,12	0,12	0,13	0,14	0,14	0,15	0,16	0,16	0,17	II
0,28	31 500	40 000	50 000	61 000	72 00	85 000	100 000	118 000	136 000	I
	0,12	0,13	0,14	0,14	0,15	0,16	0,16	0,17	0,18	II
0,31	33 000	42 500	52 500	64 000	76 000	90 000	106 000	124 000	144 000	I
	0,13	0,14	0,14	0,15	0,16	0,16	0,17	0,18	0,19	II
0,34	35 000	45 000	55 000	67 000	80 000	95 000	112 000	130 000	153 000	I
	0,13	0,14	0,15	0,16	0,17	0,17	0,18	0,19	0,20	II
0,37	37 000	47 500	58 000	70 000	84 000	100 000	118 000	136 000	162 000	I
	0,14	0,15	0,16	0,17	0,17	0,18	0,19	0,20	0,20	II
0,41	39 000	50 000	61 000	74 000	89 000	105 000	124 000	144 000	170 000	I
	0,15	0,16	0,17	0,17	0,18	0,19	0,20	0,20	0,22	II
0,45	41 000	53 000	64 000	78 000	94 000	110 000	130 000	152 000	180 000	I
	0,16	0,16	0,17	0,18	0,19	0,20	0,22	0,22	0,22	II
0,50	43 000	56 000	68 000	83 000	99 000	116 000	136 000	160 000	190 000	I
	0,16	0,17	0,18	0,19	0,20	0,22	0,22	0,24	0,24	II
0,55	45 000	59 000	72 000	88 000	104 000	122 000	144 000	170 000	200 000	I
	0,17	0,18	0,19	0,20	0,22	0,22	0,24	0,24	0,26	II
0,61	48 000	62 000	76 000	93 000	110 000	128 000	152 000	180 000	210 000	I
	0,18	0,19	0,20	0,22	0,22	0,24	0,26	0,26	0,28	II
0,67	51 000	65 000	80 000	98 000	116 000	134 000	160 000	190 000	220 000	I
	0,19	0,20	0,22	0,22	0,24	0,26	0,26	0,28	0,28	II
0,74	54 000	68.000	84 000	103 000	122 000	142 000	170 000	200 000	235 000	I
	0,20	0,22	0,22	0,24	0,26	0,26	0,28	0,28	0,30	II
0,81	57 000	72 000	89 000	108 000	128 000	150 000	180 000	210 000	—	I
	0,22	0,22	0,24	0,26	0,26	0,28	0,30	0,30		II
0,90	60 000	76 000	94 000	114 000	136 000	160 000	—	—	—	I
	0,22	0,24	0,26	0,26	0,28	0,30				II
1,0	63 000	80 000	99 000	120 000	144 000	—	—	—	—	I
	0,24	0,26	0,26	0,28	0,30					II
1,1	66 000	84 000	104 000	127 000	—	—	—	—	—	I
	0,26	0,26	0,28	0,30						II
1,2	69 000	89 000	110 000	—	—	—	—	—	—	I
	0,26	0,28	0,30							II
1,3	72 000	93 000	—	—	—	—	—	—	—	I
	0,28	0,30								II
1,4	76 000	—	—	—	—	—	—	—	—	I
	0,28									II
1,5	80 000	—	—	—	—	—	—	—	—	I
	0,30									II

Geschwindigkeit des Wassers: 0,01 bis 0,3 m/sk.

Geschwindigkeit des Wassers in m/sk	Einzelwiderstände Z in mm WS für $\Sigma\zeta =$								
	1	2	3	4	5	6	7	8	9
0,03	0,05	0,1	0,2	0,2	0,2	0,3	0,3	0,4	0,4
0,035	0,1	0,1	0,2	0,3	0,3	0,4	0,5	0,5	0,6
0,04	0,1	0,2	0,3	0,3	0,4	0,5	0,6	0,7	0,7
0,045	0,1	0,2	0,3	0,4	0,5	0,6	0,7	0,8	0,9
0,05	0,1	0,3	0,4	0,5	0,6	0,8	0,9	1,0	1,1
0,06	0,2	0,4	0,6	0,7	0,9	1,1	1,3	1,4	1,6
0,07	0,3	0,5	0,8	1,0	1,2	1,5	1,7	2,0	2,2
0,08	0,3	0,7	1,0	1,3	1,6	1,9	2,2	2,6	2,9
0,09	0,4	0,8	1,2	1,6	2,0	2,4	2,8	3,2	3,6
0,1	0,5	1,0	1,5	2,0	2,5	3,0	3,5	4,0	4,5
0,11	0,6	1,2	1,8	2,4	3,0	3,6	4,2	4,8	5,4
0,12	0,7	1,4	2,2	2,9	3,6	4,3	5,0	5,7	6,5
0,13	0,9	1,7	2,5	3,4	4,2	5,1	5,9	6,7	7,6
0,14	1,0	2,0	2,9	3,9	4,9	5,9	6,8	7,8	8,8
0,15	1,1	2,2	3,4	4,5	5,6	6,7	7,8	8,9	10,1
0,16	1,3	2,6	3,8	5,1	6,4	7,7	8,9	10,2	11,5
0,17	1,4	2,9	4,3	5,8	7,2	8,6	10,1	11,5	13,0
0,18	1,6	3,2	4,8	6,5	8,1	9,7	11,3	12,9	14,5
0,19	1,8	3,6	5,4	7,2	9,0	10,8	12,6	14,4	16,2
0,2	2,0	4,0	6,0	8,0	10,0	12,0	14,0	15,9	17,9

Temperaturgefälle: 20° C.

Reibungswiderstand R fur 1 m Rohr in mm WS	Mögliche stündlich zu fördernde Wärmemenge in WE — Geschwindigkeit des Wassers in m sk — für eine Rohrweite (in mm) von:									I / II
	131	143	156	169	192	216	241	264	290	
0,01	28 500	38 000	48 000	60 000	82 000	116 000	157 000	205 000	255 000	I
	0,030	0,035	0,035	0,040	0,045	0,045	0,050	0,050	0,055	II
0,011	30 000	40 000	50 500	63 000	86 000	122 000	164 000	215 000	265 000	I
	0,035	0,035	0,04	0,04	0,045	0,05	0,05	0,06	0,06	II
0,012	31 500	42 000	53 000	66 000	90 000	128 000	172 000	225 000	280 000	I
	0,035	0,04	0,04	0,045	0,045	0,05	0,06	0,06	0,07	II
0,013	33 000	44 000	55 500	69 000	95 000	134 000	180 000	235 000	295 000	I
	0,035	0,04	0,040	0,045	0,05	0,05	0,06	0,06	0,07	II
0,014	35 000	46 000	58 000	72 000	100 000	140 000	190 000	245 000	310 000	I
	0,040	0,04	0,045	0,045	0,05	0,06	0,06	0,07	0,07	II
0,015	37 000	48 000	61 000	75 000	106 000	147 000	200 000	255 000	330 000	I
	0,040	0,045	0,045	0,05	0,05	0,06	0,06	0,07	0,07	II
0,017	39 000	50 000	64 000	78 000	112 000	155 000	210 000	270 000	350 000	I
	0,045	0,045	0,05	0,05	0,06	0,06	0,07	0,07	0,08	II
0,019	41 000	53 000	68 000	82 000	118 000	165 000	220 000	285 000	370 000	I
	0,045	0,05	0,05	0,06	0,06	0,07	0,07	0,08	0,08	II
0,021	43 000	56 000	72 000	87 000	124 000	175 000	235 000	300 000	390 000	I
	0,05	0,05	0,06	0,06	0,06	0,07	0,07	0,08	0,09	II
0,023	46 000	59 000	76 000	92 000	130 000	185 000	250 000	315 000	415 000	I
	0,05	0,06	0,06	0,06	0,07	0,07	0,08	0,08	0,09	II
0,025	49 000	62 000	80 000	98 000	138 000	195 000	265 000	335 000	440 000	I
	0,05	0,06	0,06	0,07	0,07	0,08	0,08	0,09	0,10	II
0,028	52 000	65 000	84 000	104 000	146 000	205 000	280 000	355 000	465 000	I
	0,06	0,06	0,07	0,07	0,07	0,08	0,09	0,09	0,10	II
0,031	55 000	68 000	89 000	110 000	154 000	215 000	295 000	375 000	490 000	I
	0,06	0,06	0,07	0,07	0,08	0,09	0,09	0,10	0,11	II
0,034	58 000	72 000	94 000	116 000	162 000	225 000	310 000	395 000	520 000	I
	0,06	0,07	0,07	0,08	0,08	0,09	0,10	0,11	0,11	II
0,037	61 000	76 000	99 000	122 000	170 000	235 000	325 000	415 000	550 000	I
	0,07	0,07	0,08	0,08	0,09	0,10	0,10	0,11	0,12	II
0,041	64 000	81 000	104 000	128 000	180 000	250 000	340 000	435 000	580 000	I
	0,07	0,07	0,08	0,08	0,09	0,10	0,11	0,12	0,13	II
0,045	67 000	86 000	109 000	135 000	190 000	265 000	355 000	460 000	610 000	I
	0,07	0,08	0,08	0,09	0,10	0,011	0,11	0,12	0,13	II
0,05	71 000	91 000	115 000	142 000	200 000	280 000	375 000	485 000	640 000	I
	0,08	0,08	0,09	0,09	0,10	0,11	0,12	0,13	0,14	II
0,055	75 000	96 000	121 000	150 000	210 000	295 000	395 000	510 000	670 000	I
	0,08	0,09	0,09	0,10	0,11	0,12	0,13	0,13	0,14	II
0,061	79 000	101 000	127 000	158 000	220 000	310 000	415 000	540 000	710 000	I
	0,09	0,09	0,10	0,10	0,11	0,12	0,13	0,14	0,15	II
0,067	83 000	106 000	133 000	167 000	230 000	325 000	440 000	570 000	750 000	I
	0,09	0,10	0,10	0,11	0,12	0,13	0,14	0,15	0,16	II
0,074	88 000	112 000	139 000	176 000	240 000	345 000	465 000	600 000	790 000	I
	0,10	0,10	0,11	0,12	0,13	0,14	0,15	0,16	0,17	II
0,081	93 000	118 000	145 000	185 000	255 000	365 000	490 000	630 000	830 000	I
	0,10	0,11	0,11	0,12	0,13	0,14	0,15	0,17	0,18	II
0,09	98 000	124 000	152 000	195 000	270 000	385 000	515 000	660 000	880 000	I
	0,11	0,11	0,12	0,13	0,14	0,15	0,16	0,18	0,19	II
0,1	103 000	130 000	160 000	205 000	285 000	405 000	540 000	700 000	930 000	I
	0,11	0,12	0,13	0,13	0,15	0,16	0,17	0,19	0,20	II
0,11	108 000	136 000	170 000	215 000	300 000	425 000	570 000	740 000	980 000	I
	0,12	0,13	0,13	0,14	0,15	0,17	0,18	0,19	0,20	II

Geschwindigkeit des Wassers: 0,01 bis 0,3 m/sk.

Geschwin-digkeit des Wassers in m/sk	Einzelwiderstände Z in mm WS für $\Sigma\zeta =$								
	1	2	3	4	5	6	7	8	9
0,12	0,7	1,4	2,2	2,9	3,6	4,3	5,0	5,7	6,5
0,13	0,9	1,7	2,5	3,4	4,2	5,1	5,9	6,7	7,6
0,14	1,0	2,0	2,9	3,9	4,9	5,9	6,8	7,8	8,8
0,15	1,1	2,2	3,4	4,5	5,6	6,7	7,8	9,0	10,1
0,16	1,3	2,6	3,8	5,1	6,4	7,7	8,9	10,2	11,5
0,17	1,4	2,9	4,3	5,8	7,2	8,6	10,1	11,5	13,0
0,18	1,6	3,2	4,8	6,5	8,1	9,7	11,3	12,9	14,5
0,19	1,8	3,6	5,4	7,2	9,0	10,8	12,6	14,4	16,2
0,2	2,0	4,0	6,0	8,0	10,0	12,0	14,0	15,9	17,9
0,22	2,4	4,8	7,2	9,6	12,1	14,5	16,9	19,3	21,5
0,24	2,9	5,7	8,6	11,5	14,4	17,2	20,0	23,0	26,0
0,26	3,4	6,7	10,1	13,5	16,8	20,0	23,5	27,0	30,5
0,28	3,9	7,8	11,7	15,6	19,5	23,5	27,5	31,5	35,0
0,30	4,5	9,0	13,5	17,9	22,5	27,0	31,5	36,0	40,5

Temperaturgefälle: 20⁰ C.

Reibungswiderstand R für 1 m Rohr in mm WS	Mögliche stündlich zu fördernde Wärmemenge in WE . . . . Geschwindigkeit des Wassers in m/sk . . . . für eine Rohrweite (in mm) von:									I II
	131	143	156	169	192	216	241	264	290	
0,12	113 000	143 000	180 000	225 000	315 000	445 000	600 000	780 000	1 030 000	I
	0,12	0,13	0,14	0,15	0,16	0,17	0,19	0,20	0,22	II
0,13	118 000	150 000	190 000	235 000	330 000	465 000	630 000	820 000	1 080 000	I
	0,13	0,14	0,14	0,15	0,17	0,18	0,20	0,22	0,24	II
0,14	123 000	157 000	200 000	245 000	345 000	485 000	660 000	860 000	1 130 000	I
	0,13	0,14	0,15	0,16	0,17	0,19	0,20	0,22	0,26	II
0,15	130 000	165 000	210 000	260 000	360 000	510 000	680 000	900 000	1 180 000	I
	0,14	0,15	0,16	0,17	0,18	0,20	0,22	0,24	0,26	II
0,17	137 000	175 000	220 000	275 000	380 000	540 000	720 000	950 000	1 230 000	I
	0,15	0,16	0,17	0,18	0,19	0,22	0,22	0,24	0,26	II
0,19	144 000	185 000	230 000	290 000	400 000	570 000	760 000	1 000 000	1 300 000	I
	0,15	0,16	0,18	0,18	0,20	0,22	0,24	0,26	0,28	II
0,21	152 000	195 000	245 000	305 000	420 000	600 000	810 000	1 050 000	1 370 000	I
	0,16	0,17	0,18	0,19	0,22	0,24	0,26	0,28	0,30	II
0,23	160 000	205 000	260 000	320 000	440 000	630 000	860 000	1 100 000	—	I
	0,17	0,18	0,19	0,20	0,22	0,24	0,26	0,28		II
0,25	170 000	215 000	275 000	340 000	470 000	660 000	910 000	1 160 000	—	I
	0,18	0,19	0,20	0,22	0,24	0,26	0,28	0,30		II
0,28	180 000	225 000	290 000	360 000	500 000	700 000	970 000	—	—	I
	0,19	0,20	0,22	0,24	0,26	0,28	0,30			II
0,31	190 000	235 000	305 000	380 000	530 000	750 000	—	—	—	I
	0,20	0,22	0,22	0,24	0,26	0,30				II
0,34	200 000	250 000	320 000	400 000	560 000	—	—	—	—	I
	0,22	0,22	0,24	0,26	0,28					II
0,37	210 000	265 000	335 000	420 000	590 000	—	—	—	—	I
	0,22	0,24	0,26	0,28	0,30					II
0,41	220 000	280 000	350 000	445 000	—	—	—	—	—	I
	0,22	0,26	0,26	0,28						II
0,45	230 000	295 000	370 000	470 000	—	—	—	—	—	I
	0,24	0,26	0,28	0,30						II
0,5	240 000	310 000	395 000	—	—	—	—	—	—	I
	0,26	0,28	0,30							II
0,55	255 000	325 000	—	—	—	—	—	—	—	I
	0,28	0,30								II
0,61	270 000	—	—	—	—	—	—	—	—	I
	0,30									II

Geschwindigkeit des Wassers: 0,3 bis 3,0 m/sk.

Geschwindigkeit des Wassers in m/sk	Einzelwiderstände Z in mm WS für $\Sigma \zeta =$								
	1	2	3	4	5	6	7	8	9
0,3	4,5	9,0	13,5	17,9	22,5	27,0	31,5	36,0	40,5
0,32	5,1	10,2	15,3	20,5	25,5	30,5	35,5	41,0	46,0
0,34	5,8	11,5	17,3	23,0	29,0	34,5	40,5	46,0	52,0
0,36	6,5	12,9	19,4	26,0	32,5	39,0	45,0	52,0	58,0
0,38	7,2	14,4	21,5	29,0	36,0	43,0	50,0	58,0	65,0
0,40	8,0	16,0	24,0	32,0	40,0	48,0	56,0	64,0	72,0
0,42	8,8	17,6	26,5	35,0	44,0	53,0	62,0	70,0	79,0
0,44	9,6	19,3	29,0	38,5	48,0	58,0	68,0	77,0	87,0
0,46	10,5	21,0	31,5	42,0	53,0	63,0	74,0	84,0	95,0
0,48	11,5	23,0	34,5	46,0	57,0	69,0	80,0	92,0	104
0,5	12,5	25,0	37,5	50,0	62,0	75,0	87,0	100	112
0,55	15,1	30,0	45,0	60,0	75,0	90,0	106	120	136
0,6	17,9	36,0	54,0	72,0	90,0	108	126	144	162
0,65	21,0	42,0	63,0	84,0	106	126	148	168	190
0,7	24,5	49,0	73,0	98,0	122	146	170	196	220
0,75	28,0	56,0	84,0	112	140	168	196	225	250
0,8	32,0	64,0	96,0	128	160	192	225	255	285
0,85	36,0	72,0	108,0	144	180	215	250	290	325
0,9	40,5	81,0	122	162	200	240	285	325	365
0,95	45,0	90,0	134	180	225	270	315	360	405
1,0	50,0	100	150	200	250	300	350	400	450
1,1	60,0	120	180	240	300	360	420	480	540
1,2	72,0	144	215	285	360	430	500	570	650

Temperaturgefälle: 20⁰ C.

Mögliche stündlich zu fördernde Wärmemenge in WE I
Geschwindigkeit des Wassers in m/sk II
für eine Rohrweite (in mm) von:

Reibungswiderstand R für 1 m Rohr in mm WS	11	14	20	25	34	39	49	57	64	
1,7	—	—	—	—	=	—	—	—	65 000	I
									0,3	II
1,9	—	—	—	—	—	—	—	51 000	69 000	I
								0,3	0,32	II
2,1	—	—	—	—	—	—	39 000	54 000	73 000	I
							0,3	0,3	0,34	II
2,3	—	—	—	—	—	—	41 000	57 000	77 000	I
							0,32	0,32	0,34	II
2,5	—	—	—	—	—	—	43 000	60 000	82 000	I
							0,34	0,34	0,36	II
2,8	—	—	—	—	—	24 000	46 000	63 000	87 000	I
						0,3	0,36	0,36	0,38	II
3,1	—	—	—	—	—	25 500	49 000	66 000	92 000	I
						0,32	0,38	0,38	0,40	II
3,4	—	—	—	—	19 000	27 000	52 000	70 000	97 000	I
					0,3	0,34	0,4	0,4	0,44	II
3,7	—	—	—	—	20 000	28 500	55 000	74 000	102 000	I
					0,32	0,36	0,42	0,42	0,46	II
4,1	—	—	—	—	21 000	30 000	58 000	78 000	107 000	I
					0,34	0,38	0,44	0,44	0,48	II
4,5	—	—	—	—	22 000	32 000	61 000	82 000	112 000	I
					0,36	0,4	0,46	0,46	0,5	II
5,0	—	—	—	10 500	23 000	34 000	64 000	86 000	117 000	I
				0,3	0,38	0,42	0,48	0,48	0,55	II
5,5	—	—	—	11 000	24 500	36 000	68 000	91 000	123 000	I
				0,32	0,4	0,44	0,5	0,5	0,55	II
6,1	—	—	—	11 600	26 000	38 000	72 000	96 000	130 000	I
				0,34	0,42	0,46	0,55	0,55	0,6	II
6,7	—	—	6 600	12 200	27 500	40 000	76 000	101 000	137 000	I
			0,3	0,36	0,44	0,48	0,55	0,6	0,65	II
7,4	—	—	7 000	12 800	29 000	42 000	80 000	106 000	144 000	I
			0,32	0,38	4,6	0,5	0,6	0,6	0,65	II
8,1	—	—	7 400	13 500	30 500	44 000	84 000	112 000	152 000	I
			0,34	0,4	0,5	0,55	0,65	0,65	0,7	II
9,0	—	—	7 800	14 200	32 000	46 000	88 000	118 000	160 000	I
			0,36	0,42	0,55	0,55	0,65	0,65	0,75	II
10,0	—	3 150	8 200	14 900	34 000	48 000	93 000	124 000	169 000	I
		0,3	0,38	0,44	0,55	0,6	0,7	0,70	0,75	II
11,0	—	3 300	8 600	15 600	36 000	51 000	98 000	130 000	178 000	I
		0,32	0,4	0,46	0,6	0,65	0,75	0,75	0,8	II
12,0	—	3 450	9 000	16 300	38 000	54 000	103 000	136 000	187 000	I
		0,34	0,42	0,48	0,6	0,65	0,8	0,8	0,85	II
13,0	1 980	3 600	9 400	17 000	40 000	57 000	108 000	142 000	196 000	I
	0,30	0,36	0,44	0,5	0,65	0,7	0,8	0,85	0,9	II
14,0	2 080	3 750	9 800	18 000	42 000	60 000	113 000	148 000	205 000	I
	0,30	0,36	0,46	0,55	0,65	0,75	0,85	0,85	0,95	II
15,0	2 150	3 950	10 300	19 000	44 000	63 000	118 000	155 000	215 000	I
	0,32	0,38	0,48	0,55	0,7	0,75	0,9	0,9	0,95	II
17,0	2 250	4 200	10 800	20 000	46 000	67 000	123 000	165 000	225 000	I
	0,34	0,4	0,5	0,6	0,75	0,8	0,95	0,95	1,0	II
19,0	2 400	4 450	11 300	21 000	48 000	71 000	128 000	175 000	240 000	I
	0,36	0,42	0,55	0,65	0,8	0,85	1,0	1,0	1,1	II
21,0	2 550	4 700	11 800	22 500	51 000	75 000	137 000	185 000	255 000	I
	0,38	0,44	0,6	0,65	0,80	0,9	1,1	1,1	1,2	II

Geschwindigkeit des Wassers: 0,3 bis 3,0 m/sk.

Geschwindigkeit des Wassers in m/sk	Einzelwiderstände Z in mm WS für $\Sigma\zeta =$								
	1	2	3	4	5	6	7	8	9
0,40	8,0	16,0	24,0	32,0	40,0	48,0	56,0	64,0	72,0
0,42	8,8	17,6	26,5	35,0	44,0	53,0	62,0	70,0	79,0
0,44	9,6	19,3	29,0	38,5	48,0	58,0	68,0	77,0	87,0
0,46	10,5	21,0	31,5	42,0	53,0	63,0	74,0	84,0	95,0
0,48	11,5	23,0	34,5	46,0	57,0	69,0	80,0	92,0	104
0,5	12,5	25,0	37,5	50,0	62,0	75,0	87,0	100	112
0,55	15,1	30,0	45,0	60,0	75,0	90,0	106	120	136
0,6	17,9	36,0	54,0	72,0	90,0	108	126	144	162
0,65	21,0	42,0	63,0	84,0	106	126	148	168	190
0,7	24,5	49,0	73,0	98,0	122	146	170	196	220
0,75	28,0	56,0	84,0	112,0	140	168	196	225	250
0,8	32,0	64,0	96,0	128	160	192	225	255	285
0,85	36,0	72,0	108	144	180	215	250	290	325
0,9	40,5	81,0	122	162	200	240	285	325	365
0,95	45,0	90,0	134	180	225	270	315	360	405
1,0	50,0	100	150	200	250	300	350	400	450
1,1	60,0	120	180	240	300	360	420	480	540
1,2	72,0	144	215	285	360	430	500	570	650
1,3	84,0	168	255	335	420	510	590	670	760
1,4	98,0	196	295	390	490	590	680	780	880
1,5	112	225	335	450	560	670	780	900	1010
1,6	128	255	385	510	640	770	890	1020	1150
1,7	144	290	430	580	720	860	1010	1150	1300
1,8	162	325	485	650	810	970	1130	1290	1450
1,9	180	360	540	720	900	1080	1260	1440	1620
2,0	200	400	600	800	1000	1200	1400	1590	1790
2,2	240	480	720	960	1210	1450	1690	1930	2170
2,4	285	570	860	1150	1440	1720	2010	2300	2580
2,6	335	670	1010	1350	1680	2020	2360	2700	3030
2,8	390	780	1170	1560	1950	2340	2740	3130	3520
3,0	450	900	1350	1790	2240	2690	3140	3590	4040

Temperaturgefälle: 20° C.

Reibungswiderstand R für 1 m Rohr in mm WS	Mögliche stündlich zu fördernde Wärmemenge in WE / Geschwindigkeit des Wassers in m/sk — für eine Rohrweite (in mm) von:									I / II
	11	14	20	25	34	39	49	57	64	
23,0	2 700	5 000	12 600	24 000	54 000	79 000	146 000	195 000	270 000	I
	0,40	0,46	0,6	0,7	0,85	0,95	1,1	1,1	1,2	II
25,0	2 800	5 300	13 400	25 500	57 000	83 000	155 000	205 000	285 000	I
	0,42	0,5	0,65	0,75	0,9	1,0	1,2	1,2	1,3	II
28,0	3 000	5 600	14 200	27 000	60 000	88 000	164 000	215 000	300 000	I
	0,46	0,55	0,65	0,8	0,95	1,1	1,3	1,3	1,4	II
31,0	3 150	5 900	15 000	28 500	63 000	93 000	173 000	225 000	315 000	I
	0,48	0,55	0,7	0,85	1,0	1,1	1,3	1,3	1,4	II
34,0	3 300	6 200	16 000	30 000	66 000	98 000	182 000	240 000	330 000	I
	0,5	0,6	0,75	0,9	1,1	1,2	1,4	1,4	1,5	II
37,0	3 450	6 500	17 000	31 500	69 000	103 000	191 000	255 000	345 000	I
	0,55	0,6	0,8	0,95	1,1	1,2	1,5	1,5	1,6	II
41,0	3 650	6 800	18 000	33 000	73 000	108 000	200 000	370 000	360 000	I
	0,55	0,65	0,85	0,95	1,2	1,3	1,5	1,5	1,6	II
45,0	3 850	7 200	19 000	34 500	78 000	113 000	210 000	285 000	380 000	I
	0,6	0,7	0,85	1,0	1,3	1,4	1,6	1,6	1,7	II
50,0	4 100	7 600	20 000	36 000	83 000	120 000	220 000	300 000	400 000	I
	0,6	0,7	0,9	1,1	1,3	1,5	1,7	1,7	1,8	II
55,0	4 300	8 000	21 000	38 000	88 000	127 000	235 000	315 000	425 000	I
	0,65	0,75	0,95	1,1	1,4	1,5	1,8	1,8	1,9	II
61,0	4 550	8 500	22 000	40 000	93 000	134 000	250 000	330 000	450 000	I
	0,7	0,8	1,0	1,2	1,5	1,6	1,9	1,9	2,0	II
67,0	4 800	9 000	23 000	42 500	98 000	141 000	265 000	350 000	475 000	I
	0,75	0,85	1,1	1,3	1,6	1,7	2,0	2,0	2,2	II
74,0	5 100	9 500	24 000	45 000	103 000	148 000	280 000	370 000	500 000	I
	0,75	0,9	1,2	1,3	1,7	1,8	2,2	2,2	2,4	II
81,0	5 350	10 000	25 500	47 500	108 000	155 000	295 000	390 000	530 000	I
	0,80	0,95	1,2	1,4	1,7	1,9	2,2	2,2	2,6	II
90,0	5 700	10 500	27 000	50 000	114 000	165 000	310 000	410 000	560 000	I
	0,85	1,0	1,3	1,5	1,8	2,0	2,4	2,4	2,6	II
100,0	6 000	11 000	28 500	53 000	120 000	175 000	325 000	430 000	590 000	I
	0,9	1,1	1,3	1,6	1,9	2,2	2,6	2,6	2,8	II
110,0	6 300	11 600	30 000	56 000	126 000	185 000	340 000	450 000	620 000	I
	0,95	1,1	1,4	1,7	2,0	2,2	2,6	2,6	2,8	II
120,0	6 600	12 200	31 500	59 000	132 000	195 000	360 000	470 000	650 000	I
	1,0	1,2	1,5	1,7	2,2	2,4	2,8	2,8	3,0	II
130,0	6 900	12 800	33 000	61 000	138 000	205 000	380 000	500 000	—	I
	1,1	1,2	1,5	1,8	2,2	2,4	2,8	2,8		II
140,0	7 200	13 400	34 500	64 000	144 000	215 000	400 000	530 000	—	I
	1,1	1,3	1,6	1,9	2,4	2,6	3,0	3,0		II
150,0	7 500	14 000	36 000	67 000	152 000	225 000	—	—	—	I
	1,1	1,3	1,7	2,0	2,4	2,6				II
170,0	8 000	14 800	38 000	71 000	162 000	235 000	—	—	—	I
	1,2	1,4	1,8	2,2	2,6	2,8				II
190,0	8 500	15 600	40 000	75 000	172 000	250 000	—	—	—	I
	1,3	1,5	1,9	2,2	2,8	3,0				II
210,0	8 800	16 500	42 500	80 000	182 000	—	—	—	—	I
	1,3	1,6	2,0	2,4	2,8					II

Geschwindigkeit des Wassers: 0,3 bis 3,0 m/sk.

Geschwindigkeit des Wassers in m/sk	Einzelwiderstände Z in mm WS für $\Sigma\zeta =$								
	1	2	3	4	5	6	7	8	9
1,4	98,0	196	295	390	490	590	680	780	880
1,5	112	225	335	450	560	670	780	900	1010
1,6	128	255	385	510	640	770	890	1020	1150
1,7	144	290	430	580	720	860	1010	1150	1300
1,8	162	325	485	650	810	970	1130	1290	1450
1,9	180	360	540	720	900	1080	1260	1440	1620
2,0	200	400	600	800	1000	1200	1400	1590	1790
2,2	240	480	720	960	1210	1450	1690	1930	2170
2,4	285	570	860	1150	1440	1720	2010	2300	2580
2,6	335	670	1010	1350	1680	2020	2360	2700	3030
2,8	390	780	1170	1560	1950	2340	2740	3130	3520
3,0	450	900	1350	1790	2240	2690	3140	3590	4040

Temperaturgefälle: 20⁰ C.

Reibungswiderstand R für 1 m Rohr in mm WS	Mögliche stündlich zu fördernde Wärmemenge in WE . . . . Geschwindigkeit des Wassers in m/sk . . . . für eine Rohrweite (in mm) von:									I II
	11	**14**	**20**	**25**	**34**	**39**	**49**	**57**	**64**	
230,0	9 500	17 500	45 000	85 000	192 000	—	—	—	—	I
	1,4	1,7	2,2	2,4	3,0					II
250,0	10 000	18 500	48 000	90 000	—	—	—	—	—	I
	1,5	1,8	2,2	2,6						II
280,0	10 600	19 500	51 000	95 000	—	—	—	—	—	I
	1,6	1,9	2,4	2,8						II
310,0	11 200	20 500	54 000	100 000	—	—	—	—	—	I
	1,7	2,0	2,6	3,0						II
340,0	11 800	21 500	57 000	—	—	—	—	—	—	I
	1,8	2,2	2,6							II
370,0	12 400	22 500	60 000	—	—	—	—	—	—	I
	1,9	2,2	2,8							II
410,0	13 000	24 000	63 000	—	—	—	—	—	—	I
	2,0	2,4	3,0							II
450,0	13 600	25 500	—	—	—	—	—	—	—	I
	2,0	2,6								II
500,0	14 400	27 000	—	—	—	—	—	—	—	I
	2,2	2,6								II
550,0	15 200	28 500	—	—	—	—	—	—	—	I
	2,4	2,8								II
610,0	16 200	30 000	—	—	—	—	—	—	—	I
	2,4	2,8								II
670,0	17 000	31 500	—	—	—	—	—	—	—	I
	2,6	3,0								II
740,0	18 000	—	—	—	—	—	—	—	—	I
	2,6									II
810,0	19 000	—	—	—	—	—	—	—	—	I
	2,8									II
900,0	20 000	—	—	—	—	—	—	—	—	I
	3,0									II

Geschwindigkeit des Wassers: 0,3 bis 3,0 m/sk.

Geschwin-digkeit des Wassers in m/sk	Einzelwiderstände Z in mm WS für $\Sigma\zeta =$								
	1	2	3	4	5	6	7	8	9
0,3	4,5	9,0	13,5	17,9	22,5	27,0	31,5	36,0	40,5
0,32	5,1	10,2	15,3	20,5	25,5	30,5	35,5	41,0	46,0
0,34	5,8	11,5	17,3	23,0	29,0	34,5	40,5	46,0	52,0
0,36	6,5	12,9	19,4	26,0	32,5	39,0	45,0	52,0	58,0
0,38	7,2	14,4	21,5	29,0	36,0	43,0	50,0	58,0	65,0
0,4	8,0	16,0	24,0	32,0	40,0	48,0	56,0	64,0	72,0
0,42	8,8	17,6	26,5	35,0	44,0	53,0	62,0	70,0	79,0
0,44	9,6	19,3	29,0	38,5	48,0	58,0	68,0	77,0	87,0
0,46	10,5	21,0	31,5	42,0	53,0	63,0	74,0	84,0	95,0
0,48	11,5	23,0	34,5	46,0	57,0	69,0	80,0	92,0	104
0,5	12,5	25,0	37,5	50,0	62,0	75,0	87,0	100	112
0,55	15,1	30,0	45,0	60,0	75,0	90,0	106	120	136
0,6	17,9	36,0	54,0	72,0	90,0	108	126	144	162
0,65	21,0	42,0	63,0	84,0	106	126	148	168	190
0,7	24,5	49,0	73,0	98,0	122	146	170	196	220
0,75	28,0	56,0	84,0	112	140	168	196	225	250
0,8	32,0	64,0	96,0	128	160	192	225	255	285
0,85	36,0	72,0	108	144	180	215	250	290	325
0,9	40,5	81,0	122	162	200	240	285	325	365
0,95	45,0	90,0	134	180	225	270	315	360	405
1,0	50,0	100	150	200	250	300	350	400	450
1,1	60,0	120	180	240	300	360	420	480	540
1,2	72,0	144	215	285	360	430	500	570	650

Temperaturgefälle: 20^0 C.

Reibungswiderstand R für 1 m Rohr in mm WS	Mögliche stündlich zu fördernde Wärmemenge in WE (I) Geschwindigkeit des Wassers in m/sk (II) für eine Rohrweite (in mm) von:								
	70	76	82	88	94	100	106	113	119
0,74	—	—	—	—	—	—	—	—	235 000 0,3
0,81	—	—	—	—	—	—	180 000 0,3	210 000 0,3	240 000 0,32
0,9	—	—	—	—	—	160 000 0,3	187 000 0,3	218 000 0,32	255 000 0,34
1,0	—	—	—	—	144 000 0,3	168 000 0,3	198 000 0,32	230 000 0,34	270 000 0,36
1,1	—	—	—	127 000 0,3	150 000 0,32	176 000 0,32	210 000 0,34	240 000 0,36	285 000 0,38
1,2	—	—	110 000 0,3	132 000 0,32	157 000 0,32	185 000 0,34	220 000 0,36	250 000 0,38	300 000 0,38
1,3	—	93 000 0,3	114 000 0,32	138 000 0,32	165 000 0,34	194 000 0,36	230 000 0,38	265 000 0,38	310 000 0,40
1,4	—	98 000 0,3	120 000 0,32	144 000 0,34	172 000 0,36	202 000 0,38	240 000 0,38	275 000 0,4	325 000 0,42
1,5	80 000 0,3	100 000 0,32	123 000 0,34	150 000 0,36	178 000 0,38	210 000 0,40	245 000 0,4	285 000 0,42	335 000 0,44
1,7	85 000 0,32	107 000 0,34	132 000 0,36	160 000 0,38	190 000 0,4	225 000 0,42	260 000 0,42	300 000 0,44	355 000 0,46
1,9	90 000 0,34	114 000 0,36	139 000 0,38	170 000 0,4	200 000 0,42	238 000 0,44	280 000 0,46	320 000 0,48	380 000 0,5
2,1	95 000 0,36	120 000 0,38	146 000 0,4	178 000 0,42	212 000 0,44	250 000 0,46	290 000 0,48	335 000 0,5	400 000 0,55
2,3	100 000 0,38	126 000 0,4	154 000 0,42	188 000 0,44	225 000 0,46	265 000 0,48	305 000 0,5	350 000 0,55	420 000 0,55
2,5	105 000 0,4	132 000 0,42	162 000 0,44	200 000 0,46	235 000 0,48	275 000 0,5	325 000 0,55	375 000 0,55	445 000 0,6
2,8	110 000 0,42	140 000 0,44	172 000 0,46	210 000 0,5	245 000 0,5	290 000 0,55	340 000 0,6	395 000 0,6	470 000 0,65
3,1	116 000 0,44	148 000 0,46	182 000 0,5	225 000 0,55	265 000 0,55	310 000 0,6	360 000 0,6	420 000 0,65	500 000 0,65
3,4	122 000 0,46	156 000 0,5	192 000 0,55	235 000 0,55	275 000 0,6	325 000 0,6	380 000 0,65	445 000 0,65	515 000 0,7
3,7	128 000 0,48	164 000 0,5	202 000 0,55	245 000 0,6	290 000 0,6	340 000 0,65	400 000 0,65	465 000 0,7	550 000 0,7
4,1	134 000 0,5	172 000 0,55	218 000 0,6	255 000 0,6	305 000 0,65	355 000 0,65	425 000 0,7	490 000 0,7	580 000 0,75
4,5	142 000 0,55	182 000 0,6	225 000 0,6	270 000 0,65	320 000 0,7	375 000 0,7	445 000 0,75	520 000 0,75	610 000 0,8
5,0	150 000 0,6	192 000 0,6	238 000 0,65	285 000 0,7	340 000 0,7	400 000 0,75	475 000 0,8	550 000 0,8	650 000 0,85
5,5	160 000 0,6	202 000 0,65	245 000 0,7	300 000 0,7	350 000 0,75	420 000 0,8	500 000 0,8	570 000 0,85	670 000 0,9
6,1	170 000 0,65	215 000 0,7	265 000 0,7	320 000 0,75	380 000 0,8	445 000 0,85	530 000 0,85	610 000 0,90	710 000 0,95
6,7	180 000 0,65	225 000 0,7	275 000 0,75	335 000 0,8	400 000 0,85	470 000 0,85	550 000 0,9	640 000 0,95	750 000 1,0
7,4	190 000 0,7	240 000 0,75	290 000 0,8	350 000 0,85	420 000 0,9	500 000 0,9	585 000 0,95	670 000 1,0	800 000 1,1
8,1	200 000 0,75	250 000 0,8	305 000 0,85	370 000 0,9	440 000 0,9	520 000 0,95	610 000 1,0	700 000 1,1	840 000 1,1
9,0	210 000 0,8	265 000 0,85	325 000 0,9	390 000 0,95	470 000 0,95	550 000 1,0	650 000 1,1	750 000 1,1	890 000 1,2

Geschwindigkeit des Wassers: 0,3 bis 3,0 m/sk.

Geschwindigkeit des Wassers in m/sk.	Einzelwiderstände Z in mm WS für $\Sigma\zeta =$								
	1	2	3	4	5	6	7	8	9
0,8	32,0	64,0	96,0	128	160	192	225	255	285
0,85	36,0	72,0	108	144	180	215	250	290	325
0,9	40,5	81,0	122	162	200	240	285	325	365
0,95	45,0	90,0	134	180	225	270	315	360	405
1,0	50,0	100	150	200	250	300	350	400	450
1,1	60,0	120	180	240	300	360	420	480	540
1,2	72,0	144	215	285	360	430	500	570	650
1,3	84,0	168	255	335	420	510	590	670	760
1,4	98,0	196	295	390	490	590	680	780	880
1,5	112	225	335	450	560	670	780	900	1010
1,6	128	255	385	510	640	770	890	1020	1150
1,7	144	290	430	580	720	860	1010	1150	1300
1,8	162	325	485	650	810	970	1130	1290	1450
1,9	180	360	540	720	900	1080	1260	1440	1620
2,0	200	400	600	800	1000	1200	1400	1590	1790
2,2	240	480	720	960	1210	1450	1690	1930	2170
2,4	285	570	860	1150	1440	1720	2010	2300	2580
2,6	335	670	1010	1350	1680	2020	2360	2700	3030
2,8	390	780	1170	1560	1950	2340	2740	3130	3520
3,0	450	900	1350	1790	2240	2690	3140	3590	4040

Temperaturgefälle: 20° C.

Reibungswiderstand R für 1 m Rohr in mm WS	Mögliche stündlich zu fördernde Wärmemenge in WE . . . . Geschwindigkeit des Wassers in m/sk . . . . für eine Rohrweite (in mm) von:									
	70	76	82	88	94	100	106	113	119	
10,0	220 000	275 000	340 000	420 000	500 000	580 000	680 000	790 000	940 000	I
	0,8	0,9	0,95	1,0	1,0	1,1	1,1	1,2	1,2	II
11,0	230 000	290 000	355 000	435 000	520 000	610 000	720 000	830 000	990 000	I
	0,85	0,9	1,0	1,0	1,1	1,1	1,2	1,2	1,3	II
12,0	240 000	305 000	375 000	460 000	550 000	640 000	750 000	880 000	1 040 000	I
	0,9	0,95	1,0	1,1	1,2	1,2	1,3	1,3	1,4	II
13,0	250 000	315 000	395 000	480 000	570 000	670 000	790 000	910 000	1 080 000	I
	0,95	1,0	1,1	1,1	1,2	1,3	1,3	1,4	1,4	II
14,0	260 000	335 000	415 000	500 000	600 000	700 000	830 000	950 000	1 140 000	I
	1,0	1,1	1,1	1,2	1,3	1,3	1,4	1,4	1,5	II
15,0	270 000	340 000	425 000	520 000	615 000	720 000	860 000	990 000	1 160 000	I
	1,0	1,1	1,2	1,2	1,3	1,4	1,4	1,5	1,5	II
17,0	285 000	365 000	455 000	550 000	650 000	770 000	910 000	1 050 000	1 240 000	I
	1,1	1,2	1,3	1,3	1,4	1,4	1,5	1,6	1,6	II
19,0	300 000	390 000	485 000	590 000	690 000	820 000	970 000	1 120 000	1 320 000	I
	1,2	1,3	1,3	1,4	1,5	1,5	1,6	1,6	1,7	II
21,0	320 000	410 000	510 000	620 000	730 000	860 000	1 020 000	1 180 000	1 380 000	I
	1,2	1,3	1,4	1,5	1,5	1,6	1,7	1,7	1,8	II
23,0	340 000	435 000	540 000	650 000	770 000	910 000	1 080 000	1 220 000	1 450 000	I
	1,3	1,4	1,5	1,5	1,6	1,7	1,8	1,8	1,9	II
25,0	360 000	460 000	570 000	680 000	810.000	960 000	1 130 000	1 290 000	1 530 000	I
	1,4	1,4	1,5	1,6	1,7	1,8	1,8	1,9	2,0	II
28,0	380 000	485 000	600 000	720 000	860 000	1 020 000	1 190 000	1 360 000	1 620 000	I
	1,4	1,5	1,6	1,7	1,8	1,9	2,0	2,0	2,2	II
31,0	400 000	515 000	630 000	760 000	910 000	1 080 000	1 260 000	1 440 000	1 720 000	I
	1,5	1,6	1,7	1,8	1,9	2,0	2,2	2,2	2,2	II
34,0	425 000	540 000	660 000	800 000	960 000	1 140 000	1 320 000	1 520 000	1 820 000	I
	1,6	1,7	1,8	1,9	2,0	2,2	2,2	2,4	2,4	II
37,0	450 000	565 000	690 000	840 000	1 000 000	1 180 000	1 380 000	1 600 000	1 900 000	I
	1,7	1,8	1,9	2,0	2,2	2,2	2,2	2,4	2,6	II
41,0	475 000	600 000	730 000	890 000	1 060 000	1 240 000	1 460 000	1 680 000	2 000 000	I
	1,8	1,9	2,0	2,2	2,2	2,4	2,4	2,6	2,6	II
45,0	500 000	630 000	770 000	,940 000	1 120 000	1 300 000	1 540 000	1 780 000	2 100 000	I
	1,9	2,0	2,2	2,2	2,4	2,4	2,6	2,6	2,8	II
50,0	525 000	660 000	820 000	990 000	1 180 000	1 380 000	1 640 000	1 880 000	2 250 000	I
	2,0	2,2	2,4	2,4	2,4	2,6	2,6	2,8	3,0	II
55,0	550 000	690 000	860 000	1 040 000	1 240 000	1 440 000	1 720 000	1 980 000	—	I
	2,2	2,2	2,4	2,4	2,6	2,8	2,8	3,0		II
61,0	580 000	740 000	910 000	1 100 000	1 300 000	1 520 000	1 820 000	—	—	I
	2,2	2,4	2,6	2,6	2,8	2,8	3,0			II
67,0	610 000	780 000	960 000	1 160 000	1 370 000	1 630 000	—	—	—	I
	2,4	2,6	2,6	2,8	2,8	3,0				II
74,0	640 000	820 000	1 020 000	1 220 000	1 450 000	—	—	—	—	I
	2,4	2,6	2,8	3,0	3,0					II
81,0	680 000	860 000	1 070 000	1 280 000	—	—	—	—	—	I
	2,6	2,8	3,0	3,0						II
90,0	720 000	920 000	1 120 000	—	—	—	—	—	—	I
	2,8	3,0	3,0							II
100,0	760 000	970 000	—	—	—	—	—	—	—	I
	2,8	3,0								II
110,0	800 000	—	—	—	—	—	—	—	—	I
	3,0									II

Geschwindigkeit des Wassers: 0,3 bis 3,0 m/sk.

Geschwindigkeit des Wassers in m/sk	Einzelwiderstände Z in mm WS für $\Sigma\zeta =$								
	1	2	3	4	5	6	7	8	9
0,3	4,5	9,0	13,5	17,9	22,5	27,0	31,5	36,0	40,5
0,32	5,1	10,2	15,3	20,5	25,5	30,5	35,5	41,0	46,0
0,34	5,8	11,5	17,3	23,0	29,0	34,5	40,5	46,0	52,0
0,36	6,5	12,9	19,4	26,0	32,5	39,0	45,0	52,0	58,0
0,38	7,2	14,4	21,5	29,0	36,0	43,0	50,0	58,0	65,0
0,4	8,0	16,0	24,0	32,0	40,0	48,0	56,0	64,0	72,0
0,42	8,8	17,6	26,5	35,0	44,0	53,0	62,0	70,0	79,0
0,44	9,6	19,3	29,0	38,5	48,0	58,0	68,0	77,0	87,0
0,46	10,5	21,0	31,5	42,0	53,0	63,0	74,0	84,0	95,0
0,48	11,5	23,0	34,5	46,0	57,0	69,0	80,0	92,0	104
0,5	12,5	25,0	37,5	50,0	62,0	75,0	87,0	100	112
0,55	15,1	30,0	45,0	60,0	75,0	90,0	106	120	136
0,6	17,9	36,0	54,0	72,0	90,0	108	126	144	162
0,65	21,0	42,0	63,0	84,0	106	126	148	168	190
0,7	24,5	49,0	73,0	98,0	122	146	170	196	220
0,75	28,0	56,0	84,0	112	140	168	196	225	250
0,8	32,0	64,0	96,0	128	160	192	225	255	285
0,85	36,0	72,0	108	144	180	215	250	290	325
0,9	40,5	81,0	122	162	200	240	285	325	365
0,95	45,0	90,0	134	180	225	270	315	360	405
1,0	50,0	100	150	200	250	300	350	400	450
1,1	60,0	120	180	240	300	360	420	480	540
1,2	72,0	144	215	285	360	430	500	570	650

Temperaturgefälle: 20° C.

Reibungswiderstand R für 1 m Rohr in mm WS	Mögliche stündlich zu fördernde Wärmemenge in WE / Geschwindigkeit des Wassers in m/sk — für eine Rohrweite (in mm) von:									I / II
	131	**143**	**156**	**169**	**192**	**216**	**241**	**264**	**290**	
0,21	—	—	—	—	—	—	—	—	1 370 000	I
									0,3	II
0,23	—	—	—	—	—	—	—	—	1 440 000	I
									0,32	II
0,25	—	—	—	—	—	—	—	1 160 000	1 520 000	I
								0,3	0,32	II
0,28	—	—	—	—	—	—	970 000	1 220 000	1 600 000	I
							0,3	0,32	0,34	II
0,31	—	—	—	—	—	750 000	1 020 000	1 280 000	1 700 000	I
						0,3	0,32	0,34	0,36	II
0,34	—	—	—	—	—	780 000	1 080 000	1 350 000	1 800 000	I
						0,32	0,34	0,36	0,38	II
0,37	—	—	—	—	590 000	820 000	1 120 000	1 420 000	1 900 000	I
					0,3	0,32	0,36	0,38	0,4	II
0,41	—	—	—	—	620 000	860 000	1 180 000	1 500 000	2 000 000	I
					0,32	0,34	0,36	0,4	0,42	I
0,45	—	—	—	470 000	650 000	910 000	1 240 000	1 600 000	2 100 000	I
				0,3	0,32	0,36	0,38	0,42	0,44	II
0,5	—	—	395 000	490 000	690 000	960 000	1 300 000	1 700 000	2 200 000	I
			0,3	0,32	0,34	0,38	0,4	0,44	0,46	II
0,55	—	325 000	415 000	510 000	720 000	1 000 000	1 360 000	1 800 000	2 300 000	I
		0,3	0,32	0,32	0,36	0,4	0,42	0,46	0,5	II
0,61	270 000	340 000	440 000	550 000	770 000	1 080 000	1 440 000	1 900 000	2 400 000	I
	0,3	0,32	0,34	0,36	0,38	0,42	0,46	0,48	0,55	II
0,67	285 000	360 000	465 000	575 000	810 000	1 130 000	1 520 000	2 000 000	2 550 000	I
	0,3	0,32	0,34	0,38	0,4	0,44	0,48	0,5	0,55	II
0,74	300 000	380 000	490 000	600 000	860 000	1 180 000	1 620 000	2 100 000	2 700 000	I
	0,32	0,34	0,36	0,38	0,42	0,46	0,5	0,55	0,6	II
0,81	315 000	400 000	510 000	630 000	900 000	1 250 000	1 700 000	2 200 000	2 850 000	I
	0,34	0,36	0,38	0,4	0,44	0,48	0,55	0,6	0,65	II
0,9	330 000	420 000	540 000	670 000	950 000	1 320 000	1 800 000	2 300 000	3 000 000	I
	0,36	0,38	0,4	0,44	0,48	0,5	0,55	0,6	0,65	II
1,0	345 000	450 000	580 000	700 000	1 000 000	1 380 000	1 900 000	2 400 000	3 150 000	I
	0,38	0,4	0,44	0,46	0,5	0,55	0,6	0,65	0,7	II
1,1	360 000	470 000	600 000	740 000	1 070 000	1 450 000	2 000 000	2 500 000	3 300 000	I
	0,40	0,42	0,46	0,48	0,55	0,6	0,65	0,65	0,7	II
1,2	380 000	495 000	630 000	780 000	1 120 000	1 540 000	2 100 000	2 600 000	3 450 000	I
	0,42	0,44	0,48	0,5	0,55	0,65	0,65	0,7	0,75	II
1,3	400 000	520 000	660 000	820 000	1 160 000	1 600 000	2 200 000	2 700 000	3 600 000	I
	0,44	0,46	0,5	0,55	0,6	0,65	0,7	0,75	0,8	II
1,4	420 000	540 000	690 000	860 000	1 210 000	1 680 000	2 300 000	2 850 000	3 800 000	I
	0,46	0,48	0,5	0,55	0,6	0,65	0,7	0,75	0,8	II
1,5	440 000	560 000	710 000	890 000	1 260 000	1 740 000	2 350 000	3 000 000	4 000 000	I
	0,48	0,5	0,55	0,6	0,65	0,7	0,75	0,8	0,85	II
1,7	465 000	600 000	760 000	950 000	1 340 000	1 850 000	2 500 000	3 200 000	4 250 000	I
	0,5	0,55	0,6	0,6	0,7	0,75	0,8	0,85	0,9	II
1,9	490 000	630 000	810 000	1 000 000	1 420 000	1 980 000	2 700 000	3 400 000	4 500 000	I
	0,55	0,6	0,6	0,65	0,7	0,8	0,85	0,9	0,95	II
2,1	520 000	660 000	850 000	1 070 000	1 490 000	2 100 000	2 800 000	3 550 000	4 750 000	I
	0,55	0,6	0,65	0,7	0,75	0,8	0,9	0,95	1,0	II
2,3	550 000	690 000	900 000	1 120 000	1 560 000	2 200 000	2 950 000	3 700 000	5 000 000	I
	0,6	0,65	0,7	0,7	0,8	0,85	0,95	1,0	1,1	II
2,5	580 000	730 000	950 000	1 180 000	1 660 000	2 300 000	3 100 000	3 950 000	5 300 000	I
	0,65	0,65	0,7	0,75	0,85	0,9	1,0	1,1	1,2	II
2,8	610 000	780 000	1 000 000	1 240 000	1 760 000	2 400 000	3 300 000	4 250 000	5 600 000	I
	0,65	0,7	0,75	0,8	0,9	0,95	1,1	1,1	1,2	II

Geschwindigkeit des Wassers: 0,3 bis 3,0 m/sk.

Geschwin-digkeit des Wassers in m/sk	Einzelwiderstände Z in mm WS für $\Sigma\zeta =$								
	1	2	3	4	5	6	7	8	9
0,70	24,5	49,0	73,0	98,0	122	146	170	196	220
0,75	28,0	56,0	84,0	112	140	168	196	225	250
0,8	32,0	64,0	96,0	128	160	192	225	255	285
0,85	36,0	72,0	108	144	180	215	250	290	325
0,9	40,5	81,0	122	162	200	240	285	325	365
0,95	45,0	90,0	134	180	225	270	315	360	405
1,0	50,0	100	150	200	250	300	350	400	450
1,1	60,0	120	180	240	300	360	420	480	540
1,2	72,0	144	215	285	360	430	500	570	650
1,3	84,0	168	255	335	420	510	590	670	760
1,4	98,0	196	295	390	490	590	680	780	880
1,5	112	225	335	450	560	670	780	900	1010
1,6	128	255	385	510	640	770	890	1020	1150
1,7	144	290	430	580	720	860	1010	1150	1300
1,8	162	325	485	650	810	970	1130	1290	1450
1,9	180	360	540	720	900	1080	1260	1440	1620
2,0	200	400	600	800	1000	1200	1400	1590	1790
2,2	240	480	720	960	1210	1450	1690	1930	2170
2,4	285	570	860	1150	1440	1720	2010	2300	2580
2,6	335	670	1010	1350	1680	2020	2360	2700	3030
2,8	390	780	1170	1560	1950	2340	2740	3130	3520
3,0	450	900	1350	1790	2240	2690	3140	3590	4040

Temperaturgefälle: 20° C.

Reibungswiderstand R für 1 m Rohr in mm WS		131	143	156	169	192	216	241	264	290
3,1	I	640 000	830 000	1 070 000	1 310 000	1 850 000	2 550 000	3 450 000	4 500 000	5 900 000
	II	0,7	0,75	0,8	0,85	0,95	1,0	1,1	1,2	1,3
3,4	I	670 000	870 000	1 120 000	1 380 000	1 960 000	2 700 000	3 700 000	4 750 000	6 200 000
	II	0,75	0,8	0,85	0,9	1,0	1,1	1,2	1,3	1,3
3,7	I	710 000	910 000	1 180 000	1 440 000	2 050 000	2 800 000	3 850 000	5 000 000	6 500 000
	II	0,75	0,8	0,9	0,95	1,0	1,1	1,2	1,3	1,4
4,1	I	750 000	960 000	1 240 000	1 520 000	2 150 000	2 950 000	4 100 000	5 100 000	6 800 000
	II	0,8	0,85	0,95	1,0	1,1	1,2	1,3	1,4	1,5
4,5	I	790 000	1 020 000	1 290 000	1 600 000	2 300 000	3 150 000	4 250 000	5 500 000	7 200 000
	II	0,85	0,9	0,95	1,0	1,2	1,3	1,3	1,4	1,5
5,0	I	840 000	1 080 000	1 360 000	1 700 000	2 400 000	3 300 000	4 500 000	5 800 000	7 600 000
	II	0,9	0,95	1,0	1,1	1,2	1,3	1,4	1,5	1,6
5,5	I	880 000	1 120 000	1 440 000	1 800 000	2 500 000	3 450 000	4 800 000	6 100 000	8 000 000
	II	0,95	1,0	1,1	1,2	1,3	1,4	1,5	1,6	1,7
6,1	I	940 000	1 200 000	1 520 000	1 900 000	2 650 000	3 700 000	5 000 000	6 500 000.	8 500 000
	II	1,0	1,1	1,2	1,2	1,3	1,5	1,6	1,7	1,8
6,7	I	1 000 000	1 260 000	1 600 000	2 000 000	2 800 000	3 900 000	5 350 000	6 800 000	9 000 000
	II	1,1	1,2	1,2	1,3	1,4	1,5	1,7	1,8	1,9
7,4	I	1 050 000	1 320 000	1 700 000	2 100 000	2 950 000	4 100 000	5 600 000	7 100 000	9 500 000
	II	1,1	1,2	1,3	1,4	1,5	1,6	1,8	1,9	2,0
8,1	I	1 100 000	1 380 000	1 800 000	2 250 000	3 100 000	4 300 000	5 900 000	7 500 000	10 000 000
	II	1,2	1,3	1,3	1,4	1,5	1,7	1,9	2,0	2,2
9,0	I	1 160 000	1 450 000	1 900 000	2 350 000	3 300 000	4 450 000	6 200 000	8 000 000	10 500 000
	II	1,3	1,3	1,4	1,5	1,6	1,8	2,0	2,2	2,2
10,0	I	1 220 000	1 550 000	2 000 000	2 450 000	3 450 000	4 800 000	6 600 000	8 400 000	11 000 000
	II	1,3	1,4	1,5	1,6	1,7	1,9	2,0	2,2	2,4
11,0	I	1 280 000	1 620 000	2 100 000	2 600 000	3 600 000	5 100 000	6 900 000	8 800 000	11 500 000
	II	1,4	1,5	1,6	1,7	1,8	2,0	2,2	2,4	2,6
12,0	I	1 340 000	1 720 000	2 200 000	2 700 000	3 800 000	5 300 000	7 200 000	9 300 000	12 100 000
	II	1,4	1,5	1,6	1,8	1,9	2,2	2,4	2.4	2,6
13,0	I	1 400 000	1 800 000	2 300 000	2 800 000	4 000 000	5 550 000	7 500 000	9 800 000	12 700 000
	II	1,5	1,6	1,7	1,8	2,0	2,2	2,4	2,6	2,8
14,0	I	1 460 000	1 880 000	2 400 000	2 950 000	4 200 000	5 800 000	7 900 000	10 200 000	13 300 000
	II	1,6	1,7	1,8	1,9	2,2	2,4	2,6	2,6	2,8
15,0	I	1 520 000	1 940 000	2 450 000	3 050 000	4 300 000	6 000 000	8 200 000	10 500 000	13 800 000
	II	1,6	1,8	1,9	2,0	2,2	2,4	2,6	2,8	3,0
17,0	I	1 620 000	2 050 000	2 650 000	3 250 000	4 600 000	6 400 000	8 700 000	11 000 000	—
	II	1,7	1,9	2,0	2,2	2,4	2,6	2,8	3,0	
19,0	I	1 720 000	2 200 000	2 800 000	3 450 000	4 900 000	6 700 000	9 300 000	—	—
	II	1,8	2,0	2,2	2,2	2,4	2,8	3,0		
21,0	I	1 820 000	2 300 000	2 900 000	3 600 000	5 100 000	7 100 000	—	—	—
	II	1,9	2,2	2,2	2,4	2,6	2,8			
23,0	I	1 900 000	2 400 000	3 050 000	3 800 000	5 400 000	7 500 000	—	—	—
	II	2,0	2,2	2,4	2,6	2,8	3,0			
25,0	I	2 000 000	2 550 000	3 250 000	4 050 000	5 700 000	—	—	—	—
	II	2,2	2,4	2,6	2,6	2,8				
28,0	I	2 150 000	2 700 000	3 400 000	4 250 000	6 000 000	—	—	—	—
	II	2,4	2,4	2,6	2,8	3,0				
31,0	I	2 250 000	2 850 000	3 600 000	4 500 000	—	—	—	—	—
	II	2,4	2,6	2,8	3,0					
34,0	I	2 350 000	3 000 000	3 800 000	—	—	—	—	—	—
	II	2,6	2,8	2,8						
37,0	I	2 450 000	3 100 000	4 000 000	—	—	—	—	—	—
	II	2,8	2,8	3,0						
41,0	I	2 600 000	3 300 000	—	—	—	—	—	—	—
	II	2,8	3,0							
45,0	I	2 750 000	—	—	—	—	—	—	—	—
	II	3,0								

Mögliche stündlich zu fördernde Wärmemenge in WE I
Geschwindigkeit des Wassers in m/sk II
für eine Rohrweite (in mm) von:

Reibungszahl (ϱ) des Wassers in Rohrleitungen nach Weisbach.

(Für Berechnung von Heißwasserheizungen.)

Geschwindig-keit des Wassers in m	ϱ	Geschwindig-keit des Wassers in m	ϱ	Geschwindig-keit des Wassers in m	ϱ
0,020	0,0814	0,076	0,0488	0,180	0,0362
0,022	0,0783	0,078	0,0483	0,185	0,0364
0,024	0,0755	0,080	0,0479	0,190	0,0361
0,026	0,0731	0,082	0,0475	0,195	0,0358
0,028	0,0710	0,084	0,0471	0,200	0,0356
0,030	0,0691	0,086	0,0467	0,205	0,0353
0,032	0,0674	0,088	0,0463	0,210	0,0351
0,034	0,0658	0,090	0,0460	0,215	0,0348
0,036	0.0643	0,092	0,0456	0,220	0,0346
0,038	0,0630	0,094	0,0453	0,225	0,0344
0,040	0,0617	0,096	0,0450	0,230	0,0341
0,042	0,0606	0,098	0,0447	0,235	0,0339
0,044	0,0596	0,100	0,0444	0,240	0,0337
0,046	0,0586	0,105	0,0436	0,245	0,0335
0,048	0,0576	0,110	0,0428	0,250	0,0333
0,050	0,0567	0,115	0,0423	0,255	0,0332
0,052	0,0559	0,120	0,0417	0,260	0,0330
0,054	0,0549	0,125	0,0412	0,265	0,0328
0,056	0,0544	0,130	0,0406	0,270	0,0326
0,058	0,0537	0,135	0,0402	0,275	0,0325
0,060	0,0531	0,140	0,0396	0,280	0,0323
0,062	0,0524	0,145	0,0392	0,285	0,0321
0,064	0,0518	0,150	0,0389	0,290	0,0320
0,066	0,0513	0,155	0,0385	0,295	0,0318
0,068	0,0507	0,160	0,0381	0,300	0,0317
0,070	0,0502	0,165	0,0377		
0,072	0,0497	0,170	0,0374		
0,074	0,0492	0,175	0,0370		

Tabelle 26.

Latente Wärme des Wasserdampfes bei Temperaturen bis zu 100°.

Temperatur	Latente Wärme	Temperatur	Latente Wärme	Temperatur	Latente Wärme
0	594,7	35	576,1	70	556,8
5	592,1	40	573,4	75	553,9
10	589,4	45	570,7	80	551,0
15	586,8	50	567,9	85	548,1
20	584,1	55	565,2	90	545,2
25	581,5	60	562,4	95	542,2
30	578,8	65	559,6	100	539,1

Tabelle 27.

Spannung, Temperatur usw. des Wasserdampfes.

Druck (abs.) in kg/qm	Temperatur	Verdampfungswärme	Gesamtwärme	Gewicht (γ) von 1 cbm Dampf in kg	$\dfrac{1}{\gamma}$
1 000	45,6	570,4	616,0	0,067	14,92
1 200	49,2	568,4	617,7	0,080	12,57
1 500	53,7	565,9	619,7	0,098	10,19
2 000	59,8	562,6	622,4	0,129	7,78
2 500	64,6	559,8	624,6	0,159	6,31
3 000	68,7	557,5	626,4	0,188	5,32
3 500	72,3	555,5	628,0	0,217	4,60
4 000	75,5	553,7	629,4	0,246	4,06
5 000	80,9	550,5	631,7	0,304	3,29
6 000	85,5	547,8	633,7	0,360	2,78
7 000	89,5	545,5	635,3	0,416	2,40
8 000	93,0	543,3	636,8	0,471	2,12
9 000	96,2	541,4	638,1	0,526	1,90
10 000	99,1	539,7	639,3	0,581	1,72
11 000	101,8	538,1	640,7	0,635	1,58
12 000	104,2	536,5	641,3	0,689	1,45
14 000	108,7	533,7	643,1	0,796	1,26
16 000	112,7	531,2	644,7	0,901	1,11
18 000	116,3	528,9	646,0	1,006	0,99
20 000	119,6	526,8	647,2	1,110	0,90
25 000	126,7	522,2	649,9	1,368	0,73
30 000	132,8	518,1	652,0	1,622	0,62
35 000	138,1	514,5	653,8	1,874	0,53
40 000	142,8	511,2	655,4	2,124	0,47
45 000	147,1	508,2	656,8	2,372	0,42
50 000	151,0	505,5	658,1	2,618	0,38
55 000	154,6	502,9	659,2	2,862	0,35
60 000	157,9	500,4	660,2	3,106	0,32
65 000	161,1	498,1	661,1	3,348	0,30
70 000	164,0	495,9	662,0	3,589	0,29
75 000	166,8	493,9	662,8	3,829	0,26
80 000	169,5	491,8	663,5	4,068	0,25
85 000	172,0	489,9	664,2	4,307	0,23
90 000	174,4	488,1	664,9	4,545	0,22
95 000	176,7	486,3	665,5	4,782	0,21
100 000	178,9	484,6	666,1	5,018	0,20

Bestimmung der angenäherten Rohrweiten für Hochdruckdampf.

(Die Tabelle gilt nur für vor Wärmeabgabe gut geschützte Rohre.)

Druckabfall auf das laufende Meter in kg/qm	Durchmesser des Rohres in m	Mögliche stündlich zu fördernde Wärmemenge in WE bei einer Summe des Teilstrecke der Rohr-						
		25000	35000	45000	55000	65000	75000	85000
20	0,011	1070	1580	1810	2080	2310	2540	2760
	0,014	2720	3330	3860	4340	4790	5220	5580
	0,020	8040	9500	10800	11900	12900	14000	15000
	0,025	14760	17400	19700	21700	23500	25300	27000
	0,034	33500	39100	44000	48500	52600	56300	59900
	0,039	47900	55800	62500	69100	74500	79900	85300
	0,043	61700	71900	80300	88700	95900	103000	109000
	0,049	78000	90600	102000	112000	121000	130000	138000
	0,057	127000	146000	164000	181000	196000	210000	223000
	0,064	167000	193000	217000	239000	259000	277000	295000
	0,070	210000	244000	274000	300000	325000	348000	370000
	0,076	259000	300000	337000	371000	401000	430000	456000
	0,082	314000	365000	409000	449000	486000	521000	553000
	0,088	377000	437000	490000	538000	582000	636000	672000
	0,094	445000	516000	578000	635000	689000	731000	779000
	0,100	521000	605000	677000	755000	803000	857000	923000
	0,106	604000	700000	784000	862000	934000	994000	1060000
	0,113	676000	778000	874000	964000	1042000	1114000	1180000
	0,119	799000	931000	1045000	1147000	1237000	1320000	1405000
	0,131	1025000	1187000	1331000	1463000	1577000	1691000	1793000
	0,143	1280000	1484000	1664000	1820000	1970000	2120000	2240000
	0,156	1596000	1848000	2070000	2268000	2454000	2622000	2790000
	0,169	1943000	2249000	2519000	2765000	2987000	3197000	3395000
	0,192	2681000	3107000	3479000	3815000	4121000	4415000	4728000
	0,216	3583000	4153000	4651000	5113000	5533000	5905000	6277000
30	0,011	1670	2080	2440	2760	3050	3320	3590
	0,014	3600	4340	4980	5580	6120	6660	7140
	0,020	10100	11900	13600	15000	16300	17600	18700
	0,025	18500	21600	24500	27000	29300	31400	33500
	0,034	26900	31600	35500	39200	42600	45700	48600
	0,039	58900	69100	77500	84700	91900	98500	105000
	0,043	76100	88700	99500	109000	118000	126000	133000
	0,049	96500	112000	125000	138000	149000	160000	169000
	0,057	156000	180000	203000	222000	240000	257000	274000
	0,064	205000	239000	269000	296000	320000	342000	364000
	0,070	259000	300000	337000	371000	401000	428000	456000
	0,076	319000	370000	414000	456000	493000	528000	560000
	0,082	388000	450000	504000	553000	598000	641000	680000
	0,088	463000	538000	602000	661000	715000	766000	812000
	0,094	547000	635000	712000	780000	844000	904000	971000
	0,100	642000	743000	821000	912000	988000	1056000	1121000
	0,106	743000	860000	964000	1057000	1142000	1223000	1295000
	0,113	830000	961000	1078000	1180000	1276000	1360000	1456000
	0,119	989000	1146000	1285000	1405000	1513000	1621000	1729000
	0,131	1259000	1355000	1631000	1787000	1943000	2075000	2207000
	0,143	1568000	1820000	2036000	2228000	2420000	2598000	2744000
	0,156	1962000	2262000	2538000	2778000	3006000	3222000	3414000
	0,169	2381000	2765000	3089000	3389000	3665000	3929000	4169000
	0,192	3287000	3815000	4271000	4679000	5063000	5411000	5747000
	0,216	4405000	5101000	5713000	6277000	6781000	7261000	7693000

Anmerkung. Ist die stündlich zu fördernde Dampfmenge in Kilogramm gegeben, so ist diese zur Umrechnung des Dampfes zu

absoluten Anfangs- und Enddrucks des Dampfes in der zu bestimmenden leitung in qm/kg von:							Durchmesser des Rohres in m	Druckabfall auf das laufende Meter in kg/qm
95000	105000	115000	125000	135000	145000	155000		
2950	3140	3330	3500	3670	3840	3990	0,011	
5940	6300	6660	6960	7260	7560	7860	0,014	
16000	16800	17600	18400	19100	19800	20500	0,020	
28500	30000	31400	32800	34200	35400	36600	0,025	
63500	66500	69500	72500	75500	77900	80900	0,034	
90100	94300	98500	103300	106900	110500	114100	0,039	
115000	121000	126000	131000	137000	142000	146000	0,043	
145000	152000	160000	167000	173000	179000	185000	0,049	
235000	247000	258000	269000	278000	289000	299000	0,057	
311000	326000	342000	356000	370000	383000	396000	0,064	
390000	410000	428000	446000	463000	480000	497000	0,070	
481000	505000	528000	550000	571000	589000	613000	0,076	
583000	613000	637000	667000	691000	715000	739000	0,082	20
696000	732000	762000	798000	828000	852000	882000	0,088	
821000	863000	905000	941000	977000	1013000	1049000	0,094	
965000	1013000	1055000	1103000	1145000	1181000	1224000	0,100	
1114000	1174000	1223000	1273000	1325000	1373000	1415000	0,106	
1246000	1312000	1378000	1426000	1480000	1534000	1582000	0,113	
1483000	1561000	1627000	1699000	1759000	1826000	1885000	0,119	
1895000	1985000	2075000	2159000	2243000	2321000	2399000	0,131	
2360000	2474000	2588000	2696000	2798000	2894000	2990000	0,143	
2940000	3084000	3222000	3354000	3480000	3606000	3726000	0,156	
3581000	3761000	3929000	4091000	4247000	4397000	4541000	0,169	
4937000	5183000	5417000	5639000	5855000	6071000	6251000	0,192	
6577000	6937000	7237000	7537000	7837000	8137000	8377000	0,216	
3840	4070	4300	4510	4720	4920	5100	0,011	
7560	7980	8400	8760	9180	9540	9900	0,014	
19800	20900	21800	22800	23800	24700	25600	0,020	
35400	37200	39000	40700	42200	43800	45400	0,025	
51400	54000	56500	58700	61100	63500	65300	0,034	
111000	116000	121000	126000	131000	136000	140000	0,039	
142000	148000	155000	161000	168000	174000	179000	0,043	
179000	188000	197000	204000	212000	220000	228000	0,049	
288000	302000	317000	330000	342000	354000	366000	0,057	
383000	403000	421000	438000	455000	472000	487000	0,064	
481000	505000	528000	550000	570000	590000	611000	0,070	
592000	620000	649000	676000	702000	726000	751000	0,076	
718000	754000	787000	820000	851000	881000	911000	0,082	30
857000	899000	940000	978000	1016000	1052000	1087000	0,088	
1012000	1061000	1109000	1156000	1199000	1236000	1284000	0,094	
1182000	1135000	1295000	1343000	1403000	1451000	1499000	0,100	
1367000	1439000	1499000	1559000	1619000	1679000	1739000	0,106	
1526000	1612000	1672000	1744000	1816000	1876000	1943000	0,113	
1825000	1909000	1993000	2077000	2161000	2233000	2317000	0,019	
2327000	2435000	2543000	2700000	2747000	2855000	2939000	0,131	
2900000	3032000	3176000	3308000	3428000	3548000	3668000	0,143	
3606000	3774000	3954000	4110000	4266000	4530000	4566000	0,156	
4397000	4613000	4817000	5021000	5213000	5393000	5573000	0,169	
6059000	6359000	6647000	6911000	7175000	7427000	7679000	0,192	
8113000	8521000	8905000	9265000	9625000	9961000	10280000	0,216	

in die ihr entsprechende Wärmemenge mit der mittleren latenten Wärme des absoluten Anfangs- und Enddrucks multiplizieren.

Druckabfall auf das laufende Meter in kg/qm	Durchmesser des Rohres in m	Mögliche stündlich zu fördernde Wärmemenge in WE bei einer Summe des Teilstrecke der Rohr-						
		25000	35000	45000	55000	65000	75000	85000
40	0,011	2080	2540	2950	3340	3670	4000	4300
	0,014	4340	5210	5960	6650	7270	7860	8400
	0,020	11900	14000	15800	17500	19100	20500	21800
	0,025	19300	25300	28400	31400	34200	36700	39000
	0,034	48500	56300	63200	69600	75400	80800	85800
	0,039	68900	80000	89900	98800	107000	114000	120000
	0,043	88600	103000	115000	126000	136000	145000	155000
	0,049	112000	130000	145000	160000	173000	185000	196000
	0,057	180000	209000	234000	257000	278000	299000	317000
	0,064	239000	277000	311000	342000	370000	396000	421000
	0,070	300000	348000	390000	428000	463000	497000	528000
	0,076	337000	391000	439000	481000	521000	557000	592000
	0,082	450000	521000	583000	641000	692000	740000	787000
	0,088	538000	623000	697000	764000	828000	886000	940000
	0,094	635000	734000	823000	904000	977000	1045000	1109000
	0,100	743000	860000	964000	1056000	1142000	1223000	1295000
	0,106	860000	996000	1115000	1223000	1319000	1415000	1499000
	0,113	961000	1124000	1240000	1360000	1480000	1576000	1691000
	0,119	1146000	1321000	1477000	1621000	1765000	1885000	1993000
	0,131	1451000	1691000	1895000	2075000	2243000	2399000	2543000
	0,143	1820000	2108000	2360000	2588000	2792000	2996000	3176000
	0,156	2262000	2622000	2934000	3222000	3474000	3618000	3954000
	0,169	2765000	3197000	3581000	3929000	4241000	4541000	4805000
	0,192	3815000	4415000	4931000	5411000	5855000	6263000	6647000
	0,216	5101000	5905000	6613000	7249000	7837000	8389000	8905000
50	0,011	2230	2950	3420	3830	4220	4580	4910
	0,014	5000	5960	6800	7570	8270	8930	9540
	0,020	13600	15800	17900	19800	21500	23000	24600
	0,025	24400	28400	32000	35300	38300	41000	43700
	0,034	54500	63200	71000	78200	84500	90500·	96200
	0,039	77400	89900	101000	111000	120000	127000	136000
	0,043	99400	115000	128000	142000	152000	163000	174000
	0,049	125000	145000	163000	179000	193000	208000	220000
	0,057	202000	234000	263000	288000	312000	334000	354000
	0,064	264000	307000	344000	378000	407000	439000	467000
	0,070	332000	385000	433000	476000	515000	552000	586000
	0,076	410000	425000	534000	587000	647000	679000	721000
	0,082	498000	577000	648000	712000	769000	824000	875000
	0,088	596000	691000	787000	851000	920000	985000	1046000
	0,094	704000	817000	916000	1006000	1087000	1164000	1230000
	0,100	824000	956000	1072000	1175000	1264000	1360000	1444000
	0,106	956000	1108000	1240000	1360000	1468000	1576000	1672000
	0,113	1069000	1243000	1387000	1519000	1639000	1759000	1867000
	0,119	1278000	1470000	1770000	1818000	1962000	2106000	2226000
	0,131	1622000	1862000	2102000	2318000	2498000	2678000	2822000
	0,143	1943000	2352000	2628000	2880000	3120000	3336000	3540000
	0,156	2528000	2924000	3272000	3596000	3884000	4160000	4412000
	0,169	3068000	3560000	3992000	4376000	4724000	5060000	5372000
	0,192	4247000	4907000	5495000	6035000	6527000	6983000	7343000
	0,216	5686000	6586000	7378000	8086000	8746000	9358000	9934000

Anmerkung. Ist die stündlich zu fördernde Dampfmenge in Kilogramm gegeben, so ist diese zur Umrechnung des Dampfes zu

| absoluten Anfangs- und Enddrucks des Dampfes in der zu bestimmenden leitung in kg/qm von: | | | | | | | Durchmesser des Rohres in m | Druckabfall auf das laufende Meter in kg/qm |
95000	105000	115000	125000	135000	145000	155000		
4580	4850	5110	5350	5590	5830	6050	0,011	
8930	9420	9900	10300	10800	11200	11600	0,014	
23000	24400	25400	26600	27600	28700	29600	0,020	
41300	43300	45400	47300	49100	50900	52700	0,025	
90500	95200	99500	104000	108000	111000	115000	0,340	
127000	133000	139000	145000	151000	157000	162000	0,039	
163000	172000	179000	187000	194000	202000	209000	0,043	
208000	217000	227000	236000	246000	254000	263000	0,049	
334000	350000	366000	382000	396000	409000	424000	0,057	
444000	466000	487000	508000	527000	546000	564000	0,064	
557000	584000	611000	636000	660000	684000	706000	0,070	
625000	685000	697000	714000	740000	767000	793000	0,076	40
830000	871000	911000	948000	984000	1019000	1052000	0,082	
991000	1040000	1087000	1132000	1175000	1213000	1261000	0,088	
1170000	1224000	1296000	1332000	1380000	1428000	1476000	0,094	
1367000	1427000	1499000	1559000	1619000	1679000	1727000	0,100	
1583000	1656000	1740000	1811000	1871000	1943000	2003000	0,106	
1768000	1852000	1936000	2020000	2104000	2176000	2248000	0,113	
2101000	2209000	2305000	2401000	2497000	2581000	2677000	0,119	
2687000	2819000	2939000	3071000	3179000	3287000	3407000	0,131	
3356000	3512000	3668000	3944000	3968000	4100000	4244000	0,143	
4170000	4374000	4566000	4758000	4938000	5106000	5274000	0,156	
5081000	5333000	5573000	5801000	6017000	6233000	6437000	0,169	
7007000	7355000	7679000	7991000	8291000	8591000	8867000	0,192	
9385000	9853000	10280000	10700000	11120000	11510000	11890000	0,216	
5230	5530	5820	6110	6370	6620	6880	0,011	
10100	10700	11200	11600	12100	12600	13100	0,014	
26000	27400	28700	29900	31200	32300	33400	0,020	
46200	48500	50800	53000	55100	57000	58900	0,025	
102000	107000	111000	116000	120000	124000	128000	0,034	
143000	150000	157000	163000	169000	175000	181000	0,039	
184000	192000	202000	210000	217000	226000	233000	0,043	
232000	244000	254000	265000	276000	284000	294000	0,049	
373000	392000	409000	427000	443000	458000	474000	0,057	
492000	518000	541000	564000	584000	606000	626000	0,064	
618000	649000	679000	707000	734000	761000	786000	0,070	
762000	799000	835000	870000	904000	936000	967000	0,076	50
923000	970000	1013000	1055000	1096000	1134000	1172000	0,082	
1115000	1158000	1207000	1255000	1305000	1351000	1399000	0,088	
1314000	1362000	1422000	1482000	1542000	1602000	1650000	0,094	
1516000	1600000	1672000	1732000	1804000	1864000	1924000	0,100	
1768000	1852000	1936000	2008000	2092000	2164000	2236000	0,106	
1975000	2071000	2167000	2251000	2335000	2419000	2503000	0,113	
2346000	2466000	2574000	2682000	2790000	2886000	2982000	0,119	
2990000	3146000	3278000	3422000	3542000	3674000	3806000	0,131	
3732000	3924000	4092000	4272000	4428000	4584000	4740000	0,143	
4652000	4880000	5096000	5312000	5516000	5696000	5888000	0,156	
5672000	5948000	6212000	6464000	6716000	6956000	7184000	0,169	
7811000	8195000	8567000	8915000	9251000	9587000	9899000	0,192	
10470000	10990000	11480000	11890000	12360000	12840000	13200000	0,216	

in die ihr entsprechende Wärmemenge mit der mittleren latenten Wärme des absoluten Anfangs- und Enddrucks multiplizieren.

Druckabfall auf das laufende Meter in kg/qm	Durchmesser des Rohres in m	Mögliche stündlich zu fördernde Wärmemenge in WE bei einer Summe des Teilstrecke der Rohr-						
		25000	35000	45000	55000	65000	75000	85000
	0,011	2760	3340	3840	4300	4720	5110	5480
	0,014	5590	6650	7570	8410	9180	9900	10600
	0,020	15000	17500	19800	21800	23800	25400	27100
	0,025	26900	31300	35400	38900	42100	45200	48100
	0,034	59900	69600	78100	85800	92900	99500	106000
	0,039	85100	98800	111000	120000	131000	139000	149000
	0,043	103000	126000	142000	155000	168000	180000	191000
	0,049	138000	160000	179000	197000	212000	228000	241000
	0,057	222000	257000	288000	316000	342000	366000	389000
	0,064	290000	337000	378000	416000	450000	482000	512000
	0,070	366000	424000	476000	523000	565000	606000	643000
	0,076	451000	523000	587000	644000	697000	746000	792000
	0,082	559000	635000	712000	781000	845000	905000	960000
60	0,088	655000	760000	851000	946000	1010000	1081000	1147000
	0,094	774000	898000	1006000	1103000	1193000	1278000	1315000
	0,100	924000	989000	1175000	1288000	1395000	1492000	1576000
	0,106	1050000	1216000	1360000	1492000	1612000	1732000	1828000
	0,113	1171000	1351000	1519000	1663000	1807000	1927000	2047000
	0,119	1398000	1614000	1818000	1986000	2154000	2298000	2442000
	0,131	1778000	2066000	2318000	2534000	2738000	2942000	3122000
	0,143	2220000	2580000	2892000	3168000	3432000	3660000	3888000
	0,156	2768000	3212000	3596000	3944000	4256000	4556000	4832000
	0,169	3380000	3908000	4376000	4796000	5192000	5552000	5888000
	0,192	4655000	5387000	6035000	6623000	7151000	7655000	8123000
	0,216	6250000	7222000	8098000	8866000	9598000	10260000	10890000
	0,011	3340	4000	4580	5110	5590	6050	6480
	0,014	6650	7860	8930	9910	10800	11600	12400
	0,020	17500	20500	23200	25400	27600	29600	31600
	0,025	31300	36600	41200	45200	49100	52600	55800
	0,034	69600	80800	90600	101000	108000	115000	121000
	0,039	98800	114000	127000	140000	151000	162000	172000
	0,043	126000	145000	163000	180000	194000	209000	221000
	0,049	160000	185000	208000	228000	246000	263000	280000
	0,057	257000	298000	334000	366000	396000	424000	450000
	0,064	337000	391000	439000	482000	523000	559000	594000
	0,070	424000	492000	552000	606000	655000	702000	745000
	0,076	523000	606000	679000	746000	808000	864000	917000
80	0,082	635000	736000	824000	905000	978000	1046000	1111000
	0,088	760000	880000	986000	1081000	1169000	1255000	1327000
	0,094	898000	1039000	1164000	1278000	1386000	1470000	1566000
	0,100	1049000	1216000	1360000	1492000	1612000	1720000	1828000
	0,106	1216000	1408000	1576000	1720000	1864000	1996000	2116000
	0,113	1363000	1567000	1759000	1927000	2095000	2239000	2371000
	0,119	1614000	1878000	2106000	2298000	2490000	2658000	2826000
	0,131	2066000	2390000	2678000	2930000	3170000	3398000	3602000
	0,143	2580000	2988000	3348000	3540000	3960000	4236000	4500000
	0,156	3212000	3716000	4160000	4556000	4928000	5264000	5600000
	0,169	3908000	4532000	5060000	5552000	5996000	6428000	6812000
	0,192	5387000	6239000	6983000	7655000	8267000	8855000	9395000
	0,216	7222000	8362000	9358000	10260000	11100000	11870000	12600000

Anmerkung. Ist die stündlich zu fördernde Dampfmenge in Kilogramm gegeben, so ist diese zur Umrechnung des Dampfes zu

absoluten Anfangs- und Enddrucks des Dampfes in der zu bestimmenden leitung in kg/qm von:							Durch-messer des Rohres in m	Druckabfall auf das laufende Meter in kg/qm
95000	105000	115000	125000	135000	145000	155000		
5830	6160	6470	6780	7070	7360	7620	0,011	
11200	11800	12400	14000	13400	13900	15500	0,014	
28700	30100	31600	32900	34200	35500	36700	0,020	
50800	53400	55800	58200	60500	62600	64800	0,025	
111000	117000	121000	126000	132000	136000	140000	0,034	
157000	165000	172000	179000	187000	193000	199000	0,039	
202000	211000	221000	229000	239000	247000	256000	0,043	
254000	268000	280000	292000	301000	316000	323000	0,049	
410000	431000	450000	468000	486000	503000	520000	0,057	
541000	568000	594000	619000	642000	666000	688000	0,064	
679000	713000	745000	776000	806000	835000	863000	0,070	
835000	877000	917000	955000	992000	1027000	1062000	0,076	**60**
1013000	1063000	1111000	1157000	1195000	1244000	1280000	0,082	
1207000	1267000	1327000	1387000	1435000	1483000	1531000	0,088	
1422000	1506000	1566000	1626000	1698000	1746000	1818000	0,094	
1672000	1744000	1828000	1900000	1984000	2044000	2116000	0,100	
1936000	2032000	2116000	2212000	2296000	2368000	2452000	0,106	
2167000	2275000	2371000	2467000	2563000	2659000	2743000	0,113	
2572000	2706000	2826000	2946000	3054000	3174000	3270000	0,119	
3290000	3446000	3602000	3746000	3902000	3986000	4166000	0,131	
4164000	4296000	4500000	4680000	4860000	5028000	5196000	0,143	
5096000	5348000	5600000	5816000	6044000	6260000	6464000	0,156	
6212000	6524000	6812000	7100000	7364000	7628000	7880000	0,169	
8567000	8987000	9395000	9779000	10150000	10510000	10860000	0,192	
11480000	12000000	12600000	13080000	13560000	14040000	14520000	0,216	
6880	7260	7540	7970	8320	8640	8950	0,011	
13100	13800	14500	15100	15700	16300	16900	0,014	
33400	35000	36700	38300	38400	41300	42600	0,020	
58900	61900	64800	67200	70200	72700	75100	0,025	
127000	134000	140000	146000	151000	157000	163000	0,034	
181000	191000	199000	208000	216000	223000	230000	0,039	
233000	245000	256000	266000	276000	286000	295000	0,043	
294000	310000	324000	337000	349000	361000	373000	0,049	
474000	498000	521000	541000	562000	582000	601000	0,057	
626000	658000	688000	716000	744000	770000	797000	0,064	
786000	824000	863000	898000	932000	966000	998000	0,070	
967000	1016000	1062000	1106000	1148000	1184000	1222000	0,076	**80**
1172000	1232000	1280000	1340000	1388000	1436000	1488000	0,082	
1399000	1471000	1531000	1603000	1651000	1711000	1771000	0,088	
1650000	1734000	1818000	1890000	1962000	2034000	2106000	0,094	
1936000	2032000	2116000	2200000	2296000	2368000	2452000	0,100	
2236000	2344000	2452000	2560000	2644000	2752000	2836000	0,106	
2503000	2635000	2743000	2863000	2971000	3067000	3175000	0,113	
2982000	3126000	3270000	3414000	3534000	3666000	3786000	0,119	
3806000	3986000	4286000	4334000	4502000	4670000	4814000	0,131	
4740000	4980000	5196000	5400000	5616000	5808000	6000000	0,143	
5888000	6188000	6464000	6728000	6980000	7232000	7508000	0,156	
7184000	7544000	7880000	8204000	8516000	8816000	9104000	0,169	
9899000	10390000	10860000	11300000	11720000	12040000	12520000	0,192	
13200000	13920000	14520000	15120000	15720000	16320000	16800000	0,216	

in die ihr entsprechende Wärmemenge mit der mittleren latenten Wärme des absoluten Anfangs- und Enddrucks multiplizieren.

Druckabfall auf das laufende Meter in kg/qm	Durchmesser des Rohres in m	Mögliche stündlich zu fördernde Wärmemenge in WE bei einer Summe des Teilstrecke der Rohr-						
		25000	35000	45000	55000	65000	75000	85000
100	0,011	3820	4560	5210	5800	6350	6850	7320
	0,014	7570	8930	10100	10800	12100	13100	14000
	0,020	19800	23200	26000	28700	31100	33400	35500
	0,025	35400	41200	46200	50900	55100	58900	62800
	0,034	78100	90500	102000	111000	120000	128000	136000
	0,039	111000	127000	143000	157000	169000	181000	193000
	0,043	142000	163000	184000	202000	218000	233000	247000
	0,049	179000	208000	231000	254000	276000	294000	313000
	0,057	288000	334000	373000	410000	443000	474000	504000
	0,064	378000	439000	492000	541000	584000	626000	666000
	0,070	476000	552000	619000	679000	734000	786000	835000
	0,076	587000	679000	762000	835000	904000	967000	1027000
	0,082	712000	836000	923000	1013000	1097000	1172000	1244000
	0,088	851000	985000	1103000	1207000	1304000	1399000	1483000
	0,094	1006000	1164000	1302000	1422000	1542000	1650000	1746000
	0,100	1175000	1360000	1516000	1672000	1804000	1924000	2044000
	0,106	1360000	1576000	1768000	1936000	2092000	2236000	2368000
	0,113	1519000	1759000	1975000	2167000	2347000	2503000	2659000
	0,119	1818000	2106000	2358000	2574000	2790000	2982000	3174000
	0,131	2318000	2678000	2990000	3290000	3564000	3806000	4034000
	0,143	2892000	3348000	3744000	4092000	4428000	4740000	5028000
	0,156	3596000	4160000	4652000	5096000	5504000	5888000	6260000
	0,169	4376000	5060000	5672000	6212000	7616000	7174000	3628000
	0,192	6035000	6983000	7823000	8567000	9251000	9911000	10520000
	0,216	8098000	9358000	10470000	11480000	12360000	13200000	14040000
125	0,011	4610	5420	5160	6830	7430	7990	8530
	0,014	8720	10400	11600	12800	13900	15000	16100
	0,020	22700	26400	29600	32600	35300	37800	40200
	0,025	40200	46700	52400	57500	62300	66700	71000
	0,034	88100	102000	114000	125000	136000	145000	154000
	0,039	125000	144000	161000	176000	192000	204000	217000
	0,043	158000	184000	205000	226000	244000	260000	277000
	0,049	175000	206000	235000	259000	283000	305000	324000
	0,057	312000	362000	408000	449000	486000	521000	553000
	0,064	421000	488000	550000	602000	653000	698000	743000
	0,070	529000	620000	688000	756000	818000	876000	930000
	0,076	653000	757000	848000	931000	1008000	1079000	1146000
	0,082	793000	918000	1030000	1130000	1214000	1298000	1382000
	0,088	948000	1098000	1225000	1345000	1453000	1562000	1657000
	0,094	1120000	1296000	1452000	1596000	1716000	1848000	1956000
	0,100	1306000	1510000	1702000	1858000	2014000	2158000	2290000
	0,106	1520000	1760000	1976000	2156000	2324000	2482000	2648000
	0,113	1685000	1961000	2189000	2405000	2609000	2789000	2956000
	0,119	2018000	2330000	2618000	2870000	3110000	3338000	3530000
	0,131	2578000	2974000	3334000	3658000	3958000	4234000	4498000
	0,143	3221000	3725000	4169000	4565000	4937000	5285000	5609000
	0,156	3997000	4633000	5197000	5689000	6145000	6577000	6985000
	0,169	4883000	5651000	6323000	6935000	7499000	8027000	8507000
	0,192	6743000	7799000	8723000	9563000	10340000	11060000	11740000
	0,216	9030000	10450000	11690000	12820000	13900000	14740000	15700000

Anmerkung. Ist die stündlich zu fördernde Dampfmenge in Kilogramm gegeben, so ist diese zur Umrechnung des Dampfes zu

absoluten Anfangs- und Enddrucks des Dampfes in der zu bestimmenden leitung in kg/qm von:							Durchmesser des Rohres. in m	Druckabfall auf das laufende Meter in kg/qm
95000	105000	115000	125000	135000	145000	155000		
7780	8200	8600	9000	9370	9730	10100	0,011	
14800	15500	16300	17000	17800	18400	19100	0,014	
37400	39400	41300	43000	44600	46200	47900	0,020	
66200	69500	72700	75800	78700	81600	84200	0,025	
143000	150000	157000	163000	170000	176000	182000	0,034	
203000	212000	223000	233000	241000	250000	258000	0,039	
260000	274000	287000	298000	310000	320000	321000	0,043	
330000	347000	361000	377000	391000	404000	419000	0,049	
532000	557000	582000	606000	630000	650000	672000	0,057	
702000	737000	770000	803000	833000	863000	892000	0,064	
881000	924000	966000	1006000	1054000	1082000	1118000	0,070	
1084000	1138000	1184000	1234000	1282000	1330000	1378000	0,076	
1304000	1376000	1436000	1496000	1556000	1616000	1664000	0,082	**100**
1567000	1651000	1711000	1783000	1855000	1927000	1987000	0,088	
1854000	1938000	2034000	2118000	2203000	2275000	2347000	0,094	
2174000	2272000	2368000	2476000	2560000	2656000	2860000	0,100	
2512000	2632000	2752000	2860000	2968000	3064000	3172000	0,106	
2803000	2935000	3067000	3199000	3331000	3439000	3559000	0,113	
3342000	3498000	3666000	3810000	3966000	4098000	4230000	0,119	
4250000	4466000	4670000	4862000	5066000	5222000	5390000	0,131	
5304000	5556000	5808000	6048000	6288000	6504000	6720000	0,143	
6608000	6920000	7232000	7520000	7808000	8096000	8348000	0,156	
8048000	8444000	8816000	9176000	9524000	9860000	10200000	0,169	
11090000	11630000	12040000	12640000	13120000	13600000	13960000	0,192	
14760000	15480000	16200000	16920000	17640000	18240000	18840000	0,216	
9020	9500	9960	10400	10800	11200	11600	0,011	
16900	17800	18600	19400	20300	21000	21600	0,014	
42500	44600	46600	48600	50500	52300	55100	0,020	
74800	78500	82100	85400	88700	91900	94900	0,025	
162000	169000	178000	186000	192000	199000	206000	0,034	
229000	241000	251000	262000	272000	282000	290000	0,039	
292000	306000	320000	335000	347000	359000	371000	0,043	
344000	362000	379000	396000	413000	427000	443000	0,049	
583000	613000	640000	667000	692000	718000	742000	0,057	
784000	822000	860000	896000	930000	962000	995000	0,064	
982000	1031000	1078000	1122000	1165000	1206000	1254000	0,070	
1204000	1264000	1324000	1384000	1432000	1480000	1528000	0,076	
1466000	1526000	1610000	1670000	1730000	1802000	1850000	0,082	**125**
1741000	1837000	1921000	1993000	2065000	2149000	2221000	0,088	
2064000	2172000	2268000	2352000	2448000	2532000	2616000	0,094	
2410000	2530000	2638000	2758000	2854000	2962000	3058000	0,100	
2792000	2924000	3056000	3200000	3308000	3428000	3536000	0,106	
3125000	3281000	3425000	3581000	3701000	3832000	3965000	0,011	
3722000	3902000	4082000	4250000	4418000	4574000	4718000	0,119	
4738000	4978000	5206000	5422000	5626000	5818000	6010000	0,131	
5909000	6209000	6485000	6749000	7013000	7253000	7481000	0,143	
7357000	7729000	8077000	8401000	8725000	9025000	9325000	0,156	
8975000	9419000	9839000	10250000	10640000	11020000	11390000	0,169	
12370000	12970000	13570000	14170000	14650000	15130000	15610000	0,192	
16540000	17380000	18100000	18940000	19660000	20380000	21100000	0,216	

in die ihr entsprechende Wärmemenge mit der mittleren latenten Wärme des absoluten Anfangs- und Enddrucks multiplizieren.

Druckabfall auf das laufende Meter in kg/qm	Durchmesser des Rohres in m	Mögliche stündlich zu fördernde Wärmemenge in WE bei einer Summe des Teilstrecke der Rohr-						
		25000	35000	45000	55000	65000	75000	85000
150	0,011	5110	6020	6830	7550	8220	8830	9420
	0,014	9780	11400	13000	14300	15500	16600	17600
	0,020	25000	29000	32600	35900	38900	41600	44300
	0,025	44300	51400	57500	63200	68400	73200	77800
	0,034	96700	112000	125000	137000	149000	160000	168000
	0,039	137000	158000	176000	194000	210000	226000	238000
	0,043	174000	202000	226000	247000	268000	287000	304000
	0,049	220000	254000	284000	312000	338000	361000	384000
	0,057	343000	400000	449000	493000	534000	571000	607000
	0,064	462000	536000	602000.	661000	715000	766000	814000
	0,070	581000	674000	756000	830000	898000	961000	1021000
	0,076	716000	830000	931000	1022000	1106000	1180000	1252000
	0,082	870000	1008000	1130000	1238000	1334000	1430000	1514000
	0,088	1042000	1201000	1357000	1477000	1597000	1705000	1813000
	0,094	1224000	1416000	1596000	1740000	1884000	2028000	2148000
	0,100	1438000	1666000	1858000	2038000	2206000	2362000	2506000
	0,106	1664000	1928000	2156000	2360000	2564000	2744000	2900000
	0,113	1865000	2153000	2405000	2645000	2861000	3053000	3245000
	0,119	2210000	2570000	2870000	3158000	3410000	3650000	3878000
	0,131	2830000	3274000	3658000	4018000	4354000	4654000	4930000
	0,143	3533000	4073000	4565000	5009000	5417000	5789000	6149000
	0,156	4393000	5067000	5689000	6241000	6745000	7333000	7657000
	0,169	5351000	6191000	6935000	7607000	8219000	8795000	9335000
	0,192	7379000	8543000	9563000	10490000	11330000	12130000	12850000
	0,216	9906000	11350000	12820000	14020000	15220000	16060000	17140000
175	0,011	5590	6560	7430	8220	8930	9600	10200
	0,014	10600	12400	13900	15500	16800	18000	19200
	0,020	27100	31400	35300	38900	40200	45000	47800
	0,025	47900	55600	62300	67300	74000	79200	84100
	0,034	105000	120000	136000	149000	161000	172000	182000
	0,039	148000	170000	192000	210000	227000	242000	258000
	0,043	187000	218000	244000	268000	289000	310000	329000
	0,049	237000	276000	308000	338000	366000	391000	415000
	0,057	372000	432000	486000	534000	577000	619000	656000
	0,064	502000	581000	653000	716000	775000	829000	881000
	0,070	630000	730000	818000	898000	971000	1040000	1104000
	0,076	776000	899000	1008000	1106000	1192000	1276000	1360000
	0,082	942000	1091000	1214000	1334000	1454000	1550000	1646000
	0,088	1127000	1297000	1453000	1597000	1729000	1849000	1969000
	0,094	1332000	1536000	1728000	1896000	2040000	2196000	2328000
	0,100	1546000	1798000	2014000	2206000	2386000	2554000	2724000
	0,106	1796000	2084000	2324000	2564000	2768000	2960000	3140000
	0,113	2009000	2333000	2609000	2861000	3089000	3317000	3509000
	0,119	2400000	2774000	3110000	3410000	3686000	3950000	4190000
	0,131	3058000	3538000	3958000	4354000	4702000	5026000	5338000
	0,143	3809000	4409000	4937000	5417000	5692000	6269000	6641000
	0,156	4753000	5497000	6145000	6745000	7285000	7789000	8269000
	0,169	5783000	6695000	7499000	8219000	8891000	9503000	10090000
	0,192	7979000	9227000	10340000	11330000	12130000	13090000	13930000
	0,216	10710000	11100000	12340000	13900000	16420000	17500000	18580000

Anmerkung. Ist die stündlich zu fördernde Dampfmenge in Kilogramm gegeben, so ist diese zur Umrechnung des Dampfes zu

absoluten Anfangs- und Enddrucks des Dampfes in der zu bestimmenden leitung in kg/qm von:							Durch-messer des Rohres in m	Druckabfall auf das laufende Meter in kg/qm
95000	105000	115000	125000	135000	145000	155000		
9970	10490	10990	11470	11950	12360	12600	0,011	
18600	19600	20500	21400	22200	23000	23800	0,014	
46600	49000	51200	53300	55400	57400	59300	0,020	
82100	86200	90000	93700	97300	100800	104200	0,025	
178000	186000	194000	203000	211000	218000	238000	0,034	
251000	264000	275000	287000	298000	308000	319000	0,039	
322000	336000	352000	366000	380000	394000	407000	0,043	
404000	425000	444000	462000	480000	497000	514000	0,049	
640000	672000	703000	732000	761000	788000	815000	0,057	
859000	901000	942000	982000	1019000	1055000	1091000	0,064	
1078000	1130000	1181000	1230000	1278000	1326000	1362000	0,070	
1324000	1384000	1456000	1516000	1576000	1624000	1684000	0,076	
1610000	1682000	1766000	1826000	1898000	1970000	2030000	0,082	**150**
1921000	2005000	2101000	2197000	2269000	2353000	2425000	0,088	
2268000	2376000	2484000	2592000	2688000	2784000	2880000	0,094	
2638000	2770000	2902000	3022000	3142000	3250000	3358000	0,100	
3068000	3224000	3356000	3500000	3632000	3764000	3884000	0,106	
3425000	3593000	3761000	3917000	4073000	4205000	4349000	0,113	
4082000	4286000	4478000	4670000	4838000	5006000	5174000	0,119	
5206000	5458000	5710000	5938000	6166000	6382000	6598000	0,131	
6485000	6797000	7109000	7409000	7689000	7949000	8213000	0,143	
8077000	8461000	8845000	9205000	9553000	9901000	10220000	0,156	
9839000	10330000	10800000	11230000	11660000	12020000	12380000	0,169	
13570000	14170000	14770000	15370000	16090000	16570000	17170000	0,192	
18100000	19060000	20020000	20740000	21580000	22300000	23020000	0,216	
10800	11400	12000	12500	13000	13400	13900	0,011	
20300	21200	22200	23200	24100	25000	25800	0,014	
50500	53000	55400	57700	58700	62200	64100	0,020	
88700	93100	97300	101000	105000	109000	113000	0,025	
192000	202000	211000	220000	228000	236000	244000	0,034	
272000	284000	298000	310000	323000	334000	344000	0,039	
347000	364000	380000	396000	410000	425000	439000	0,043	
438000	460000	480000	499000	518000	544000	554000	0,049	
692000	727000	761000	792000	823000	852000	881000	0,057	
930000	976000	1020000	1062000	1103000	1142000	1180000	0,064	
1165000	1230000	1278000	1326000	1386000	1434000	1470000	0,070	
1432000	1504000	1576000	1636000	1696000	1756000	1816000	0,076	
1730000	1814000	1898000	1982000	2054000	2126000	2198000	0,082	**175**
2065000	2173000	2281000	2365000	2461000	2545000	2629000	0,088	
2448000	2568000	2688000	2796000	2904000	3000000	3108000	0,094	
2854000	2998000	3130000	3262000	3394000	3502000	3610000	0,100	
3308000	3476000	3632000	3776000	3920000	4064000	4196000	0,106	
3701000	3893000	4073000	4229000	4399000	4553000	4699000	0,113	
4418000	4634000	4838000	5042000	5234000	5414000	5606000	0,119	
5626000	5902000	6166000	6418000	6670000	6898000	7126000	0,131	
7013000	7361000	7673000	7997000	8309000	8597000	8873000	0,143	
8125000	9157000	9553000	9949000	10330000	10690000	11040000	0,156	
10640000	11160000	11660000	12020000	12620000	12980000	13460000	0,169	
14650000	15370000	16090000	16690000	17290000	17890000	18490000	0,192	
19660000	20620000	21580000	22420000	23260000	24100000	24940000	0,216	

in die ihr entsprechende Wärmemenge mit der mittleren latenten Wärme des absoluten Anfangs- und Enddrucks multiplizieren.

Druckabfall auf das laufende Meter in kg/qm	Durchmesser des Rohres in m	Mögliche stündlich zu fördernde Wärmemenge in WE bei einer Summe des Teilstrecke der Rohr-						
		25000	35000	45000	55000	65000	75000	85000
200	0,011	6020	7070	7990	8830	9600	10300	11000
	0,014	11400	13300	15000	16600	18000	19300	20500
	0,020	29000	33700	37800	41600	45000	48200	51200
	0,025	51100	55900	66700	73200	79200	84700	90000
	0,034	112000	130000	145000	160000	172000	184000	196000
	0,039	158000	184000	205000	224000	242000	260000	276000
	0,043	202000	233000	260000	287000	310000	331000	352000
	0,049	254000	294000	330000	361000	391000	419000	444000
	0,057	400000	463000	520000	571000	618000	662000	703000
	0,064	538000	623000	698000	767000	829000	888000	943000
	0,070	674000	781000	876000	961000	1040000	1114000	1181000
	0,076	830000	962000	1079000	1180000	1276000	1372000	1456000
	0,082	1008000	1168000	1298000	1430000	1550000	1658000	1766000
	0,088	1201000	1393000	1561000	1705000	1849000	1981000	2101000
	0,094	1416000	1644000	1848000	2028000	2196000	2340000	2484000
	0,100	1666000	1930000	2158000	2362000	2554000	2734000	2902000
	0,106	1928000	2228000	2504000	2747000	2960000	3164000	3356000
	0,113	2153000	2489000	2789000	3053000	3317000	3545000	3761000
	0,119	2570000	2966000	3326000	3650000	3950000	4214000	4478000
	0,131	3274000	3790000	4234000	4654000	5026000	5374000	5710000
	0,143	4085000	4721000	5285000	5789000	6269000	6701000	7109000
	0,156	5077000	5881000	6577000	7213000	7789000	8329000	8845000
	0,169	1691000	7163000	8027000	8795000	9503000	10180000	10800000
	0,192	8543000	9887000	11060000	12130000	13090000	13930000	14770000
	0,216	11450000	13180000	14860000	16300000	17500000	18820000	20020000
250	0,011	6830	7990	9020	9970	10800	11600	12500
	0,014	12800	15000	16900	18600	20300	21700	23000
	0,020	32600	37800	42500	46700	50500	54000	57400
	0,025	57500	66700	74800	82100	88700	94900	101000
	0,034	125000	145000	162000	178000	192000	205000	218000
	0,039	178000	205000	229000	252000	272000	290000	308000
	0,043	226000	260000	292000	320000	347000	371000	394000
	0,049	284000	330000	370000	404000	438000	468000	497000
	0,057	449000	521000	583000	640000	692000	742000	788000
	0,064	602000	698000	784000	859000	930000	996000	1056000
	0,070	756000	876000	982000	1078000	1165000	1242000	1326000
	0,076	931000	1079000	1204000	1324000	1432000	1528000	1624000
	0,082	1130000	1310000	1466000	1610000	1730000	1850000	1970000
	0,088	1358000	1561000	1741000	1921000	2077000	2221000	2353000
	0,094	1596000	1848000	2064000	2268000	2448000	2616000	2772000
	0,100	1858000	2158000	2410000	2650000	2854000	3058000	3250000
	0,106	2276000	2504000	2804000	3068000	3308000	3548000	3764000
	0,113	2405000	2789000	3125000	3425000	3701000	3965000	4205000
	0,119	2870000	3326000	3722000	4082000	4418000	4730000	5018000
	0,131	3658000	4234000	4738000	5206000	5626000	5610000	6382000
	0,143	4577000	5285000	5909000	6485000	7013000	7505000	7949000
	0,156	5689000	6577000	7369000	8077000	8725000	9325000	9901000
	0,169	6935000	8027000	8975000	9835000	10640000	11380000	12020000
	0,192	9563000	11060000	12370000	13570000	14650000	15730000	16570000
	0,216	12820000	14860000	16540000	18220000	19960000	21100000	22300000

Anmerkung. Ist die stündlich zu fördernde Dampfmenge in Kilogramm gegeben, so ist diese zur Umrechnung des Dampfes zu

absoluten Anfangs- und Enddrucks des Dampfes in der zu bestimmenden leitung in kg/qm von:							Durchmesser des Rohres in m	Druckabfall auf das laufende Meter in kg/qm
95000	105000	115000	125000	135000	145000	155000		
11600	12200	12800	13400	13900	14500	15000	0,011	
21600	22800	23900	24800	25800	26800	27700	0,014	
55100	56800	59300	61800	64100	66500	68600	0,020	
94900	99600	104000	108000	113000	117000	121000	0,025	
205000	216000	226000	235000	244000	253000	272000	0,034	
290000	305000	319000	332000	344000	356000	368000	0,039	
371000	389000	407000	422000	439000	455000	469000	0,043	
468000	492000	514000	534000	554000	574000	593000	0,049	
742000	779000	815000	848000	881000	912000	942000	0,057	
996000	1044000	1092000	1136000	1180000	1219000	1255000	0,064	
1242000	1302000	1362000	1422000	1482000	1530000	1578000	0,070	
1528000	1612000	1684000	1744000	1816000	1888000	1948000	0,076	
1862000	1958000	2042000	2114000	2198000	2282000	2354000	0,082	200
2221000	2329000	2425000	2533000	2629000	2725000	2809000	0,088	
2616000	2748000	2880000	2988000	3108000	3216000	3324000	0,094	
3058000	3214000	3358000	3502000	3622000	3754000	3874000	0,100	
3548000	3716000	3884000	4052000	4208000	4340000	4484000	0,106	
3845000	4061000	4241000	4529000	4617000	4865000	5021000	0,113	
4730000	4958000	5174000	5390000	5606000	5798000	5990000	0,119	
6010000	6310000	6598000	6862000	7126000	7378000	7618000	0,131	
7505000	7865000	8213000	8549000	8885000	9197000	9497000	0,143	
9325000	9781000	10230000	10650000	11040000	11440000	11810000	0,156	
11390000	11920000	12380000	12980000	13460000	13940000	14540000	0,169	
50610000	16450000	17170000	17890000	18490000	19210000	19810000	0,192	
21100000	22060000	23020000	23980000	24940000	25780000	26620000	0,216	
13100	13800	14500	15100	15700	16300	16800	0,011	
23800	25600	26800	27800	29000	30000	31100	0,014	
60500	63600	66500	69200	71900	74400	76900	0,020	
106000	112000	117000	121000	125000	130000	134000	0,025	
230000	241000	253000	263000	272000	282000	292000	0,034	
325000	342000	356000	372000	385000	400000	413000	0,039	
415000	436000	455000	474000	492000	509000	526000	0,043	
524000	550000	574000	598000	620000	642000	664000	0,049	
832000	872000	912000	949000	986000	1021000	1056000	0,057	
1115000	1170000	1219000	1279000	1327000	1363000	1411000	0,064	
1398000	1470000	1530000	1602000	1650000	1710000	1770000	0,070	
1708000	1804000	1888000	1960000	2032000	2104000	2176000	0,076	
2078000	2186000	2282000	2378000	2462000	2558000	2642000	0,082	250
2485000	2605000	2725000	2833000	2941000	3049000	3145000	0,088	
2928000	3072000	3216000	3348000	3480000	3600000	3720000	0,094	
3430000	3598000	3754000	3910000	4054000	4210000	4342000	0,100	
3968000	4160000	4340000	4532000	4700000	4868000	5036000	0,106	
4445000	4661000	4865000	5069000	5261000	5453000	5633000	0,113	
5282000	5546000	5798000	6038000	6266000	6482000	6698000	0,119	
6730000	7066000	7378000	7678000	7978000	8254000	8530000	0,131	
8393000	8801000	9197000	9569000	9941000	10290000	10630000	0,143	
10440000	10950000	11440000	11910000	12300000	12780000	13260000	0,156	
12740000	13340000	13940000	14540000	15020000	15620000	16100000	0,169	
17530000	18370000	19210000	20050000	20770000	21490000	22210000	0,192	
23500000	24700000	25780000	26360000	27940000	28900000	29740000	0,216	

in die ihr entsprechende Wärmemenge mit der mittleren latenten Wärme des absoluten Anfangs- und Enddrucks multiplizieren.

Druckabfall auf das laufende Meter in kg/qm	Durchmesser des Rohres in m	Mögliche stündlich zu fördernde Wärmemenge in WE bei einer Summe des Teilstrecke der Rohr-						
		25000	35000	45000	55000	65000	75000	85000
300	0,011	7550	8830	9400	11000	12000	12800	13700
	0,014	14300	16600	18600	20500	22200	23900	25300
	0,020	35900	41600	46600	51200	55400	59300	63000
	0,025	63200	73200	81000	90000	97300	104000	110000
	0,034	137000	160000	178000	196000	211000	226000	239000
	0,039	194000	224000	251000	276000	298000	319000	338000
	0,043	247000	287000	320000	352000	380000	407000	432000
	0,049	313000	361000	404000	444000	480000	514000	545000
	0,057	493000	571000	640000	703000	761000	815000	865000
	0,064	626000	767000	859000	943000	1020000	1092000	1159000
	0,070	847000	980000	1099000	1206000	1302000	1386000	1482000
	0,076	1022000	1180000	1324000	1456000	1576000	1684000	1780000
	0,082	1238000	1430000	1610000	1766000	1898000	2042000	2162000
	0,088	1477000	1705000	1921000	2101000	2281000	2425000	2581000
	0,094	1752000	2028000	2268000	2484000	2688000	2880000	3048000
	0,100	2050000	2362000	2650000	2902000	3142000	3358000	3562000
	0,106	2360000	2744000	3068000	3356000	3632000	3884000	4124000
	0,113	2645000	3065000	3425000	3761000	4061000	4349000	4613000
	0,119	3158000	3650000	4082000	4478000	4838000	5174000	5498000
	0,131	4018000	4654000	5206000	5710000	6166000	6598000	6994000
	0,143	5009000	5789000	6485000	7109000	7685000	8213000	8716000
	0,156	6241000	7213000	8077000	8845000	9565000	10220000	10850000
	0,169	7607000	8795000	9839000	10790000	11660000	12380000	13220000
	0,192	10490000	12130000	13570000	14890000	16090000	17170000	18250000
	0,216	14020000	16300000	18220000	20020000	21580000	23020000	24460000
350	0,011	8210	9600	10800	12000	13000	13900	15000
	0,014	15500	18000	20300	22200	24100	25800	27500
	0,020	38900	45000	51600	56500	61000	65400	68200
	0,025	68400	79200	88700	97300	105000	113000	120000
	0,034	147000	172000	192000	211000	232000	244000	259000
	0,039	210000	242000	272000	298000	323000	344000	366000
	0,043	278000	310000	347000	380000	410000	440000	467000
	0,049	338000	391000	438000	480000	518000	554000	588000
	0,057	534000	618000	692000	761000	823000	881000	935000
	0,064	716000	829000	930000	1020000	1104000	1181000	1255000
	0,070	898000	1039000	1164000	1278000	1386000	1482000	1566000
	0,076	1106000	1276000	1432000	1576000	1780000	1816000	1936000
	0,082	1346000	1550000	1730000	1898000	2066000	2198000	2342000
	0,088	1597000	1849000	2077000	2281000	2461000	2629000	2797000
	0,094	1896000	2196000	2484000	2688000	2904000	3108000	3300000
	0,100	2206000	2554000	2854000	3142000	3394000	3622000	3850000
	0,106	2564000	2960000	3308000	3632000	3920000	4196000	4460000
	0,113	2861000	3317000	3701000	4073000	4397000	4697000	4985000
	0,119	3410000	3938000	4418000	4838000	5234000	5594000	5930000
	0,131	4342000	5026000	5626000	6166000	6670000	7126000	7558000
	0,143	5417000	6269000	7013000	7685000	8309000	8885000	9425000
	0,156	6745000	7789000	8725000	9553000	10330000	11050000	11730000
	0,169	8219000	9503000	10640000	11660000	12620000	13460000	14300000
	0,192	11330000	13090000	14650000	16090000	17410000	18610000	19690000
	0,216	15220000	17620000	19660000	21580000	23260000	24940000	26500000

Anmerkung. Ist die stündlich zu fördernde Dampfmenge in Kilogramm gegeben, so ist diese zur Umrechnung des Dampfes zu

absoluten Anfangs- und Enddrucks des Dampfes in der zu bestimmenden leitung in kg/qm von:							Durchmesser des Rohres in m	Druckabfall auf das laufende Meter in kg/qm
95000	105000	115000	125000	135000	145000	155000		
14500	15200	16000	16600	17300	17900	18500	0,011	
26800	28100	29400	30700	31800	33000	34100	0,014	
66500	69700	73000	76000	78800	81600	84400	0,020	
117000	121000	127000	132000	137000	142000	146000	0,025	
253000	265000	277000	288000	299000	310000	320000	0,034	
356000	374000	391000	407000	422000	438000	452000	0,039	
455000	478000	499000	518000	539000	558000	576000	0,043	
574000	602000	630000	655000	680000	703000	727000	0,049	**300**
912000	958000	1001000	1043000	1070000	1121000	1158000	0,057	
1219000	1279000	1339000	1387000	1447000	1507000	1554000	0,064	
1566000	1638000	1710000	1782000	1854000	1926000	1986000	0,070	
1888000	1984000	2068000	2152000	2236000	2308000	2392000	0,076	
2282000	2390000	2498000	2594000	2702000	2798000	2894000	0,082	
2605000	2837000	2989000	3109000	3229000	3337000	3457000	0,088	
3216000	3372000	3528000	3672000	3804000	3948000	4080000	0,094	
3754000	3946000	4114000	4306000	4450000	4606000	4750000	0,100	
4340000	4568000	4760000	4964000	5140000	5336000	5504000	0,106	
4865000	5105000	5333000	5561000	5765000	5969000	6161000	0,113	
5798000	6086000	6350000	6614000	6866000	7106000	7346000	0,119	
7378000	7738000	8086000	8422000	8734000	9046000	9346000	0,131	
9197000	9641000	10070000	10650000	10890000	11300000	11650000	0,143	
11440000	11940000	12540000	13020000	13500000	13980000	14460000	0,156	
13940000	14660000	15260000	15860000	16460000	17060000	17660000	0,169	
19210000	20170000	21130000	21970000	22690000	23530000	24250000	0,192	
25780000	27100000	28300000	29380000	30580000	31660000	32620000	0,216	
15700	16400	17300	18000	18700	19300	19900	0,011	
29000	30500	31800	33200	34400	35800	37000	0,114	
71900	75500	78800	82100	85200	88300	91300	0,020	
125000	131000	138000	143000	149000	154000	160000	0,025	
272000	286000	229000	311000	324000	335000	346000	0,034	
385000	404000	422000	439000	457000	473000	488000	0,039	
492000	516000	539000	562000	582000	602000	623000	0,043	
620000	650000	680000	708000	734000	761000	786000	0,049	**350**
986000	1036000	1082000	1127000	1170000	1208000	1256000	0,057	
1315000	1375000	1445000	1505000	1565000	1625000	1673000	0,064	
1650000	1734000	1818000	1890000	1962000	2034000	2106000	0,070	
2032000	2140000	2236000	2332000	2416000	2500000	2584000	0,076	
2462000	2582000	2702000	2810000	2918000	3026000	3122000	0,082	
2941000	3085000	3229000	3361000	3481000	3613000	3733000	0,088	
3480000	3648000	3804000	3972000	4116000	4260000	4404000	0,094	
4054000	4258000	4450000	4630000	4810000	4978000	5146000	0,100	
4700000	4928000	5156000	5360000	5564000	5756000	5948000	0,106	
5261000	5513000	5765000	6005000	6233000	6449000	6665000	0,113	
6254000	6566000	6866000	7142000	7418000	7682000	7934000	0,119	
7978000	8362000	8734000	9094000	9442000	9778000	10100000	0,131	
9941000	10420000	10890000	11330000	11770000	12180000	12420000	0,143	
12420000	13020000	13500000	14100000	14580000	15180000	15660000	1,156	
15020000	15740000	16580000	17180000	17780000	18380000	19100000	0,169	
20770000	21730000	22810000	23650000	24610000	25450000	26290000	0,192	
27940000	29260000	30820000	31780000	32980000	34180000	35260000	0,216	

in die ihr entsprechende Wärmemenge mit der mittleren latenten Wärme des absoluten Anfangs- und Enddrucks multiplizieren.

Druckabfall auf das laufende Meter in kg/qm	Durchmesser des Rohres in m	Mögliche stündlich zu fördernde Wärmemenge in WE bei einer Summe des Teilstrecke der Rohr-						
		25000	35000	45000	55000	65000	75000	85000
400	0,011	8830	10300	11600	12800	13900	15000	16000
	0,014	16600	19300	22400	23900	25800	27700	29400
	0,020	41600	48200	54000	59300	64200	68800	73000
	0,025	73200	84800	94900	104000	113000	120000	127000
	0,034	158000	184000	205000	226000	244000	262000	277000
	0,039	224000	260000	290000	319000	344000	368000	391000
	0,043	287000	332000	372000	408000	440000	472000	500000
	0,049	361000	419000	455000	514000	554000	593000	630000
	0,057	571000	626000	742000	815000	881000	942000	1000000
	0,064	767000	889000	995000	1092000	1181000	1267000	1339000
	0,070	961000	994000	1254000	1362000	1482000	1578000	1686000
	0,076	1180000	1372000	1528000	1684000	1816000	1948000	2068000
	0,082	1430000	1658000	1850000	2042000	2198000	2354000	2498000
	0,088	1705000	1981000	2221000	2425000	2629000	2809000	2989000
	0,094	2028000	2340000	2616000	2880000	3108000	3324000	3528000
	0,100	2362000	2734000	3058000	3358000	3622000	3874000	4114000
	0,106	2744000	3164000	3548000	3884000	4196000	4496000	4760000
	0,113	3053000	3545000	3965000	4349000	4697000	5033000	5333000
	0,119	3650000	4226000	4730000	5174000	5606000	5990000	6350000
	0,131	4654000	5374000	6010000	6598000	7126000	7618000	8086000
	0,143	5789000	6701000	7505000	8225000	8885000	9497000	10070000
	0,156	7213000	8329000	9325000	10230000	11050000	11810000	12540000
	0,169	8794000	10170000	11390000	12380000	13460000	14420000	15260000
	0,192	12130000	14050000	15610000	17170000	18490000	19810000	21130000
	0,216	16300000	18820000	21100000	23020000	24940000	26620000	28300000
500	0,011	9960	11600	13100	14500	15700	16800	17900
	0,014	18700	21700	24400	26800	29000	31100	33000
	0,020	46700	54000	60600	66500	71900	76900	81700
	0,025	82100	94900	106000	117000	125000	134000	143000
	0,034	178000	205000	230000	253000	272000	292000	310000
	0,039	252000	290000	325000	356000	385000	413000	438000
	0,043	320000	371000	415000	455000	492000	526000	558000
	0,049	404000	468000	524000	575000	620000	664000	704000
	0,057	641000	742000	832000	912000	986000	1056000	1121000
	0,064	859000	995000	1115000	1219000	1327000	1411000	1507000
	0,070	1078000	1254000	1398000	1530000	1650000	1770000	1880000
	0,076	1324000	1528000	1720000	1888000	2032000	2176000	2308000
	0,082	1610000	1862000	2078000	2282000	2462000	2642000	2798000
	0,088	1921000	2221000	2485000	2725000	2941000	3145000	3337000
	0,094	2268000	2628000	2928000	3216000	3480000	3720000	3948000
	0,100	2650000	3058000	3430000	3754000	4054000	4342000	4606000
	0,106	3068000	3548000	3968000	4340000	4700000	5024000	5336000
	0,113	3425000	3965000	4445000	4865000	5261000	5633000	5969000
	0,119	4082000	4730000	5282000	5798000	6266000	6698000	7106000
	0,131	5206000	6010000	6730000	7378000	7978000	8530000	9046000
	0,143	6485000	7505000	8393000	9197000	9941000	10630000	11270000
	0,156	8077000	9325000	10440000	11440000	12420000	13260000	13980000
	0,169	9851000	10190000	12740000	13940000	15020000	16100000	17060000
	0,192	13570000	15730000	17530000	19210000	20770000	22210000	23530000
	0,216	18220000	21100000	23500000	25780000	27820000	29860000	31660000

Anmerkung. Ist die stündlich zu fördernde Dampfmenge in Kilogramm gegeben, so ist diese zur Umrechnung des Dampfes zu

absoluten Anfangs- und Enddrucks des Dampfes in der zu bestimmenden leitung in kg/qm von:							Durchmesser des Rohres in m	Druckabfall auf das laufende Meter in kg/qm
95000	105000	115000	125000	135000	145000	155000		
16800	17600	18500	19200	19900	20800	21500	0,011	
31100	32600	34100	35500	37000	38300	39600	0,014	
76900	80800	84400	89200	92400	95600	97700	0,020	
134000	142000	149000	155000	161000	166000	172000	0,025	
292000	306000	320000	334000	346000	358000	370000	0,034	
413000	433000	452000	470000	488000	506000	523000	0,039	
527000	553000	577000	601000	624000	647000	670000	0,043	
664000	697000	728000	757000	786000	814000	840000	0,049	
1056000	1108000	1156000	1208000	1256000	1292000	1340000	0,057	
1411000	1483000	1555000	1615000	1675000	1735000	1795000	0,064	
1770000	1854000	1938000	2022000	2106000	2178000	2250000	0,070	
2176000	2284000	2392000	2488000	2534000	2656000	2764000	0,076	400
2642000	2762000	2894000	3002000	3122000	3230000	3338000	0,082	
3145000	3301000	3457000	3601000	3733000	3865000	3985000	0,088	
3720000	3900000	4080000	4236000	4404000	4560000	4704000	0,094	
4342000	4558000	4762000	4954000	5146000	5326000	5494000	0,100	
5024000	5276000	5304000	5732000	5948000	6152000	6368000	0,106	
5369000	5897000	6161000	6425000	6665000	6905000	7133000	0,113	
6698000	7034000	7346000	7646000	7934000	8222000	8486000	0,119	
8530000	8950000	9346000	9730000	10100000	10460000	10800000	0,131	
10630000	11150000	11650000	12060000	12540000	13010000	13370000	0,143	
13260000	13860000	14460000	15060000	15660000	16260000	1674000	0,156	
16100000	16940000	17660000	18380000	19100000	19700000	20420000	0,169	
22210000	23290000	24370000	25330000	26290000	27130000	28090000	0,192	
29740000	31300000	32620000	33940000	35500000	36580000	37780000	0,216	
18800	19800	20800	21600	22400	23300	24100	0,011	
34800	36600	38300	39800	41400	43000	44400	0,014	
86200	90500	94400	98400	102000	106000	109000	0,020	
150000	157000	164000	172000	178000	185000	191000	0,025	
326000	343000	358000	373000	388000	401000	414000	0,034	
462000	484000	506000	527000	546000	565000	584000	0,039	
588000	618000	646000	672000	697000	721000	745000	0,043	
743000	779000	814000	847000	880000	910000	940000	0,049	
1182000	1232000	1222000	1352000	1400000	1448000	1496000	0,057	
1579000	1663000	1735000	1807000	1879000	1939000	2011000	0,064	
1986000	2082000	2178000	2261000	2346000	2460000	2514000	0,070	
2428000	2560000	2668000	2788000	2884000	2992000	3088000	0,076	500
2954000	3098000	3230000	3362000	3494000	3626000	3746000	0,082	
3529000	3697000	3865000	4021000	4177000	4321000	4465000	0,088	
4164000	4368000	4560000	4752000	4932000	5100000	5268000	0,094	
4858000	5098000	5326000	5542000	5746000	5950000	6154000	0,100	
5624000	5900000	6152000	6416000	6656000	6896000	7112000	0,106	
6293000	6605000	6905000	7181000	7457000	7721000	7972000	0,113	
7502000	7862000	8222000	8558000	8882000	9194000	9494000	0,119	
9538000	10000000	10460000	10890000	11300000	11700000	12060000	0,131	
11890000	12420000	13020000	13620000	14100000	14580000	15060000	0,143	
14820000	15540000	16260000	16860000	17460000	18060000	18660000	0,156	
18020000	18980000	19700000	20540000	21260000	22100000	22820000	0,169	
24850000	26050000	27250000	28330000	29410000	30370000	31450000	0,192	
33340000	35020000	36580000	38020000	39460000	40900000	42220000	0,216	

in die ihr entsprechende Wärmemenge mit der mittleren latenten Wärme des absoluten Anfangs- und Enddrucks multiplizieren.

Druckabfall auf das laufende Meter in kg/qm	Durchmesser des Rohres in m	Mögliche stündlich zu fördernde Wärmemenge in WE bei einer Summe des Teilstrecke der Rohr-						
		25000	35000	45000	55000	65000	75000	85000
600	0,011	11200	13000	14600	16700	17400	18600	19800
	0,014	20800	24100	27000	29600	32200	34300	36500
	0,020	51400	55900	66700	73200	79100	84600	89900
	0,025	90400	105000	117000	128000	139000	149000	157000
	0,034	196000	226000	253000	277000	299000	320000	340000
	0,039	276000	319000	356000	391000	422000	452000	480000
	0,043	353000	408000	456000	500000	540000	577000	613000
	0,049	445000	515000	576000	631000	682000	728000	773000
	0,057	716000	828000	925000	1014000	1096000	1171000	1246000
	0,064	935000	1084000	1211000	1331000	1439000	1547000	1643000
	0,070	1172000	1352000	1520000	1676000	1808000	1928000	2048000
	0,076	1446000	1674000	1878000	2058000	2226000	2382000	2526000
	0,082	1756000	2031000	2272000	2492000	2692000	2884000	3064000
	0,088	2090000	2426000	2714000	2978000	3218000	3446000	3650000
	0,094	2471000	2867000	3203000	3515000	3791000	4067000	4307000
	0,100	2890000	3346000	3742000	4102000	4438000	4750000	5038000
	0,106	3343000	3871000	4327000	4747000	5143000	5491000	5827000
	0,113	3746000	4334000	4850000	5318000	5750000	6146000	6530000
	0,119	4463000	5159000	5783000	6335000	6851000	7331000	7775000
	0,131	5693000	6581000	7361000	8069000	8717000	9329000	9905000
	0,143	7091000	9195000	9179000	10050000	10870000	11630000	12280000
	0,156	8825000	10210000	11420000	12520000	13480000	14440000	15400000
	0,169	10780000	12490000	13930000	15250000	16450000	17650000	18730000
	0,192	14870000	17150000	19190000	20990000	22790000	24350000	25790000
	0,216	19990000	22990000	24550000	28270000	30550000	32590000	34630000
700	0,011	12100	13900	15800	17400	18800	20200	21400
	0,014	22400	26000	29300	32000	34700	37200	39500
	0,020	55700	64600	72100	79100	85600	91200	97100
	0,025	97700	113000	126000	139000	150000	161000	170000
	0,034	211000	244000	272000	299000	324000	346000	367000
	0,039	298000	344000	385000	422000	457000	488000	518000
	0,043	382000	440000	493000	540000	583000	624000	662000
	0,049	481000	556000	622000	682000	736000	787000	835000
	0,057	774000	894000	1000000	1096000	1183000	1270000	1342000
	0,064	1012000	1172000	1319000	1439000	1559000	1667000	1775000
	0,070	1268000	1472000	1640000	1808000	1952000	2096000	2216000
	0,076	1566000	1806000	2022000	2226000	2406000	2574000	2730000
	0,082	1780000	2188000	2452000	2692000	2908000	3112000	3304000
	0,088	2270000	2618000	2930000	3218000	3482000	3722000	3950000
	0,094	2675000	3095000	3467000	3791000	4103000	4391000	4655000
	0,100	3130000	3610000	4042000	4438000	4798000	5134000	5446000
	0,106	3619000	4183000	4687000	5131000	5551000	5935000	6307000
	0,113	4058000	4682000	5246000	5750000	6218000	6650000	7058000
	0,119	4823000	5579000	6251000	6851000	7403000	7919000	8411000
	0,131	6149000	7109000	7961000	8716000	9425000	10090000	10700000
	0,143	7667000	8867000	9923000	10870000	11750000	12520000	13360000
	0,156	9545000	11030000	12400000	13480000	14560000	15640000	16480000
	0,169	11640000	13450000	15010000	16570000	17770000	18970000	20170000
	0,192	16070000	18590000	20750000	22790000	24590000	26270000	27830000
	0,216	21550000	24910000	27910000	30550000	32950000	35230000	37390000

Anmerkung. Ist die stündlich zu fördernde Dampfmenge in Kilogramm gegeben, so ist diese zur Umrechnung des Dampfes zu

absoluten Anfangs- und Enddrucks des Dampfes in der zu bestimmenden leitung in kg/qm von:							Durchmesser des Rohres in m	Druckabfall auf das laufende Meter in kg/qm
95000	105000	115000	125000	135000	145000	155000		
20900	22000	22900	23900	24800	25700	26500		0,011
38500	40400	42200	44000	45700	48300	49100		0,014
94700	99500	104000	108000	112000	116000	120000		0,020
166000	174000	182000	190000	197000	204000	210000		0,025
358000	376000	392000	409000	425000	439000	454000		0,034
506000	530000	554000	577000	598000	619000	641000		0,039
647000	678000	708000	737000	766000	792000	818000		0,043
815000	856000	893000	930000	965000	998000	1032000		0,049
1306000	1378000	1438000	1498000	1546000	1606000	1654000		0,057
1727000	1811000	1895000	1967000	2051000	2123000	2195000		0,064
2168000	2276000	2372000	2468000	2564000	2660000	2744000		0,070
2706000	2790000	2922000	3042000	3162000	3270000	3378000	**600**	0,076
3220000	3388000	3532000	3676000	3820000	3964000	4084000		0,082
3854000	4046000	4226000	4394000	4562000	4730000	4874000		0,088
4547000	4775000	4979000	5183000	5387000	5579000	5759000		0,094
5314000	5578000	5818000	6058000	6298000	6514000	6730000		0,100
6151000	6451000	6739000	7015000	7279000	7531000	7783000		0,106
6890000	7226000	7550000	7862000	8162000	8450000	8726000		0,113
8207000	8603000	8987000	9359000	9719000	10060000	10390000		0,119
10450000	10950000	11440000	11910000	12410000	12770000	13250000		0,131
13000000	13600000	14200000	14800000	15400000	16000000	16480000		0,143
16240000	16960000	17680000	18400000	19120000	19840000	20440000		0,156
19810000	20770000	21610000	22570000	23410000	24250000	24970000		0,169
27230000	28550000	29750000	31070000	32150000	33350000	34430000		0,192
36550000	38350000	40030000	41590000	43270000	44830000	46270000		0,216
22600	23800	24800	25800	26900	27800	28700		0,011
41600	43700	45700	47600	49400	51200	52900		0,014
102000	107000	112000	117000	121000	126000	130000		0,020
179000	188000	197000	205000	212000	220000	227000		0,025
388000	406000	425000	442000	458000	475000	491000		0,034
446000	574000	599000	623000	647000	670000	691000		0,039
698000	732000	766000	797000	827000	856000	883000		0,043
881000	924000	965000	1004000	1043000	1079000	1115000		0,049
1414000	1486000	1546000	1618000	1678000	1726000	1786000		0,057
1871000	1955000	2051000	2135000	2219000	2291000	2363000		0,064
2336000	2456000	2564000	2672000	2780000	2876000	2984000		0,070
2874000	3018000	3162000	3294000	3414000	3534000	3654000		0,076
3484000	3652000	3822000	3976000	4132000	4276000	4420000	**700**	0,082
4166000	4370000	4562000	4754000	4934000	5102000	5270000		0,088
4919000	5159000	5387000	5615000	5819000	6023000	6227000		0,094
5734000	6022000	6298000	6550000	6802000	7042000	7270000		0,100
6643000	6967000	7279000	7579000	7867000	8143000	8419000		0,106
7442000	7802000	8162000	8498000	8822000	9134000	9434000		0,113
8867000	9299000	9719000	10120000	10500000	10870000	11230000		0,119
11290000	11840000	12410000	12890000	13370000	13850000	14330000		0,131
14080000	14800000	15400000	16000000	16600000	17200000	17800000		0,143
17440000	18280000	19120000	19960000	20680000	21400000	22120000		0,156
21250000	22450000	23410000	24370000	25210000	26170000	27010000		0,169
29390000	30830000	32150000	33230000	34790000	35990000	37190000		0,192
39430000	41350000	43270000	45070000	46850000	48310000	49990000		0,216

in die ihr entsprechende Wärmemenge mit der mittleren latenten Wärme des absoluten Anfangs- und Enddrucks multiplizieren.

Druckabfall auf das laufende Meter in kg/qm	Durchmesser des Rohres in m	Mögliche stündlich zu fördernde Wärmemenge in WE bei einer Summe des Teilstrecke der Rohr-						
		25000	35000	45000	55000	65000	75000	85000
	0,011	13000	15100	16900	17400	20200	21600	22900
	0,014	24100	28000	31300	34300	37200	39800	42200
	0,020	59500	68900	77200	84600	91400	97900	104000
	0,025	105000	121000	136000	149000	162000	172000	182000
	0,034	226000	260000	292000	320000	346000	371000	392000
	0,039	319000	368000	413000	452000	488000	522000	554000
	0,043	408000	472000	527000	577000	624000	667000	708000
	0,049	515000	594000	665000	728000	787000	841000	893000
	0,057	828000	956000	1069000	1171000	1270000	1354000	1438000
	0,064	1084000	1259000	1403000	1547000	1667000	1787000	1895000
	0,070	1364000	1568000	1760000	1928000	2095000	2240000	2372000
	0,076	1674000	1938000	2166000	2382000	2574000	2754000	2922000
800	0,082	2032000	2344000	2632000	2884000	3112000	3328000	3532000
	0,088	2426000	2798000	3134000	3446000	3722000	3974000	4226000
	0,094	2867000	3311000	3707000	4067000	4391000	4691000	4979000
	0,100	3346000	3862000	4330000	4750000	5134000	5482000	5818000
	0,106	3871000	4483000	5011000	5491000	5925000	6355000	6739000
	0,113	4334000	5018000	5618000	6146000	6650000	7118000	7550000
	0,119	5159000	5975000	6695000	7331000	7919000	8483000	8987000
	0,131	7013000	7601000	8513000	9329000	10090000	10780000	11440000
	0,143	8195000	9479000	10610000	11630000	12520000	13480000	14200000
	0,156	10210000	11790000	13240000	14440000	15640000	16720000	17680000
	0,169	12490000	14410000	16090000	17650000	19090000	20410000	21610000
	0,192	17150000	19790000	22190000	24350000	26270000	28070000	29750000
	0,216	22990000	26590000	29830000	32590000	35230000	37750000	40030000
	0,011	13800	16100	18000	19800	21400	22900	24400
	0,014	25600	29600	33200	36500	40700	42200	44900
	0,020	63200	73200	81800	89900	97100	104000	110000
	0,025	111000	128000	144000	157000	170000	182000	193000
	0,034	240000	277000	310000	340000	367000	392000	416000
	0,039	338000	391000	438000	480000	518000	554000	588000
	0,043	432000	500000	559000	613000	662000	708000	751000
	0,049	546000	631000	706000	773000	835000	893000	947000
	0,057	878000	1014000	1134000	1246000	1342000	1438000	1522000
	0,064	1151000	1331000	1499000	1643000	1775000	1895000	2015000
	0,070	1452000	1668000	1872000	2052000	2220000	2376000	2520000
	0,076	1776000	2064000	2304000	2532000	2736000	2928000	3108000
900	0,082	2148000	2484000	2784000	3060000	3300000	3528000	3744000
	0,088	2568000	2976000	3324000	3648000	3948000	4224000	4476000
	0,094	3036000	3516000	3936000	4308000	4668000	4980000	5292000
	0,100	3552000	4104000	4596000	5040000	5448000	5820000	6180000
	0,106	4116000	4752000	5328000	5832000	6312000	6744000	7152000
	0,113	4596000	5316000	5952000	6528000	7056000	7548000	8004000
	0,119	5484000	6336000	7092000	7776000	8400000	9000000	9540000
	0,131	6972000	8064000	9024000	9900000	10690000	11440000	12170000
	0,143	8700000	10060000	11260000	12290000	13370000	14210000	15170000
	0,156	10810000	12520000	13960000	15400000	16600000	17680000	18760000
	0,169	13200000	15250000	17050000	18730000	20170000	21610000	22930000
	0,192	18240000	21120000	23520000	25800000	27840000	29760000	31680000
	0,216	24430000	28270000	31630000	34630000	37390000	40030000	42430000

Anmerkung. Ist die stündlich zu fördernde Dampfmenge in Kilogramm gegeben, so ist diese zur Umrechnung des Dampfes zu

absoluten Anfangs- und Enddrucks des Dampfes in der zu bestimmenden leitung in kg/qm von:							Durchmesser des Rohres in m	Druckabfall auf das laufende Meter in kg/qm
95000	105000	115000	125000	135000	145000	155000		
24200	25400	26500	27700	28700	29800	30700	0,011	
44600	468000	49000	51000	52900	54700	56600	0,014	
110000	115000	120000	125000	130000	134000	138000	0,020	
192000	202000	210000	220000	228000	235000	242000	0,025	
414000	434000	454000	473000	491000	508000	524000	0,034	
584000	613000	640000	666000	691000	716000	740000	0,039	
746000	784000	818000	852000	883000	914000	944000	0,043	
942000	988000	1031000	1086000	1115000	1153000	1192000	0,049	
1510000	1582000	1654000	1726000	1798000	1858000	1918000	0,057	
2003000	2099000	2195000	2279000	2363000	2447000	2530000	0,064	
2504000	2624000	2744000	2864000	2972000	3068000	3176000	0,070	
3078000	3234000	3378000	3522000	3654000	3774000	3906000	0,076	**800**
3736000	3916000	4048000	4252000	4420000	4576000	4732000	0,082	
4454000	4670000	4886000	5078000	5270000	5462000	5642000	0,088	
5255000	5519000	5759000	5999000	6227000	6443000	6659000	0,094	
6142000	6442000	6730000	7006000	7270000	7522000	7774000	0,100	
7003000	7459000	7783000	8107000	8419000	8707000	8995000	0,106	
7958000	8354000	8726000	9086000	9434000	9758000	10080000	0,113	
9479000	9947000	10390000	10820000	11230000	11630000	12050000	0,119	
12050000	12650000	13250000	13730000	14230000	14810000	15290000	0,131	
15040000	15760000	16480000	17080000	17800000	18400000	19000000	0,143	
18760000	19600000	20560000	21280000	22120000	22960000	23680000	0,156	
22810000	23890000	24970000	26050000	27010000	27970000	28930000	0,169	
31430000	32990000	34430000	35870000	37190000	38510000	39830000	0,192	
42190000	44230000	46270000	48070000	49990000	51670000	53470000	0,216	
25700	27000	28200	29400	30500	31600	32600	0,011	
47300	49700	52000	54100	56200	58100	60000	0,014	
116000	121000	127000	132000	138000	143000	148000	0,020	
204000	214000	223000	232000	241000	250000	258000	0,025	
439000	461000	481000	502000	520000	539000	556000	0,034	
620000	650000	679000	707000	734000	760000	785000	0,039	
792000	830000	868000	904000	937000	971000	1003000	0,043	
998000	1048000	1094000	1139000	1182000	1222000	1270000	0,049	
1594000	1690000	1750000	1834000	1906000	1966000	2026000	0,057	
2123000	2231000	2327000	2423000	2519000	2603000	2699000	0,064	
2664000	2796000	2916000	3036000	3156000	3264000	3372000	0,070	
3276000	3432000	3588000	3744000	3876000	4020000	4152000	0,076	**900**
3960000	4152000	4332000	4512000	4680000	4848000	5004000	0,082	
4728000	4956000	5172000	5388000	5604000	5796000	5988000	0,088	
5568000	5856000	6108000	6360000	6600000	6840000	7068000	0,094	
6516000	6840000	7140000	7440000	7716000	7992000	8256000	0,100	
7536000	7908000	8268000	8604000	8928000	9252000	9552000	0,106	
8448000	8856000	9252000	9636000	10010000	10360000	10690000	0,113	
10060000	10560000	11030000	11470000	11920000	12300000	12780000	0,119	
12770000	13490000	14090000	14570000	15170000	15650000	16000000	0,131	
16010000	16730000	17450000	18170000	18890000	19610000	20210000	0,143	
19840000	20180000	21760000	22600000	23440000	24280000	25120000	0,156	
24250000	25450000	26530000	27610000	28690000	29650000	30610000	0,169	
33360000	35040000	36600000	38040000	39480000	40920000	42240000	0,192	
44830000	46990000	49030000	51070000	52990000	54910000	56710000	0,216	

in die ihr entsprechende Wärmemenge mit der mittleren latenten Wärme des absoluten Anfangs- und Enddrucks multiplizieren.

Rietschel, Leitfaden II. 5. Aufl.   10

Druckabfall auf das laufende Meter in kg/qm	Durch-messer des Rohres in m	Mögliche stündlich zu fördernde Wärmemenge in WE bei einer Summe des Teilstrecke der Rohr-						
		25000	35000	45000	55000	65000	75000	85000
1000	0,011	14600	16900	19000	20900	22600	24200	25700
	0,014	27000	31300	35000	38500	41600	44600	47300
	0,020	66700	77200	86400	94700	102000	110000	116000
	0,025	117000	136000	151000	166000	179000	192000	204000
	0,034	254000	293000	328000	360000	389000	415000	440000
	0,039	358000	414000	463000	508000	548000	586000	620000
	0,043	456000	527000	589000	647000	698000	746000	792000
	0,049	575000	665000	743000	815000	881000	941000	998000
	0,057	925000	1069000	1195000	1308000	1416000	1512000	1608000
	0,064	1212000	1404000	1572000	1728000	1872000	2004000	2124000
	0,070	1524000	1764000	1980000	2160000	2340000	2508000	2664000
	0,076	1884000	2172000	2436000	2688000	2880000	3084000	3276000
	0,082	2268000	2628000	2940000	3216000	3480000	3732000	3960000
	0,088	2712000	3132000	3516000	3852000	4164000	4452000	4728000
	0,094	3204000	3708000	4152000	4548000	4920000	5256000	5580000
	0,100	3744000	4332000	4848000	5316000	5748000	6144000	6516000
	0,106	4344000	5016000	5616000	6156000	6648000	7104000	7548000
	0,113	4848000	5616000	6300000	6888000	7440000	7956000	8448000
	0,119	5784000	6696000	7488000	8208000	8868000	9480000	10070000
	0,131	7656000	8508000	9516000	10440000	11280000	12050000	12770000
	0,143	9180000	10610000	11870000	13010000	14090000	15050000	16010000
	0,156	11410000	13240000	14800000	16240000	17440000	18760000	19840000
	0,169	13930000	16090000	18010000	19810000	21370000	22810000	24250000
	0,192	19200000	22200000	24840000	27240000	29400000	31440000	33360000
	0,216	25750000	29830000	33310000	36550000	39430000	42190000	44830000

Anmerkung. Ist die stündlich zu fördernde Dampfmenge in Kilogramm gegeben, so ist diese zur Umrechnung des Dampfes zu

absoluten Anfangs- und Enddrucks des Dampfes in der zu bestimmenden leitung in kg/qm von:							Durch-messer des Rohres in m	Druckabfall auf das laufende Meter in kg/qm
95000	105000	115000	125000	135000	145000	155000		
27100	28400	29800	31000	32200	33400	34400	0,011	
49900	52400	54700	57000	59200	61300	63400	0,014	
122000	128000	134000	139000	145000	150000	155000	0,020	
215000	226000	235000	245000	254000	263000	271000	0,025	
464000	487000	509000	529000	550000	569000	588000	0,034	
654000	686000	718000	746000	755000	803000	829000	0,039	
835000	876000	914000	953000	990000	1024000	1057000	0,043	
1052000	1104000	1153000	1178000	1248000	1296000	1332000	0,049	
1692000	1776000	1860000	1932000	2004000	2076000	2136000	0,057	
2244000	2352000	2460000	2556000	2652000	2748000	2832000	0,064	
2808000	2964000	3072000	3204000	3324000	3444000	3552000	0,070	
3456000	3624000	3792000	3948000	4092000	4236000	4380000	0,076	1000
4164000	4380000	4572000	4752000	4944000	5112000	5280000	0,082	
4980000	5232000	5460000	5688000	5904000	6108000	6312000	0,088	
5880000	6168000	6444000	6708000	6960000	7212000	7452000	0,094	
6876000	7212000	7524000	7836000	8136000	8424000	8700000	0,100	
7956000	8340000	8712000	9072000	9420000	9744000	10070000	0,106	
8904000	9348000	9756000	10160000	10550000	10920000	11280000	0,113	
10610000	11120000	11630000	12060000	12540000	13020000	13500000	0,119	
13490000	14210000	14810000	15410000	16010000	16490000	17090000	0,131	
16850000	17690000	18410000	19130000	19970000	20570000	21290000	0,143	
20920000	21880000	22960000	23800000	24760000	25600000	26440000	0,156	
25570000	26770000	27970000	29170000	30250000	31330000	32290000	0,169	
35160000	36840000	38520000	40080000	41640000	43080000	44520000	0,192	
47230000	49510000	51670000	53830000	55870000	57790000	59710000	0,216	

in die ihr entsprechende Wärmemenge mit der mittleren latenten Wärme des absoluten Anfangs- und Enddrucks multiplizieren.

Bestimmung der angenäherten Rohrweiten für Niederdruckdampf.

(Die Tabelle gilt nur für vor Wärmeabgabe gut geschützte Rohre.)

Rohr-durch-messer in m	Mögliche stündlich zu fördernde Wärmemenge in WE bei einem Druck-							
	2	3	4	6	8	10	12	14
0,011	70	150	240	450	660	840	1000	1100
0,014	190	390	590	1000	1400	1700	2000	2200
0,020	790	1400	2100	3100	4000	4700	5300	5900
0,025	1800	3100	4100	5900	7300	8500	9500	10400
0,034	5200	8100	10200	13900	16600	19100	21200	23100
0,039	8100	12100	15000	20000	23800	27200	30100	32800
0,043	8400	16100	19700	25900	30800	35000	38700	42100
0,049	16300	23100	25200	32900	39100	44300	48800	53000
0,057	25900	35400	42400	54200	63700	71900	79100	85900
0,064	36100	48400	57500	73000	85600	96500	106000	115000
0,070	46300	61400	71800	91800	107000	121000	133000	144000
0,076	58000	76100	90000	113000	132000	149000	164000	177000
0,082	71300	92600	110000	138000	160000	181000	198000	214000
0,088	86300	112000	131000	165000	192000	215000	237000	256000
0,094	103000	132000	156000	194000	226000	254000	280000	302000
0,100	122000	156000	183000	227000	264000	297000	327000	353000
0,106	142000	180000	212000	261000	306000	344000	377000	409000
0,113	160000	204000	238000	297000	344000	386000	423000	459000
0,119	192000	243000	284000	353000	411000	471000	505000	545000
0,131	247000	311000	362000	451000	522000	585000	642000	694000
0,143	309000	389000	454000	561000	651000	730000	800000	865000
0,156	387000	485000	566000	698000	810000	907000	995000	1077000
0,169	476000	595000	693000	855000	990000	1115000	1216000	1316000
0,192	661000	823000	955000	1181000	1363000	1524000	1675000	1806000
0,216	891000	1111000	1284000	1580000	1832000	2054000	2245000	2425000
0,241	1178000	1449000	1693000	2078000	2411000	2703000	2954000	3295000
0,264	1485000	1837000	2131000	2617000	3030000	3392000	3714000	4014000
0,290	1882000	2325000	2699000	3316000	3829000	4292000	4703000	5074000

Rohr-durch-messer in m	35	40	45	50	55	60	70	80
0,011	2100	2300	2500	2600	2700	2900	3100	3300
0,014	4000	4300	4500	4800	5100	5300	5700	6200
0,020	9800	10500	11200	11900	12500	13000	14100	15100
0,025	17200	18600	19700	20800	21800	22900	24700	26400
0,034	36600	40100	42600	45000	47200	49300	53300	57100
0,039	52900	56700	60100	63400	66600	69600	75200	80400
0,043	67600	72400	76900	81000	85000	88900	96000	103000
0,049	85200	91300	96800	102000	107000	112000	121000	130000
0,057	137000	147000	156000	165000	172000	180000	195000	208000
0,064	183000	196000	209000	220000	231000	241000	260000	278000
0,070	229000	245000	261000	275000	289000	301000	325000	348000
0,076	281000	302000	335000	338000	354000	370000	399000	427000
0,082	341000	364000	387000	408000	428000	448000	483000	516000
0,088	407000	434000	461000	486000	511000	534000	577000	616000
0,094	480000	513000	544000	574000	602000	630000	680000	727000
0,100	560000	599000	636000	670000	703000	735000	794000	849000
0,106	648000	693000	735000	775000	813000	849000	918000	982000
0,113	728000	778000	825000	870000	912000	954000	1030000	1100000
0,119	866000	926000	982000	1029000	1089000	1139000	1230000	1310000
0,131	1099000	1179000	1249000	1319000	1379000	1439000	1559000	1670000
0,143	1369000	1469000	1559000	1639000	1719000	1799000	1939000	2069000
0,156	1709000	1819000	1939000	2039000	2139000	2229000	2409000	2579000
0,169	2089000	2229000	2359000	2489000	2609000	2729000	2939000	3149000
0,192	2868000	3059000	3249000	3429000	3599000	3749000	4049000	4329000
0,216	3848000	4118000	4359000	4599000	4819000	5039000	5439000	5819000
0,241	5058000	5408000	5738000	6048000	6339000	6629000	7159000	7649000
0,264	6358000	6788000	7208000	7598000	7969000	8319000	8989000	9609000
0,290	8038000	8588000	9118000	9608000	10100000	10500000	11400000	12100000

| abfalle des Dampfes vom Kessel auf das laufende Meter in kg/qm von: | | | | | | | | Rohr-durch-messer in m |
16	18	20	22	24	26	28	30	
1300	1400	1500	1600	1700	1800	1900	2000	0,011
2500	2700	2800	3000	3200	3300	3500	3600	0,014
6400	6800	7200	7600	8000	8400	8700	9100	0,020
11300	12100	12800	13500	14100	14800	15400	16000	0,025
24900	26500	28000	29500	30900	32200	33500	34600	0,034
35200	37500	39600	41700	43500	45500	47200	49000	0,039
45100	48000	50700	53300	55800	58100	60400	62500	0,042
57000	60600	64100	67300	70300	73300	76100	78800	0,049
92000	97700	103000	107000	113000	118000	122000	126000	0,057
123000	131000	138000	145000	151000	158000	164000	169000	0,064
154000	164000	173000	182000	190000	197000	205000	212000	0,070
190000	202000	213000	223000	233000	243000	252000	261000	0,076
229000	244000	257000	270000	282000	293000	305000	316000	0,082
274000	291000	307000	322000	336000	351000	364000	377000	0,088
323000	343000	363000	380000	397000	413000	429000	444000	0,094
378000	401000	423000	444000	464000	483000	501000	519000	0,100
437000	464000	489000	514000	537000	559000	580000	600000	0,106
491000	520000	549000	576000	602000	627000	651000	673000	0,113
564000	620000	653000	685000	717000	745000	774000	802000	0,119
743000	788000	831000	872000	911000	949000	985000	1019000	0,131
925000	982000	1038000	1088000	1138000	1178000	1228000	1269000	0,143
1147000	1217000	1288000	1348000	1408000	1468000	1528000	1578000	0,156
1407000	1497000	1578000	1648000	1718000	1798000	1858000	1928000	0,169
1937000	2057000	2157000	2267000	2378000	2468000	2558000	2648000	0,192
2596000	2756000	2907000	3047000	3187000	3318000	3437000	3558000	0,216
3416000	3626000	3827000	4007000	4187000	4357000	4527000	4687000	0,241
4295000	4556000	4796000	5036000	5257000	5477000	5687000	5887000	0,264
5434000	5765000	6076000	6[illegible]66000	6656000	6927000	7187000	7437000	0,290

90	100	125	150	175	200	250	300	
3600	3800	4200	4600	5000	5400	6000	6600	0,011
6500	6900	7700	8500	9200	9800	11000	12000	0,014
16000	16900	18900	20800	22500	24000	26800	29400	0,020
28000	29600	33000	36200	39100	41800	46900	51300	0,025
60600	63800	71400	78200	84500	90300	101000	111000	0,034
85300	90000	101000	111000	119000	127000	143000	156000	0,039
109000	115000	129000	141000	152000	163000	182000	199000	0,043
137000	145000	162000	178000	192000	205000	229000	251000	0,049
221000	233000	260000	285000	308000	329000	368000	403000	0,057
295000	311000	347000	381000	410000	440000	491000	538000	0,064
369000	389000	435000	476000	515000	550000	615000	674000	0,070
453000	478000	534000	585000	632000	676000	755000	828000	0,076
548000	578000	646000	708000	764000	817000	913000	1000000	0,082
654000	689000	771000	844000	912000	974000	1090000	1190000	0,088
771000	813000	909000	996000	1080000	1150000	1290000	1410000	0,094
900000	949000	1060000	1160000	1250000	1340000	1500000	1640000	0,100
1040000	1100000	1230000	1340000	1450000	1550000	1740000	1900000	0,106
1170000	1230000	1380000	1510000	1630000	1740000	1950000	2130000	0,113
1390000	1460000	1640000	1790000	1940000	2070000	2320000	2540000	0,119
1770000	1860000	2090000	2280000	2460000	2640000	2950000	3230000	0,131
2119000	2320000	2600000	2840000	3070000	3280000	3670000	4020000	0,143
2729000	2890000	3220000	3530000	3820000	4080000	4560000	4990000	0,156
3340000	3520000	3940000	4320000	4660000	4980000	5570000	6100000	0,169
4599000	4839000	5420000	5940000	6410000	6850000	7660000	8390000	0,192
6169000	6509000	7269000	7970000	8610000	9200000	10300000	11300000	0,216
8709000	8549000	9559000	10400000	11300000	12100000	13500000	14800000	0,241
10200000	10700000	12000000	13200000	14200000	15200000	17000000	18600000	0,264
12900000	13600000	15200000	16600000	18000000	19200000	21500000	23500000	0,290

Rohr-durch-messer in m	Mögliche stündlich zu fördernde Wärmemenge in WE bei einem Druck-							
	2	3	4	6	8	10	12	14
0,011	30	80	130	270	440	600	770	920
0,014	90	210	330	660	1000	1400	1700	1900
0,020	430	870	1400	2400	3400	4200	4800	5400
0,025	1000	2000	2900	4900	6400	7800	8900	9900
0,034	3400	6100	8300	12300	15400	18000	20300	22400
0,039	4500	9500	12700	18100	22500	26000	29100	32000
0,043	5500	13100	16900	23700	29100	33600	37500	41000
0,049	7800	21000	22100	30500	37200	42800	47600	52000
0,057	20800	31200	38700	51400	61600	70200	77800	84600
0,064	29800	43400	53300	69800	83100	94400	105000	113000
0,070	39200	55800	68500	88400	105000	119000	132000	143000
0,076	40000	70000	84700	109000	129000	146000	162000	176000
0,082	62500	86100	104000	134000	158000	178000	196000	213000
0,088	79300	104000	125000	160000	189000	213000	235000	254000
0,094	92500	125000	149000	190000	223000	251000	277000	300000
0,100	110000	147000	175000	223000	262000	294000	324000	351000
0,106	130000	172000	204000	258000	303000	341000	375000	407000
0,113	147000	194000	231000	291000	340000	382000	421000	456000
0,119	178000	234000	277000	347000	442000	456000	502000	543000
0,131	231000	301000	354000	444000	517000	581000	639000	692000
0,143	292000	378000	443000	555000	646000	726000	797000	862000
0,156	369000	472000	554000	692000	805000	903000	991000	1074000
0,169	456000	581000	681000	846000	984000	1100000	1212000	1313000
0,192	637000	806000	941000	1171000	1369000	1519000	1671000	1802000
0,216	864000	1092000	1269000	1569000	1824000	2047000	2240000	2421000
0,241	1147000	1438000	1675000	2076000	2403000	2696000	2948000	3190000
0,264	1450000	1813000	2112000	2574000	3025000	3387000	3709000	4010000
0,290	1844000	2299000	2678000	3301000	3818000	4283000	4696000	5068000

Rohr-durch-messer in m	35	40	45	50	55	60	70	80
0,011	2000	2200	2400	2500	2700	2800	3100	3300
0,014	3800	4100	4400	4700	5000	5200	5700	6100
0,020	9600	10500	11100	11700	12300	12900	14000	15000
0,025	17000	18400	19500	20600	21700	22700	24500	26300
0,034	37200	39800	42400	54700	47000	49100	53200	56900
0,039	52500	56400	59900	63200	66300	69400	75000	80300
0,043	67300	72100	76600	80800	84800	88600	95800	103000
0,049	84900	90900	96600	102000	107000	111000	121000	130000
0,057	137000	146000	155000	164000	172000	179000	195000	208000
0,064	183000	195000	208000	219000	230000	240000	259000	277000
0,070	229000	245000	260000	274000	289000	301000	325000	348000
0,076	281000	301000	319000	337000	353000	369000	399000	426000
0,082	341000	364000	387000	407000	427000	447000	482000	516000
0,088	406000	435000	461000	486000	510000	533000	576000	615000
0,094	479000	513000	544000	574000	602000	628000	679000	726000
0,100	559000	599000	636000	670000	703000	734000	793000	848000
0,106	647000	692000	735000	775000	813000	849000	917000	981000
0,113	727000	777000	825000	870000	912000	952000	1030000	1100000
0,119	865000	925000	981000	1039000	1089000	1139000	1230000	1310000
0,131	1098000	1178000	1248000	1318000	1379000	1439000	1559000	1669000
0,143	1367000	1468000	1558000	1683000	1718000	1799000	1939000	2079000
0,156	1707000	1818000	1938000	2038000	2138000	2228000	2409000	2579000
0,169	2087000	2228000	2358000	2488000	2608000	2728000	2949000	3149000
0,192	2867000	3057000	3248000	3428000	3598000	3748000	4048000	4329000
0,216	3846000	4117000	4367000	4597000	4828000	5038000	5438000	5818000
0,241	5056000	5406000	5737000	6047000	6337000	6628000	7158000	7648000
0,264	6346000	6787000	7207000	7597000	7967000	8318000	8988000	9608000
0,290	8035000	8586000	9116000	9607000	10100000	10600000	11400000	12200000

abfalle des Dampfes vom Kessel auf das laufende Meter in kg/qm von:								Rohr-durch-messer in m
16	18	20	22	24	26	28	30	
1000	1200	1300	1400	1500	1600	1700	1800	0,011
2200	2400	2600	2800	3000	3200	3300	3500	0,014
6000	6500	6900	7400	7800	8100	8500	8800	0,020
10800	11600	12400	13100	13700	14400	15100	15700	0,025
24200	25900	27500	29000	30400	31700	33000	34200	0,034
34500	36800	39000	41100	43100	45000	46800	48500	0,039
44200	47200	50000	52700	55200	57500	59900	62000	0,043
56000	59700	63300	66600	69700	72700	75500	78300	0,049
90900	96700	102000	107000	113000	118000	122000	127000	0,057
122000	130000	137000	144000	150000	158000	164000	169000	0,064
153000	163000	172000	180000	189000	196000	204000	212000	0,070
188000	200000	212000	222000	232000	242000	251000	260000	0,076
228000	242000	256000	269000	281000	292000	304000	315000	0,082
272000	289000	305000	321000	336000	349000	363000	376000	0,088
321000	342000	361000	378000	396000	412000	428000	443000	0,094
376000	400000	422000	442000	463000	482000	500000	518000	0,100
435000	461000	488000	512000	535000	558000	579000	595000	0,106
489000	518000	548000	575000	600000	625000	650000	672000	0,113
582000	618000	652000	684000	715000	744000	772000	801000	0,119
740000	786000	829000	871000	910000	947000	983000	1017000	0,131
923000	979000	1036000	1086000	1136000	1177000	1227000	1267000	0,143
1144000	1215000	1285000	1346000	1406000	1467000	1527000	1577000	0,156
1404000	1485000	1565000	1646000	1716000	1796000	1856000	1927000	0,169
1933000	2054000	2164000	2265000	2375000	2466000	2556000	2646000	0,192
2592000	2753000	2904000	3044000	3185000	3315000	3435000	3556000	0,216
3411000	3692000	3823000	4004000	4184000	4365000	4515000	4685000	0,241
4292000	4552000	4793000	5034000	5254000	5475000	5685000	5886000	0,264
5430000	5761000	6072000	6363000	6653000	6914000	7184000	7435000	0,290

90	100	125	150	175	200	250	300	
3500	3700	4200	4600	5000	5300	6000	6600	0,011
6500	6900	7700	8400	9100	9800	11000	12000	0,014
15900	16900	18900	20700	22400	23900	26800	29400	0,020
28000	29400	33000	36100	39100	41800	46800	51200	0,025
60400	63700	71300	78100	84500	90300	101000	111000	0,034
85200	89800	101000	113000	119000	127000	143000	156000	0,039
109000	115000	129000	141000	152000	163000	182000	199000	0,043
137000	145000	162000	178000	192000	205000	229000	251000	0,049
221000	233000	260000	285000	308000	329000	368000	403000	0,057
295000	311000	347000	381000	411000	440000	491000	538000	0,064
369000	389000	435000	476000	515000	550000	615000	674000	0,070
452000	478000	534000	585000	632000	676000	755000	828000	0,076
547000	578000	646000	708000	764000	817000	913000	1000000	0,082
653000	688000	770000	844000	912000	975000	1090000	1190000	0,088
770000	812000	909000	996000	1080000	1150000	1290000	1410000	0,094
899000	948000	1060000	1160000	1250000	1350000	1500000	1640000	0,100
1040000	1100000	1230000	1350000	1450000	1550000	1740000	1900000	0,106
1170000	1230000	1380000	1510000	1630000	1740000	1950000	2140000	0,113
1390000	1460000	1640000	1790000	1940000	2070000	2320000	2540000	0,119
1769000	1860000	2090000	2280000	2460000	2640000	2950000	3230000	0,131
2200000	2320000	2600000	2840000	3070000	3280000	3670000	4020000	0,143
2729000	2889000	3220000	3530000	3820000	4080000	4560000	4990000	0,156
3339000	3520000	3940000	4320000	4660000	4980000	5570000	6100000	0,169
4599000	7849000	5420000	5940000	6410000	6850000	7660000	8390000	0,192
6169000	6509000	7269000	7970000	8610000	9200000	10300000	11300000	0,216
8108000	8549000	9559000	10500000	11300000	12100000	13500000	14800000	0,241
10200000	10800000	12000000	13200000	14200000	15200000	17000000	18600000	0,264
12900000	13600000	15200000	16600000	18000000	19200000	21500000	23500000	0,290

Rohr-durchmesser in m	Mögliche stündlich zu fördernde Wärmemenge in WE bei einem Druck·							
	2	3	4	6	8	10	12	14
0,011	20	50	80	190	350	460	600	760
0,014	70	140	220	480	780	1100	1400	1700
0,020	250	610	1100	1900	2800	3700	4400	5000
0,025	720	1500	2200	4000	5700	7000	8300	9400
0,034	2400	4800	6800	11000	14300	17100	19400	21500
0,039	4100	7700	10800	16500	21500	24900	28200	31000
0,043	5900	10800	14500	21900	27500	32300	36400	40100
0,049	9500	16700	17000	28400	35400	41300	46400	51000
0,057	16900	27600	35300	49000	59500	67600	76300	83400
0,064	25000	39100	49300	67100	80900	92700	103000	112000
0,070	33400	51000	63700	85300	102000	117000	130000	142000
0,076	43300	64600	79800	107000	126000	144000	160000	174000
0,082	54800	79800	98600	130000	155000	176000	194000	211000
0,088	68400	98300	120000	156000	185000	210000	233000	252000
0,094	76400	118000	143000	184000	219000	249000	275000	298000
0,100	102000	140000	169000	218000	258000	291000	322000	349000
0,106	120000	164000	197000	253000	299000	338000	372000	404000
1,113	135000	186000	223000	286000	336000	379000	418000	454000
0,119	165000	224000	268000	343000	402000	453000	499000	541000
0,131	206000	290000	345000	438000	513000	577000	635000	689000
0,143	276000	365000	434000	548000	640000	721000	794000	860000
0,156	351000	460000	544000	684000	799000	898000	988000	1070000
0,169	435000	568000	668000	839000	978000	1095000	1208000	1310000
0,192	615000	790000	928000	1162000	1349000	1513000	1336000	1798000
0,216	838000	1073000	1253000	1459000	1816000	2041000	2234000	2417000
0,241	1114000	1417000	1658000	2055000	2394000	2689000	2943000	3185000
0,264	1415000	1790000	2093000	2592000	3011000	3377000	3701000	4004000
0,290	1816000	2284000	2657000	3288000	3808000	4275000	4689000	5062000

Rohr-durchmesser in m	35	40	45	50	55	60	70	80
0,011	1900	2100	2300	2400	2600	2700	3000	3200
0,014	3700	4000	4300	4600	4900	5100	5600	6000
0,020	9500	10200	10900	11600	12200	12900	13900	14900
0,025	16800	18100	19300	20500	21500	22600	24400	26200
0,034	36900	39500	42100	44500	46800	48900	53000	56800
0,039	52200	56000	59600	62900	66100	69200	74900	80100
0,043	66800	71700	76200	80500	84500	88400	95600	102000
0,049	84400	90500	96100	101000	107000	111000	120000	129000
0,057	136000	146000	155000	164000	171000	179000	194000	207000
0,064	172000	196000	208000	219000	230000	240000	259000	277000
0,070	228000	244000	260000	274000	288000	300000	324000	347000
0,076	280000	300000	318000	337000	353000	369000	398000	426000
0,082	340000	363000	386000	407000	427000	447000	482000	516000
0,088	406000	434000	461000	485000	510000	533000	576000	615000
0,094	479000	512000	543000	573000	601000	629000	679000	726000
0,100	558000	598000	635000	669000	702000	734000	793000	848000
0,106	646000	692000	734000	774000	812000	848000	917000	981000
0,113	726000	776000	824000	869000	911000	952000	1029000	1099000
0,119	864000	924000	981000	1037000	1088000	1138000	1229000	1309000
0,131	1097000	1177000	1247000	1318000	1378000	1438000	1558000	1669000
0,143	1366000	1467000	1557000	1637000	1718000	1798000	1938000	2078000
0,156	1706000	1817000	1937000	2037000	2138000	2228000	2408000	2578000
0,169	2086000	2226000	2357000	2487000	2607000	2728000	2948000	3148000
0,192	2865000	3056000	3246000	3427000	3596000	3747000	4048000	4328000
0,216	3845000	4115000	4356000	4596000	4817000	5037000	5437000	5818000
0,241	5054000	5405000	5735000	6046000	6336000	6626000	7157000	7647000
0,264	6343000	6784000	7205000	7595000	7966000	8316000	8987000	9607000
0,290	8033000	8584000	9105000	9605000	10100000	10500000	11400000	12200000

abfalle des Dampfes vom Kessel auf das laufende Meter in kg/qm von:								Rohrdurchmesser in m
16	18	20	22	24	26	28	30	
890	1000	1100	1200	1400	1500	1600	1700	0,011
1900	2200	2400	2600	2800	3000	3100	3300	0,014
5600	6100	6600	7100	7500	7900	8300	8600	0,020
10300	11200	12000	12800	13500	14100	14700	15400	0,025
23400	25300	27000	28400	30000	31400	32600	33900	0,034
33700	36100	38400	40500	42600	44500	46300	48100	0,039
43400	46400	49300	57000	54600	57000	59300	61600	0,043
55100	58800	62500	65800	69000	72000	75000	77800	0,049
89800	95900	101000	107000	112000	117000	121000	125000	0,057
120000	129000	136000	143000	149000	157000	163000	168000	0,064
152000	162000	171000	179000	188000	196000	204000	211000	0,070
187000	199000	211000	221000	231000	241000	251000	260000	0,076
226000	241000	254000	268000	280000	291000	303000	315000	0,082
271000	288000	304000	319000	334000	348000	362000	374000	0,088
320000	340000	360000	377000	394000	411000	427000	442000	0,094
374000	398000	421000	441000	461000	481000	499000	517000	0,100
433000	460000	486000	511000	534000	556000	578000	598000	0,106
487000	517000	546000	574000	599000	624000	648000	671000	0,113
579000	616000	650000	682000	714000	743000	771000	800000	0,119
738000	784000	827000	869000	908000	946000	982000	1016000	0,131
920000	977000	1034000	1084000	1135000	1175000	1225000	1266000	0,143
1141000	1212000	1283000	1344000	1404000	1465000	1525000	1575000	0,156
1401000	1482000	1573000	1643000	1714000	1794000	1855000	1925000	0,169
1929000	2051000	2162000	2262000	2373000	2464000	2554000	2644000	0,192
2588000	2750000	2901000	3041000	3182000	3313000	3433000	3554000	0,216
3407000	3618000	3820000	4000000	4181000	4352000	4522000	4683000	0,241
4286000	4547000	4789000	5030000	5250000	5471000	5682000	5882000	0,264
5424000	5756000	6067000	6359000	6649000	6920000	7181000	7432000	0,290

90	100	125	150	175	200	250	300	
3500	3700	4200	4600	5000	5300	6000	6500	0,011
6400	6800	7600	8400	9100	9800	10900	12000	0,014
15900	16800	18800	20700	22400	28900	26800	29300	0,020
27800	29300	32900	36100	39000	41800	46800	51200	0,025
60300	63600	71200	78100	84400	90200	101000	111000	0,034
85100	89700	101000	113000	119000	127000	143000	156000	0,039
109000	115000	129000	141000	152000	163000	182000	199000	0,043
136000	145000	162000	177000	192000	205000	229000	251000	0,049
220000	232000	260000	285000	308000	329000	368000	403000	0,057
294000	310000	347000	381000	411000	440000	492000	538000	0,064
368000	388000	434000	476000	514000	550000	615000	674000	0,070
452000	477000	533000	585000	632000	676000	755000	828000	0,076
547000	577000	645000	708000	764000	817000	913000	1000000	0,082
653000	688000	770000	843000	911000	975000	1090000	1190000	0,088
770000	812000	908000	994000	1070000	1150000	1290000	1410000	0,094
899000	948000	1060000	1160000	1250000	1340000	1500000	1640000	0,100
1040000	1100000	1230000	1350000	1450000	1550000	1740000	1900000	0,106
1169000	1229000	1369000	1509000	1629000	1739000	1950000	2130000	0,113
1389000	1459000	1639000	1789000	1939000	2059000	2320000	2540000	0,119
1769000	1859000	2089000	2279000	2459000	2639000	2950000	3230000	0,131
2199000	2319000	2589000	2839000	3069000	3279000	3669000	4020000	0,143
2729000	2889000	3219000	3529000	3819000	4079000	4559000	4990000	0,156
3339000	3519000	3939000	4319000	4659000	4979000	5569000	6100000	0,169
4598000	4838000	5419000	5939000	6409000	6849000	7659000	8389000	0,192
6167000	6508000	7268000	7969000	8609000	9199000	10300000	11300000	0,216
8118000	8548000	9558000	10500000	11300000	12100000	13500000	14800000	0,241
10200000	10700000	12000000	13200000	14200000	15200000	17000000	18600000	0,264
12900000	13600000	15200000	16600000	18000000	19200000	21500000	23500000	0,290

Rohr-durch-messer in m	Mögliche stündlich zu fördernde Wärmemenge in WE bei einem Druck-							
	2	3	4	6	8	10	12	14
0,011	20	40	70	140	240	360	500	630
0,014	50	110	170	380	630	910	1200	1500
0,020	200	500	780	1600	2400	3300	4000	4700
0,025	500	1200	1800	3900	5000	6900	7700	8800
0,034	1900	3800	5700	9800	13200	16100	18700	20900
0,039	3200	6400	9200	15000	19800	23800	27200	30200
0,043	4700	9000	12700	20100	26200	31000	35300	39100
0,049	7600	11500	17100	26400	33800	39900	45200	49900
0,057	14100	24400	32200	46200	57700	66900	75000	82200
0,064	21200	35300	45700	64200	78800	90800	102000	110000
0,070	28800	46600	59600	82300	99500	115000	128000	140000
0,076	37800	59600	75300	103000	125000	142000	158000	172000
0,082	48500	74300	93500	126000	152000	173000	192000	209000
0,088	60500	92200	114000	153000	182000	208000	230000	251000
0,094	75000	110000	137000	181000	216000	246000	273000	296000
0,100	91000	132000	163000	213000	254000	288000	320000	348000
0,106	108000	156000	191000	249000	295000	333000	370000	402000
0,113	124000	177000	215000	280000	333000	376000	415000	452000
0,119	154000	216000	260000	337000	398000	450000	496000	538000
0,131	203000	279000	337000	431000	508000	574000	632000	686000
0,143	261000	354000	424000	541000	635000	717000	790000	856000
0,156	334000	447000	533000	777000	793000	894000	984000	1067000
0,169	409000	554000	657000	830000	973000	1090000	1204000	1306000
0,192	593000	774000	915000	1153000	1342000	1508000	1661000	1794000
0,216	813000	1054000	1237000	1548000	1809000	2035000	2229000	2412000
0,241	1093000	1395000	1640000	2043000	2385000	2682000	2937000	3180000
0,264	1381000	1767000	2074000	2579000	3001000	3369000	3695000	3998000
0,290	1778000	2258000	2636000	3274000	3798000	4266000	4682000	5056000

Rohr-durchmesser in m	35	40	45	50	55	60	70	80
0,011	1800	2000	2200	2400	2500	2700	2900	3200
0,014	3500	3900	4200	4500	4800	5000	5500	5900
0,020	9300	10000	10800	11400	12100	12700	13800	13800
0,025	16600	17900	19100	20300	21400	22400	24300	26000
0,034	36600	39300	41900	43300	46700	48700	52900	56600
0,039	51800	55700	59300	62700	65900	68900	74700	79900
0,043	67400	71400	75900	80200	84300	88100	95400	102000
0,049	83900	90100	95900	101000	106000	112000	120000	129000
0,057	136000	145000	154000	164000	171000	179000	194000	207000
0,064	182000	196000	207000	218000	230000	240000	259000	277000
0,070	228000	244000	259000	273000	286000	300000	324000	347000
0,076	279000	300000	318000	336000	352000	368000	399000	426000
0,082	339000	363000	386000	406000	426000	446000	482000	516000
0,088	405000	433000	460000	485000	509000	532000	576000	615000
0,094	478000	511000	543000	573000	601000	628000	678000	726000
0,100	558000	597000	633000	669000	702000	733000	792000	847000
0,106	645000	691000	733000	773000	812000	848000	916000	980000
0,113	725000	776000	823000	868000	912000	952000	1028000	1098000
0,119	863000	924000	980000	1037000	1087000	1138000	1228000	1308000
0,131	1096000	1176000	1247000	1317000	1377000	1437000	1558000	1668100
0,143	1365000	1466000	1556000	1637000	1717000	1797000	1938000	2078000
0,156	1705000	1825000	1936000	2036000	2137000	2227000	2407000	2578000
0,169	2074000	2225000	2356000	2486000	2606000	2727000	2947000	3147000
0,192	2864000	3054000	3245000	3426000	3596000	3746000	4047000	4327000
0,216	3843000	4114000	4354000	4595000	4815000	5036000	5436000	5817000
0,241	5052000	5403000	5734000	6044000	6335000	6625000	7156000	7646000
0,264	6341000	6782000	7203000	7594000	7964000	8315000	8986000	9606000
0,290	8030000	8582000	9113000	9603000	10090000	10590000	11400000	12100000

abfalle des Dampfes vom Kessel auf das laufende Meter in kg/qm von:

16	18	20	22	24	26	28	30	Rohr-durchmesser in m
770	900	1000	1100	1200	1400	1500	1600	0,011
1700	2000	2200	2400	2600	2800	3000	3200	0,014
5200	5800	6300	6800	7200	7700	8000	8400	0,020
9800	10700	11600	12400	13100	13800	14400	15100	0,025
22900	24700	26400	28000	29500	30900	32200	33500	0,034
32900	35400	37800	40000	42000	44000	45800	47700	0,039
42400	45700	48600	51400	54000	56500	58800	61100	0,043
54100	58000	61700	65100	68400	71500	74400	77300	0,049
88800	94900	101000	106000	111000	116000	120000	126000	0,057
119000	128000	135000	142000	149000	156000	162000	167000	0,064
151000	160000	170000	179000	188000	195000	204000	210000	0,070
185000	198000	209000	220000	230000	241000	250000	259000	0,076
225000	240000	253000	267000	279000	290000	302000	314000	0,082
269000	287000	303000	318000	333000	347000	361000	374000	0,088
318000	339000	358000	376000	393000	410000	426000	441000	0,094
372000	396000	419000	440000	460000	480000	498000	516000	0,100
431000	458000	485000	509000	533000	555000	567000	597000	0,106
485000	515000	544000	572000	597000	623000	647000	670000	0,113
577000	614000	648000	681000	712000	742000	771000	798000	0,119
735000	781000	826000	867000	907000	944000	980000	1015000	0,131
917000	975000	1032000	1082000	1133000	1174000	1224000	1264000	0,143
1139000	1210000	1281000	1342000	1402000	1463000	1523000	1574000	0,156
1398000	1489000	1570000	1641000	1712000	1793000	1853000	1924000	0,169
1926000	2047000	2159000	2260000	2371000	2461000	2552000	2643000	0,192
2584000	2746000	2897000	3039000	3179000	3310000	3431000	3552000	0,216
3402000	3614000	3816000	3987000	4178000	4349000	4520000	4681000	0,241
4281000	4543000	4785000	5026000	5247000	5468000	5679000	5880000	0,264
5419000	5751000	6063000	6355000	6646000	6917000	7178000	7429000	0,290

90	100	125	150	175	200	250	300	
3400	3600	4100	4500	4900	5300	5900	6500	0,011
6400	6700	7600	8400	9100	9700	10900	12000	0,014
15800	16700	18800	20600	22300	23900	26700	29300	0,020
27700	29200	32800	36000	39000	41700	46800	51200	0,025
60200	63400	71100	78000	87300	90200	101000	111000	0,034
84900	89600	101000	113000	119000	128000	143000	156000	0,039
108000	114000	129000	141000	152000	163000	182000	199000	0,043
137000	144000	161000	178000	192000	205000	229000	251000	0,049
220000	232000	259000	285000	308000	329000	368000	403000	0,057
294000	310000	346000	380000	411000	440000	491000	538000	0,064
368000	388000	434000	475000	513000	550000	615000	674000	0,070
452000	477000	533000	585000	631000	676000	755000	828000	0,076
547000	577000	645000	707000	763000	817000	913000	1000000	0,082
653000	688000	769000	843000	911000	973000	1090000	1190000	0,088
770000	812000	907000	994000	1079000	1149000	1290000	1410000	0,094
899000	948000	1059000	1159000	1259000	1339000	1500000	1640000	0,100
1040000	1099000	1229000	1339000	1449000	1549000	1739000	1900000	0,106
1169000	1229000	1379000	1509000	1629000	1739000	1949000	2130000	0,113
1388000	1459000	1639000	1799000	1939000	2069000	2319000	2540000	0,119
1768000	1858000	2089000	2279000	2459000	2639000	2949000	3230000	0,131
2198000	2318000	2589000	2839000	3069000	3279000	3669000	4019000	0,143
2728000	2888000	3219000	3529000	3819000	4079000	4559000	4989000	0,156
3338000	3518000	3938000	4319000	4659000	4979000	5569000	6099000	0,169
4598000	4848000	5418000	5938000	6409000	6849000	7659000	8389000	0,192
6167000	6507000	7268000	7968000	8608000	9199000	10300000	11300000	0,216
8107000	8547000	9568000	10500000	11300000	12100000	13500000	14800000	0,241
10200000	10800000	12000000	13200000	14200000	15200000	17000000	18600000	0,264
12900000	13600000	15200000	16600000	18000000	19200000	21500000	23500000	0,290

Hilfstabelle zur Berechnung der Rohrweiten für Dampfheizung.

Rohrdurchmesser		Außenfläche eines meters $(D\pi)$ in qm	$5200\,D$	$1100\,D$	$\dfrac{10000}{(111{,}9\,d)^4}$	$\dfrac{10000}{(2550\,d)^4}$	$\dfrac{10000}{(2330\,d)^4}$	$(100\,d)^5$	$\dfrac{1000\,000\,000}{(1000\,d)^5}$
innerer d	äußerer D								
A. Muffenrohr.									
0,011	0,016	0,0503	83	18	4356,23	0,0162	0,0232	1,61	6211
0,014	0,020	0,0628	104	22	1660,22	0,00616	0,00884	5,38	1859
0,020	0,026	0,0817	135	29	398,62	0,00145	0,00208	32,00	312,5
0,025	0,033	0,1037	172	36	163,27	0,000606	0,000869	97,66	102,4
0,034	0,042	0,1320	218	46	47,73	0,000177	0,000254	454,35	22,0
0,039	0,048	0,1508	250	53	27,57	0,0001020	0,000146	902,24	11,08
0,043	0,052	0,1634	270	57	18,66	0,0000692	0,0000993	1470,08	6,80
0,049	0,059	0,1854	307	65	11,06	0,0000410	0,0000588	2824,75	3,54
0,065	0,076	0,2388	395	84	3,57	0,0000133	0,0000191	11602,90	0,862
B. Flanschenrohr.									
0,057	0,063	0,1979	322	69	6,042	0,00002240	0,0000321	6017	1,661
0,064	0,070	0,2199	364	77	3,802	0,00001410	0,0000202	10737	0,931
0,070	0,076	0,2388	395	84	2,656	0,00000985	0,0000141	16807	0,594
0,076	0,083	0,2608	432	91	1,912	0,00000709	0,0000102	25355	0,394
0,082	0,089	0,2796	463	98	1,411	0,00000523	0,00000750	37074	0,269
0,088	0,095	0,2985	494	105	1,064	0,00000394	0,00000565	52773	0,189
0,094	0,102	0,3204	530	112	0,817	0,00000303	0,00000435	73390	0,136
0,100	0,108	0,3393	562	119	0,638	0,00000237	0,00000340	100000	0,100
0,106	0,114	0,3581	593	125	0,505	0,00000187	0,00000268	133823	0,0747
0,113	0,121	0,3801	629	133	0,391	0,00000145	0,00000208	184244	0,0543
0,119	0,127	0,3990	660	140	0,318	0,00000118	0,00000169	238635	0,0419
0,131	0,140	0,4398	728	154	0,217	0,000000803	0,000001154	385794	0,0259
0,143	0,152	0,4775	790	167	0,153	0,000000550	0,000000790	597974	0,0167
0,156	0,165	0,5184	858	182	0,110	0,000000399	0,000000573	923897	0,0108
0,169	0,178	0,5592	926	196	0,078	0,000000290	0,000000417	1378585	0,00725
0,192	0,203	0,6377	1056	223	0,047	0,000000174	0,000000250	2609193	0,00383
0,216	0,229	0,7194	1191	252	0,029	0,000000109	0,000000156	4701852	0,00213
0,241	0,254	0,7980	1321	279	0,019	0,000000070	0,000000101	8129888	0,00123
0,264	0,279	0,8765	1451	307	0,013	0,000000049	0,000000070	12823855	0,00078
0,290	**0,305**	0,9582	1586	336	0,009	0,000000033	0,000000048	20511149	0,00049

Durchmesser der Niederschlagswasserleitungen.

Durchmesser in m	Trockene Leitungen		Nasse Leitungen		
	horizontal	vertikal	horizontal oder vertikal		
			$l \leqq 50$ m	$l > 50$ u. < 100 m	$l > 100$ m
d	Die für Bildung des Niederschlagswassers dem Dampf entzogene Wärmemenge in WE				
1	2	3	4	5	6
0,014	4000	6000	28000	18000	8000
0,020	15000	22000	70000	45000	25000
0,025	28000	42000	125000	80000	40000
0,034	68000	100000	270000	175000	85000
0,039	104000	155000	375000	250000	115000
0,043	150000	225000	470000	320000	150000
0,049	215000	320000	650000	440000	215000
0,057	315000	470000	950000	620000	315000
0,064	425000	635000	1250000	850000	425000
0,070	500000	750000	1500000	1050000	500000
0,076	600000	900000	1850000	1250000	600000
0,082	750000	1120000	2250000	1500000	750000
0,088	900000	1350000	2650000	1800000	900000
0,094	1100000	1650000	3100000	2000000	1100000
0,100	1250000	1850000	3500000	2400000	1250000

Anmerkung. Die Heizkörperverschlüsse sind nicht unter $d = 0,014$ m zu nehmen.

Die Durchmesser der bei nassen Leitungen erforderlichen Luftleitungen sind nach Spalte 4 zu wählen.

l bedeutet in der Tabelle die Länge der Rohrleitung des untersten und vom Kessel am entferntesten gelegenen Heizkörpers in m.

Tafel 1.

Klappen und Schieber.

Figur 1. Vorderansicht einer Jalousieklappe. Querschnitt links zeigt die Konstruktion einer von selbst zufallenden, Querschnitt rechts die einer von selbst auffallenden Jalousieklappe.

„ **2. Jalousieklappe in einem mit der Wandfläche glatten Rahmen.** Gitter und Klappe sind zwecks Reinigens des Luftkanals türartig zu öffnen.

„ **3. Jalousieklappe mit radial angeordneten Lamellen.** (Janeck & Vetter.)

„ **4. Drosselklappe** zum Einsetzen in Kanäle.

„ **5. Horizontalschieber.**

„ **6. Vertikalschieber.**

„ **7. Drehschieber mit Kegelgehäuse.** Zweck des letzteren ist, den freien Querschnitt für den Luftdurchlaß nicht kleiner als den des Gitters zu erhalten.

„ **8. Absperrklappe mit paralleler Plattenverschiebung** (Rud. Otto Meyer).

„ **9. Tellerluftventil.**

Tafel 2.

Luftentnahme, Filter.

Figur 1. Überdachte Luftentnahme an der Außenwand eines Gebäudes

„ **2.** desgl. von allen Seiten frei.

„ **3.** Luftentnahme durch ein Kellerfenster.

„ **4.** Anordnung von Staubfängern.

„ **5.** desgl. Die Luft gleitet an den in Winkelform nebeneinander aufgestellten Filtertüchern vorbei. Der von der Luft mitgeführte Staub bleibt zum großen Teil an der rauhen Oberfläche des Filterstoffes haften. (David Grove.)

„ **6.** Anordnung eines Stoffilters.

„ **7.** desgl. Das Filter besteht aus einzelnen herausnehmbaren Taschen, deren jede über einem aus spanischem Rohr hergestellten Rahmen gezogen ist. Der Rahmen hat die Gestalt eines dreiseitigen Prismas. Die genaue Konstruktion des Filters würde in der Größe der Figur nicht deutlich erscheinen, weswegen die Taschen als ganzes Filtertuch, über oben und unten liegende Stäbe gehend, dargestellt sind. (Th. Möller.)

„ **8.** Wattefilter. Die Watte wird zwischen die Drahtgewebe a und b eingebettet.

„ **9.** Filter mit Holzwolle, Koksschüttung usw.

EXTRA
MATERIALS
extras.springer.com

Tafel 3.

Befeuchtungseinrichtungen.

Figur 1. Dämpfer. Ein an ein Dampfrohr angeschlossenes, trichterförmiges, oben und unten mit einem Siebe verschlossenes Gefäß. Der Zwischenraum zwischen den Sieben wird mit Kieselsteinen, Glaskugeln usw. ausgefüllt.

„ **2. Wasserverdunstungsgefäß mit unveränderlicher Wasseroberfläche.** *a a* Röhren zum Luftdurchlasse und Vergrößerung der Wärmfläche. *b b* Rohrzüge des unter dem Gefäße liegenden Heizkörpers. *c* Fülltrichter mit Wasserstandsglas.

„ **3. Wasserverdunstungsgefäß auf einem Radiator** (Nationale Radiator Gesellschaft m. b. H.).

„ **4. Wasserverdunstungsgefäß mit Luftleitblechen.** Die vom Heizapparate abströmende Luft wird durch Leitbleche über die Wasseroberfläche hinweggeführt, um eine lebhaftere Verdunstung des Wassers zu erzielen. (Rud. Otto Meyer.)

„ **5. Wasserverdunstungsgefäß mit veränderlicher Wasseroberfläche.** Die Verdunstung erfolgt durch die Wärme des darunter liegenden Heizapparats.

„ **6. Wasserverdunstungsgefäß mit veränderlicher Wasseroberfläche.** Die Veränderlichkeit der Wasseroberfläche wird durch den dreieckigen Querschnitt des Gefäßes bedingt. Am Kopfende drehbarer Wasserstandsanzeiger *a*; je nach seiner Stellung bestimmt sich der Wasserstand im Gefäße; *b* Fangtrichter für abfließendes Wasser. Die Verdunstung erfolgt durch die Wärme des darunter liegenden Heizapparats.

„ **7. Wasserverdunstungsgefäß mit einliegender Dampfspirale.** Je nach Höhe des Wasserstandes steht mehr oder weniger Wasser mit der Fläche der Dampfrohrleitung *a* in Berührung. Der Wasserstand wird durch den Schwimmerkugelhahn *b* beliebig regelbar erhalten. *c* Dampfleitungsrohr, *d* Niederschlagswasserrohr. (Emil Kelling.)

„ **8. Wasserzerstäuber.** *a* Verdunstungsgefäß und Fangschale für abtropfendes Wasser. *b* Wasserrohr mit aufgeschraubten und mit Nadelbohrung versehenen Düsen *c c*. *d d* Flächen, gegen die das Wasser spritzt und infolgedessen zerstäubt. Die Verdunstung des Wassers erfolgt durch die Wärme des darunter liegenden Heizapparats.

Tafel 4.

Mischeinrichtungen für warme und kalte Luft. Erwärmung der Abluft und Zuluft.

Figur 1 und 2. Verschiedene Anordnungen zum Mischen von warmer mit kalter Luft.

„ **3.** Heizkammer mit darüber liegender Mischkammer. *a* Heizkammer, *b* Mischkammer, *c* Frischluftkanal, *d* bewegliches durch Vorgelege *e* in verschiedene Lagen zu stellendes Luftrohr, *f* beweglicher Hut über dem Luftrohre zum Ablenken der ausströmenden Luft und Verschließen der Luftrohrmündung. Bei der in der Figur gegebenen Stellung des Rohres tritt sowohl warme als auch kalte Luft in die Mischkammer. Wird der Hut auf das Rohr herabgesenkt, so kann nur warme Luft in die Mischkammer treten. Bei angehobenem Rohre wird der Luftaustritt aus der Heizkammer verschlossen, es gelangt alsdann nur Frischluft in die Mischkammer.

„ **4.** Lüftungslaterne zur Erwärmung der Abluft und gleichzeitigen Beleuchtung des Raumes.

„ **5.** Erwärmung der Abluft durch die Wärme der abziehenden Rauchgase einer Feuerungsanlage. *a* Schornstein, *b b* Luftkanäle, *c c* eiserne, mit Rippen versehene Wangen.

„ **6.** desgl. durch einen eisernen Ofen.

„ **7.** desgl. durch die Wärme der abziehenden Rauchgase einer Feuerungsanlage. Die Feuergase werden durch ein gußeisernes im Luftschachte liegendes Rohr abgeleitet.

„ **8.** desgl. durch Dampf- oder Warmwasserheizkörper. Durch die angebrachte Tür ist der Heizkörper zugänglich und seine Reinigung möglich.

„ **9.** Erwärmung der Zuluft durch einen glasummantelten Dampf- oder Wasserheizkörper. Im Kanal befindet sich ein Regelungsschieber für Einstellen der zu fördernden Luft.

Tafel 5.

Preßköpfe und Sauger.

Figur 1. Beweglicher nach der Windrichtung einzustellender Preßkopf, hauptsächlich auf Schiffen gebräuchlich (nach Angabe des Verfassers).

„   2. desgl.

„   3. desgl. (Nordd. Lloyd).

„   4. desgl. (nach Angabe des Verfassers).

„   5. desgl. (Nordd. Lloyd).

„   6. Feststehender Sauger (Wolpert).

„   7. desgl. (Boyle).

„   8. Beweglicher nach der Windrichtung einzustellender Sauger, hauptsächlich auf Schiffen gebräuchlich (Nordd. Lloyd).

„   9. desgl. (Nordd. Lloyd).

„ 10. Feststehender Sauger (John).

„ 11. desgl. (John).

„ 12. desgl. (John).

„ 13. desgl. (Grove).

„ 14. desgl. (verbesserter Potsdamer Sauger).

„ 15. desgl. „Äolus“. Der Sauger ist oben offen, Ableitung des Regenwassers durch das seitliche Rohr (Platner und Müller).

„ 16. Zweiarmiger Kreuzsauger.

„ 17. Feststehender Sauger (Astfalck).

„ 18. desgl. (Deutsche Tonröhrenfabrik).

„ 19. Beweglicher Sauger (John).

„ 20. desgl. (Howorth).

Additional material from *Leitfaden zum Berechnen und Entwerfen von Lüftungs- und Heizungs-Anlagen*,

ISBN 978-3-662-00256-8 (978-3-662-00256-8_OSFO5),

is available at http://extras.springer.com

Tafel 6.

Strahlapparate und Ventilatoren.

Figur 1. **Wasserstrahlapparat.** Je nach Benutzung der einen oder anderen Düse *a* kann der Apparat zum Einpressen oder Absaugen von Luft benutzt werden. *b* Wasserzuflußrohr, *c* Wasserabflußrohr. (Lutzner & Gumtow.)

„ 2. **Dampfstrahlapparat** (Gebr. Körting, Akt.-Ges.).

„ 3. **Schraubenventilator mit Wasserbetrieb** („Aerophor"). *a* sägeförmiges Rädchen, gegen das von *b* aus ein Wasserstrahl geführt wird, infolgedessen Bewegung der stehenden Welle mit Schraubenventilator *c*. Abfluß des Wassers durch *e* oder, falls dieser durch Hahn verschlossen wird, durch Löcher im Trichter *d* in die darunter befindlichen sich ebenfalls drehenden Fangschalen, von denen es gegen die Wand geschleudert wird und zerstäubt, Abfluß alsdann durch *g*. Außer der Luftbeförderung ist es also möglich, die Luft anzufeuchten. (Treutler & Schwarz.)

„ 4. **Schraubenventilator mit Wasserbetrieb** („Kosmosventilator"). *c* Ventilator, an dessen Peripherie ein sägeförmiger Kranz *b* sich befindet; gegen letzteren strömt durch *a* ein Wasserstrahl. (Schäffer & Walcker, Akt.-Ges.)

„ 5. **Schleudergebläse.** *a* Schaufeln. (Peltzer.)

„ 6. **Schraubenventilator für Riemenantrieb.** *a* Ventilatorschaufeln, *b* Gehäuse zur Verringerung des Luftwiderstandes beim Durchströmen durch den Ventilator, *c* Riemenscheibe. (Heger.)

„ 7. **Schraubenventilator für Riemenbetrieb.** *a* Ventilatorflügel, *b* Riemenscheibe.

EXTRA
MATERIALS
extras.springer.com

Tafel 7.

Ventilato.

Figur 1. **Elektrisch angetriebener Zentrifugalventilator.** *a* Elektromotor, *b* Ventilatorschaufeln, *c* Ventilatorgehäuse. (Siemens - Schuckert - Werke, G. m. b. H.)

„ 2. **„Sirocco“-Zentrifugalventilator für Riemenantrieb.** *a* Riemenscheibe, *b* Ventilatorschaufeln, *c* Ventilatorgehäuse. (White, Child & Beney.)

„ 3. **Doppel-Blackman-Ventilator für Riemenantrieb.** *a* Riemenscheibe, *b* Ventilatorflügel. (James W. Blackburn.)

„ 4. **Blackman-Ventilator für Riemenantrieb.** *a* Riemenscheibe, *b* Ventilatorflügel. (James W. Blackburn.)

„ 5. **„Sirocco“-Propeller-Ventilator für elektrischen Antrieb.** *a* Elektromotor, *b* Ventilatorflügel. (White, Child & Beney.)

„ 6. **Elektrisch angetriebener Fächerventilator zur Bewegung der Raumluft, an der Decke hängend.** *a* Elektromotor, *b* Fächer. (Allgemeine Elektrizitäts - Gesellschaft.)

„ 7. **Elektrisch angetriebener Schraubenventilator vor einer Luftausblaseöffnung.** *a* Elektromotor, *b* Schraubenflügel. (Allgemeine Elektrizitäts - Gesellschaft.)

Additional material from *Leitfaden zum Berechnen und Entwerfen von Lüftungs- und Heizungs-Anlagen*,

ISBN 978-3-662-00256-8 (978-3-662-00256-8_OSFO7),
is available at http://extras.springer.com

Tafel 8.

Schematische Anordnungen der Lüftungsanlagen.

Figur 1. Schematische Darstellung der Anordnung einer Lüftungsanlage mittels Temperaturdifferenz. a Einströmungskanal der Luft, b Staubkammer, c Heizapparat, d Austrittsöffnung der warmen Luft, e Mischklappe (bei den meisten Ausführungen wird d und e fortgelassen), ff Abströmungsöffnungen der warmen Luft, gg Mündungen der Luftkanäle zum beliebigen Einlassen von unerwärmter Luft, h zweiter Lufteintritt für kalte Luft.

„ **2. Schematische Darstellung der Anordnung einer Pulsionslüftungsanlage.** a Einströmungskanal der Luft, b Staubkammer, c Filter, d Ventilator, e Vorwärmekammer, f Mischklappe, g Wasch- und Befeuchtungsraum (e, f, g werden nur selten angeordnet), h Heizapparat, i Mischklappe, k Mischkammer (wenn e, f, g wegfallen, findet die Befeuchtung der Luft über h oder in k statt), l Verteilungskanal der warmen Luft, m Verteilungskanal kalter Luft zum nachträglichen beliebigen Mischen erwärmter mit unerwärmter Luft für jeden Einzelkanal (Kanal m wird meist nicht ausgeführt).

„ **3, 4, 5 u. 6. Schematische Darstellung der in der Praxis gebräuchlichen Kanalführungen** für die einzelnen Räume.

Additional material from *Leitfaden zum Berechnen und Entwerfen von Lüftungs- und Heizungs-Anlagen*,
ISBN 978-3-662-00256-8 (978-3-662-00256-8_OSFO8),
is available at http://extras.springer.com

Tafel 9.

Öfen.

Die glatten Pfeile zeigen die Bewegung der Luft, die gefiederten die der Rauchgase.

Figur 1. Gewöhnlicher Kamin.

„   2. **Kamin** nach Douglas Galton.

„   3. **Kanonenofen.**

„   4. **desgl.** nach Leras.

„   5. **Eremitagenofen.**

„   6. „Regulierofen" von Geisler.

„   7. **desgl.** (Eisenwerk Lauchhammer).

„   8. **desgl.** von Wolff (H. C. Havemann).

„   9. **desgl.** von Meidinger (Eisenwerk Kaiserslautern).

„ 10. „Ventilations-Regulierofen" (Eisenwerk Lauchhammer).

„ 11. „Zimmer-Schachtofen" (Eisenwerk Kaiserslautern).

„ 12. „Irischer" Ofen.

„ 13. „Patent-Germanen"-Ofen (Oscar Winter).

„ 14. „Doppel-Mantel- Öfen, Patent Germanen" (Oscar Winter).

„ 15. „Cadé"-Ofen.

„ 16. **Amerikanischer Ofen** (Crown Jewel) von Perry.

„ 17. „Universal-Kamin" von Lönholdt.

„ 18. **Schüttofen** von Lönholdt.

„ 19. „Berliner Ofen".

„ 20. „Russischer Ofen" (in runder Form: schwedischer Ofen).

Additional material from *Leitfaden zum Berechnen und Entwerfen von Lüftungs- und Heizungs-Anlagen*,

ISBN 978-3-662-00256-8 (978-3-662-00256-8_OSFO9),
is available at http://extras.springer.com

Tafel 10.

Öfen.

Die glatten Pfeile zeigen die Bewegung der Luft, die gefiederten die der Rauchgase.

Figur 1. „**Berliner Ofen**" mit Wärmeröhre.

„   **2.** **Kachelofen** mit gußeisernem Feuerkasten.

„   **3.** **desgl.** mit Kamin.

„   **4.** „**Regulier-Kachelofen**" von Silwar.

„   **5.** **Kachelofen** mit gußeisernem Einsatze.

„   **6.** **desgl.** mit Ventilationsvorrichtung von Wickel.

„   **7.** **Gasofen** von Kutscher.

„   **8.** **Karlsruher Schul-Gasofen.**

„   **9.** **Gasofen** (Central-Werkstatt, Dessau).

„ **10.** **desgl.** (Houben Sohn Carl, Akt.-Ges.).

„ **11.** **desgl.** (Junkers & Co.).

„ **12.** **desgl.** (Junkers & Co.).

Tafel 11.

Schmiedeeiserne Warmwasserheizkessel.

Figur 1. **Röhrenkessel** von Heine.
„ 2. **Schüttkessel** (Rietschel & Henneberg, G. m. b. H.).
„ 3. **desgl.** (Schäffer & Walcker, Akt.-Ges.).
„ 4. **desgl.** (Rud. Otto Meyer).
„ 5. **desgl.** sog. Stahlrohrkessel (Herm. Liebau).

Tafel 12.

Gußeiserne Warmwasserheizkessel.

Figur 1. Gußeiserner Gliederkessel von J. Strebel (Strebelwerk G. m. b. H.).

„ 2. desgl. (Gebr. Sulzer).

„ 3. desgl. (B. Oelrichs).

„ 4. desgl. (Fritz Kaeferle).

„ 5. desgl. (Lollar-Kessel, Buderussche Eisenwerke).

„ 6. Dom-Top-Kessel.

„ 7. Strebel-Kleinkessel (Strebelwerk G. m. b. H.).

Tafel 13.

Gußeiserne Gliederkessel.

Figur 1. Gliederkessel mit Schrägrost für Braunkohlenfeuerung.

„ **2. Strebel-Catenakessel.** Der Kessel zeigt mehrere Roste nebeneinander.

Verbrennungsregler für Warmwasserheizkessel.

Die Wirkungsweise der abgebildeten Verbrennungsregler ist allgemein folgende:

Durch die Rohre a strömt das warme Wasser und bewirkt je nach seiner Temperatur eine verschiedene Ausdehnung. Die Stäbe b werden nicht von dem warmen Wasser beeinflußt. Die durch das gemeinsame Zusammenwirken der Rohre a und Stäbe b bei verschiedenen Wassertemperaturen entstehenden Längenunterschiede werden auf den Hebel c übertragen, wodurch sein Ausschlag und damit die Regelung des Luftzutritts zur Feuerung bewirkt wird. Durch die bedeutende Übersetzung auf die zur Regelung der Luftzuführung bestimmten Klappen rufen die kleinsten Temperaturschwankungen im Kessel eine zuverlässige Bemessung der Verbrennungsluft hervor.

Figur 3. Verbrennungsregler (Walz & Windscheid).

„ **4. desgl. (Rud. Otto Meyer).**

„ **5. desgl. (Rietschel & Henneberg, G. m. b. H.).**

„ **6. desgl. (Johannes Haag, Akt.-Ges.).**

„ **7. desgl. (E. Angrick).**

EXTRA
MATERIALS
extras.springer.com

Tafel 14.

Heizkörper für Wasser und Dampf.

Figur 1. **Gußeiserner mit Rippen versehener Heizkörper** (Rippenregister).

„ 2. **desgl.** (Gebr. Körting, Akt.-Ges.).

„ 3. **Rippenrohrheizkörper** mit nicht ineinandergreifenden Rippen.

„ 4. **desgl.** mit ineinandergreifenden Rippen. Auf den Heizkörper ist eine Verdunstungsschale gesetzt.

„ 5. **Radiator** (Käuffer & Co.) mit durch Rippen hergestellter Heizfläche.

„ 6. **Zusammengesetzter gußeiserner Rippenheizkörper** (Batterieheizkörper) mit Wasserzuführung von unten (Eisenwerk Kaiserslautern).

„ 7. **Gußeiserner Plattenheizkörper,** Rückwand mit Rippen, drehbar zu Zwecken des Reinigens von Staub (Rietschel & Henneberg, G. m. b. H.).

„ 8. **desgl.,** jedoch nicht drehbar.

„ 9 bis 12. **Ein-, zwei-, drei- und viersäulige Radiatoren** (Nationale Radiator-Gesellschaft m. b. H.).

„ 13. **Konische Rechts- und Linksnippelverbindung** zu vorstehenden Radiatoren.

„ 14. **Horizontales Rippenrohr.**

„ 15. **Horizontaler gußeiserner mit Rippen versehener Heizkörper.**

„ 16. **Radiator.** Elemente flach aneinander gereiht (Gebr. Sulzer).

„ 17. **Radiator mit Anschlüssen am Mittelglied** (Rietschel & Henneberg, G. m. b. H.).

„ 18. **Schmiedeeiserner Plattenheizkörper.**

Additional material from *Leitfaden zum Berechnen und Entwerfen von Lüftungs- und Heizungs-Anlagen*,

ISBN 978-3-662-00256-8 (978-3-662-00256-8_OSFO14),

is available at http://extras.springer.com

Tafel 15.

Heizkörper für Wasser und Dampf, Ausdehnungsgefäße.

Figur 1. **Schmiedeeiserner Säulenofen.**

„   2. **desgl.** mit einem inneren Luftrohre.

„   3. **desgl.** mit mehreren inneren Luftröhren.

„   4. **Schmiedeeiserner Rohrheizkörper.** Stehendes einreihiges Rohr-
register (Johannes Haag, Akt.-Ges.).

„   5. **desgl.** (Doppelrohrregister).

„   6. **desgl.** Liegendes einreihiges Rohrregister mit geteilten End-
kasten zwecks bequemer Ausdehnung der Rohre (Rietschel
& Henneberg, G. m. b. H.).

„   7. **desgl.** Liegendes zweireihiges Rohrregister (Johannes Haag,
Akt.-Ges.).

„   8. **desgl.** (Rohrspirale).

„   9. **desgl.** (Standrohr).

„   10. **Ausdehnungsgefäß für Niederdruck-Warmwasserheizung.**

„   11. **Druck- und Saugeventil für Mitteldruck-Warmwasserheizung.**

„   12. **Ausdehnungstrommel (Windkessel) für Mitteldruck-Warmwasser-
heizung.** Bei Offenhalten des Hahnes der Luftleitung arbeitet
die Anlage als Niederdruck-Warmwasserheizung.

Tafel 16.

Heizkörper in Luftheizkammern.

Figur 1. Röhrenkessel für Lufterwärmung. Die Luft durchstreicht die Heizrohre, um die sich Dampf bzw. warmes Wasser befindet.

„ **2. Heizkörper nach dem Sturtevant-System.**

„ **3. Anordnung schräg gegeneinander gestellter Radiatoren zur Lufterwärmung.** Seitlich gegen Luftauslaß durch Bleche abzuschließen.

„ **4. Sturtevant - Luftvorwärmer** (Sturtevant-Ventilatoren-Fabrik). *a* Dampfeintritt, *b* Niederschlagswasserableitung. Der Apparat kann durch Hintereinanderschaltung mehrerer der abgebildeten Rohrreihen mit verschiedenen Heizflächengrößen ausgeführt werden.

„ **5. „Lamellen-Calorifer" für Heizung, Lüftung und Kühlung** (Junkers & Co.). Der Apparat eignet sich besonders für lokale Luftvorwärmung oder Kühlung; er läßt sich bequem in dem betreffenden Raum unterbringen. Bei Heizbetrieb: Hähne *a b* geöffnet, *c d* geschlossen. *e* Dampf, *f* Niederschlagswasser. Bei Kühlbetrieb: Hähne *a b* geschlossen, *c d* geöffnet. *g* Kühlwassereintritt, *h* Kühlwasseraustritt, *i* Ventilator, *k* Regelungsklappe, nach deren jeweiligen Einstellung frische von außen entnommene Luft oder die Raumluft oder eine Mischung beider den Apparat durchströmt.

Tafel 17.

Heizkörperverkleidungen, Ventile.

Figur 1. Anordnung eines Heizkörpers in einer Fensternische zur Erwärmung von Frischluft. Die Anordnung sichert zugfreie Einführung der Außenluft.

„ **2, 3 u. 4. Anordnung von Heizkörpern mit Verkleidung in Fensternischen.** Bei Fig. 4 wird der Zug an den kalten Fenstern in wirksamer Weise aufgefangen und durch Erwärmung am Heizkörper unschädlich gemacht.

„ **5. Anordnung eines Heizkörpers in einer Fensternische zur Erwärmung von Frischluft** (Rud. Otto Meyer). Die Stellvorrichtung für die Klappe ist zwischen den Gliedern eines Radiators befestigt.

„ **6. Strangventil für Warmwasserheizung.** Der am Ventil angebrachte Hahn dient bei dem oberen Ventil als Belüftungs-, bei dem unteren Ventil als Entwässerungshahn.

„ **7. Dreiwegregulierhahn für Schnellstrom- (Pumpen-) Heizungen** (Buschbeck & Hebenstreit).

„ **8. Regulierventil** (Buschbeck & Hebenstreit).

„ **9. Regulierhahn** (Schaeffer & Oehlmann).

„ **10. desgl.** (Janeck & Vetter).

„ **11. Schieber mit zweiteiligem Dichtungskeil** (A. Werneburg & Co.). Durch Anbringung eines Hahnes kann der Schieber wie Strangventil Fig. 6 Verwendung finden.

„ **12. Regulierventil „Exakt"** (Schaeffer & Oehlmann).

„ **13. Schieberventil.**

„ **14. Regulierhahn** (Johannes Haag, Akt.-Ges.).

„ **15. desgl.** (Metallwerk Terna).

„ **16. Regulierventil** (Rietschel & Henneberg, G. m. b. H.).

„ **17. Regulierhahn** (Rietschel & Henneberg, G. m. b. H.).

„ **18. desgl.** (Rud. Otto Meyer).

EXTRA
MATERIALS
extras.springer.com

Tafel 18.

Temperaturregler.

Figur 1. Selbsttätiger Temperaturregler „Temperator“, System Clorius (G. A. Schultze). *a* Wärmeaufnahmekörper mit Ausdehnungsflüssigkeit (luftfreies Öl); *b* dünnes starkwandiges Kupferrohr zur Übertragung der Ausdehnung des Öls, mit luftfreiem Wasser gefüllt; *c* Ausdehnungskörper, ebenfalls mit luftfreiem Wasser gefüllt, besteht aus einem starkwandigen Paragummischlauch, der sich infolge der ihn dicht umschließenden Ringe nur in seiner Längsrichtung ausdehnen kann. Das durch Temperaturzunahme vergrößerte Volumen der Flüssigkeit in *a* wird durch *b* nach *c* übertragen. Hierdurch findet bei der dann eintretenden Verlängerung des Gummischlauches eine Schließbewegung des Ventils statt. Die genaue Einstellung der gewünschten Temperatur erfolgt durch die Stellschraube *d*. *c* ist eine Pufferfeder, die die etwa nach Abschluß des Ventils stattfindende weitere Ausdehnung des Schlauches aufnimmt.

„ **2. Selbsttätiger Temperaturregler.** System Brabbée-Fuess (R. Fuess). *a* Wärmeaufnahmekörper, *b* dünnes starkwandiges Kupferrohr zur Übertragung der Ausdehnung, *c* Ausdehnungskörper aus Membranen bestehend. *a*, *b* und *c* sind mit einer alkoholischen Flüssigkeit gefüllt. Die Wirkungsweise dieses Reglers ist die gleiche wie bei Fig. 1.

„ **3. Selbsttätiger Temperaturregler „Thermostat“, System Johnson** (Gesellschaft für selbsttätige Temperaturregelung, G. m. b. H.). *a* Eintritt von Druckluft. Diese hält, solange als das Hebelventil *b* geschlossen ist, durch Ausbauchung der Membrane *c* und das mit ihr in Verbindung stehende Hebelwerk das Ventil *e* geschlossen. Bei Öffnen des Hebelventils *b* entweicht Druckluft durch die bis dahin von ihm verschlossene Öffnung und durch die hierdurch erfolgende Entlastung der Membrane öffnet sich das Ventil *d*. Die Druckluft strömt nun durch *e* nach dem an sich geöffneten Heizkörperventil (Fig. 5) und schließt es. Betätigt werden die Ventile durch die aus zwei verschiedenen Metallen bestehende Feder *f*, deren freie Spitze sich bei Unterschreitung der gewünschten Raumtemperatur nach rückwärts bewegt und das Hebelventil zur Schlußwirkung bringt, bei Überschreiten der gewünschten Raumtemperatur nach vorwärts bewegt und das Hebelventil öffnet. Die Einstellung der gewünschten Raumtemperatur wird durch die mit Zeigerwerk versehene Stellschraube *g* bewirkt.

Tafel 19.

Heißwasserheizung.

Figur 1, 2, 3 u. 4. Verschiedene Konstruktionen von Heißwasserheizöfen (Fig. 3 von Fischer & Stiehl).

„   5. Schutzvorrichtung der Wände beim Durchgange von Heizröhren.

„   6. Ausdehnungsgefäß mit Druck- (a) und Saugeventil (b).

„   7. Durchpumphahn. Die angegebene Stellung ist die während des Durchpumpens von Wasser. Für den Betrieb wird Hebel b in die punktierte Lage gebracht und durch das Querstück c festgestellt, die Öffnungen d und e werden durch Verschlußmuffen geschlossen.

„   8. Konstruktion der Dichtung von Heißwasserröhren.

„   9. Lagerungshaken für Heißwasserheizröhren.

„ 10. Dreiwegehahn zur Änderung der Wasserlaufrichtung.

„ 11. Anordnung des Dreiwegehahnes und einer an der Wand liegenden flachen Wärmeschlange.

„ 12. Anordnung von Ausdehnungsröhren. Die Röhren $a\,a$ von einer der Größe des Systems entsprechenden Länge sind bis zur Oberkante des Stutzens b mit Wasser gefüllt. Bei einem erforderlichen Nachfüllen werden die Verschlußmuffen von den Stutzen b und c entfernt und durch ersteren das Wasser zugelassen. Bei größeren Systemen werden 3, 4 und mehr Ausdehnungsröhren $a\,a$ in ähnlicher Weise miteinander verbunden.

EXTRA
MATERIALS
extras.springer.com

Tafel 20.

Wasserabscheider, Kompensatoren, Niederschlagswasserableiter.

Figur 1, 2, 3 u. 4. **Wasserabscheider für Dampfleitungen.** Fig. 3 von Fritz Kaeferle, Fig. 4 nach Angabe des Verfassers.

„ 5. **Bogenkompensator.**

„ 6. **Posthornkompensator.**

„ 7. **Selbsttätiges Ent- und Belüftungsventil** (Jaeger, Rothe & Nachtigall, G. m. b. H.). Die leichtschmelzende Legierung a wird nach Entlüftung der Dampfleitung durch den dann entströmenden Dampf flüssig. Das Ventil kann alsdann durch den Dampfdruck selbsttätig abschließen. Bei abgeschlossener Dampfleitung fällt das Ventil zurück und wird durch die erstarrende Legierung festgehalten.

„ 8. **Selbsttätiges Belüftungsventil mit Gewichtsbelastung.**

„ 9. **Selbsttätiges Belüftungsventil mit Federbelastung.**

„ 10. **Metallschlauchkompensator** (Metallschlauchfabrik Pforzheim G. m. b. H.).

„ 11. **Entlasteter Durchgangskompensator** (Franz Seiffert & Co., Akt.-Ges.).

„ 12. **Entlasteter Eckkugelgelenkkompensator** (Franz Seiffert & Co., Akt.-Ges.).

„ 13. **Stopfbüchsenkompensator.**

„ 14. **Niederschlagswasserableiter mit Rohrfeder** (Jaeger, Rothe & Nachtigall, G. m. b. H.). Tritt der Dampf in das Gehäuse, so dehnt sich die mit einer Ausdehnungsflüssigkeit gefüllte Rohrfeder a aus und drückt den Absperrkonus b auf seinen Sitz.

„ 15. **Niederschlagswasserableiter mit Umgang und Zwillingsventil** (Dicker & Werneburg). Der Schwimmer a schließt das Ventil b gegen den Austritt. Sobald das Wasser in den Schwimmer läuft, so sinkt dieser, öffnet das Ventil und der Dampfdruck treibt das Wasser durch c nach der Abflußleitung. Ist das Wasser herausgedrückt, so hebt sich der Schwimmer und schließt das Ventil. Die Umgehung d wird beim Anlassen der Dampfleitung bzw. bei Schadhaftwerden des Ableiters geöffnet.

„ 16. **desgl.** (Jaeger, Rothe & Nachtigall, G. m. b. H.). Die Wirkung beruht auf demselben Prinzip wie Fig. 15. Beim Anlassen wird der Kegel d geöffnet.

EXTRA
MATERIALS
extras.springer.com

Tafel 21.

Dampfdruckreduzierventile, Dampfzumischapparate.

Figur 1 u. 2. Dampfdruckreduzierventile. Zweck der Reduzierventile ist, auf der Austrittsseite stets den gleichen einmal eingestellten Druck zu erhalten. Wird der Druck in a größer, so schließt das Ventil infolge größeren Druckunterschiedes zwischen a und b. b steht mit der Atmosphäre in Verbindung. Eine Veränderung des Druckes wird durch Verschiebung der Hebelgewichte bewirkt.

„ **3. desgl.** (Chr. Salzmann). Wird der Druck in a größer, so wird der durch Quecksilber unten abgeschlossene Kolben b gehoben und der Dampfdurchgang gedrosselt. Veränderung des Druckes durch Vergrößerung oder Verkleinerung des Hebelgewichtes.

„ **4. desgl.** (Fritz Kaeferle). Wird der Druck in a größer, so tritt Quecksilber von b nach c über. Das Querschnittsverhältnis des Quecksilberspiegels in b gegenüber c bedingt bei geringsten Druckschwankungen eine Auf- oder Abwärtsbewegung des eisernen Schwimmers d, wodurch die Regelung des Ventils e bewirkt wird. Veränderung des Druckes durch Verschieben des Gefäßes c.

„ **5. desgl.** (Jaeger, Rothe & Nachtigall, G. m. b. H.). Die Wirkung ist die gleiche wie Fig. 3. Statt des Kolbens ist hier jedoch eine konische Ledermanschette angewendet.

„ **6. desgl.** (Gebr. Poensgen, Akt.-Ges.). Wird der Druck in a größer, so wird der leicht bewegliche durch Gewicht belastete Kolben b gehoben und der Dampfdurchgang gedrosselt. Veränderung des Druckes durch Vergrößerung oder Verkleinerung des den Kolben belastenden Gewichts.

„ **7. desgl.** (Gebr. Körting, Akt.-Ges.). Die Wirkung ist die gleiche wie bei Fig. 1 und 2.

„ **8. Dampfzumischapparat** (C. F. Scheer & Cie.). Dampfzumischapparate finden bei Abdampfheizung Anwendung. Ist zuviel Abdampf vorhanden, so entweicht der überschüssige Dampf durch das sich öffnende Ausblaserohr; bei zu wenig Abdampf wird selbsttätig Frischdampf zugemischt. a Abdampfeintritt, bb Doppelkolben mit Federbelastung, c Abdampfaustritt, d Frischdampfzumischventil. Bei steigendem Druck wird der Doppelkolben gehoben und läßt den überschüssigen Abdampf durch c entweichen. Vermindert sich der Druck infolge Mangels von Abdampf, so sinkt der Doppelkolben und öffnet die Frischdampfzumischung. Veränderung des Druckes durch Verstellung der oberen Feder.

„ **9. desgl.** (Chr. Salzmann). Die Wirkungsweise ist die gleiche wie Fig. 8. Es werden die Doppelventile b durch den Kolben c gesteuert. d ist das Zumischventil und wirkt wie das Reduzierventil Fig. 3.

Tafel 22.

Dampfentöler, Rückspeiser, Schnellschlußventil, Rohrlagerung.

Figur 1. **Abdampfentöler** (Hoffmannswerk G. m. b. H.). Das im Abdampfe enthaltene Öl wird in der Spirale *a* durch Zentrifugalkraft ausgeschieden. Das Sieb *b* und die Rippen *c* fangen die etwa noch vorhandenen Ölteilchen auf.

„ 2. **desgl.** (F. C. Scheer & Cie.). Der Dampf wird hier durch die Stoßflächen *a* entölt.

„ 3. **Rückspeiser** (H. Krantz). Das Niederschlagswasser tritt bei *a* ein, steigt über den Rand des Schwimmers *b* und bringt ihn zum Sinken. Hierdurch wird der Drehschieber *c* geöffnet, der Kesseldampf tritt ein und das Wasser fließt durch *d* von dem hochstehenden Rückspeiser in den Kessel zurück.

„ 4. **Rückspeiser,** „System Stegmann" (Armaturen & Maschinenfabrik Akt.-Ges. vorm. J. A. Hilpert). Die Wirkung ist die gleiche wie Fig. 3.

„ 5. **Schnellschlußventil** (Schäffer & Budenberg, G. m. b. H.). Zum plötzlichen Ausschalten einer Dampfleitung in Fällen der Gefahr z. B. in Fernkanälen. Durch — von jeder Stelle des Kanals aus zu betätigende — elektrische Kontakte wird ein elektrischer Strom geschlossen. Der Elektromagnet klinkt den Gewichtshebel aus, wodurch ein Abschluß des Ventils stattfindet.

„ 6. **Kugellager für Fernleitungen** (Rietschel & Henneberg, G. m. b. H.).

„ 7. **desgl.** (Rud. Otto Meyer).

„ 8. **desgl.** (Rietschel & Henneberg, G. m. b. H.).

„ 9. **Rollenlager.**

„ 10. **desgl.** (Käuffer & Co.).

„ 11. **Festschelle für Fernleitungen** (Rietschel & Henneberg, G. m. b. H.).

„ 12. **Bandeisenaufhängung für Rohrleitungen.**

„ 13. **Rohrlager mit Kugelspitze** (Rud. Otto Meyer).

„ 14. **Fußbodenschelle für Rohrleitungen.**

EXTRA
MATERIALS
extras.springer.com

Tafel 23.

Schmiedeeiserne Niederdruckdampfkessel.

Figur 1. **Liegender Röhrenkessel** (Rud. Otto Meyer).

„ 2. **desgl.** ohne Einmauerung (Johannes Haag, Akt.-Ges.).

„ 3. **Stehender Röhrenkessel** ohne Einmauerung (Gebr. Sulzer).

„ 4. **Rauchverhütende Regulierschüttfeuerung** (J. A. Topf & Söhne) für Handbeschickung an einem Flammrohrkessel. *a* Brennstoffvorrat, *b* Einlaßschieber, *c* Regulierschieber, *d* Treppenrost, *e* Verstellvorrichtung.

„ 5. **Liegender Röhrenkessel mit Schachtrost** (Gebr. Körting, Akt.-Ges.).

Tafel 24.

Gußeiserne Niederdruckdampfkessel.

Figur 1 u. 2. **Gußeiserner Gliederkessel** von J. Strebel (Strebelwerk
      G. m. b. H.).

  „   3. desgl. (Lollar Kessel, Buderussche Eisenwerke).

  „   4. desgl. (B. Oelrichs).

  „   5. desgl. (Eisenwerk Kaiserslautern).

  „   6. desgl. (Fritz Kaeferle).

Tafel 25.

Verbrennungsregler für Niederdruckdampfkessel.

Figur 1. Verbrennungsregler (Rietschel & Henneberg, G. m. b. H.). Der von a kommende Dampfdruck des Kessels drückt unter die Membrane b. Durch das Gewicht c wird der gewünschte Dampfdruck eingestellt. Bei Überschreiten des Druckes hebt die Membrane den Hebel d, so daß Abschluß des Luftzutritts zur Feuerung stattfindet.

„ **2. desgl.** (Rud. Otto Meyer). Wirkung wie Fig. 1. e ist eine Signalpfeife für Anzeige zu hohen Dampfdruckes.

„ **3. desgl.** (Fritz Kaeferle). Von a tritt der Dampfdruck unter die mit ihrem unteren Rand in Quecksilber tauchende Glocke b. Durch das Gewicht c wird der gewünschte Dampfdruck eingestellt. Bei Überschreiten des Druckes hebt die Glocke den Hebel d, so daß Abschluß des Luftzutritts zur Feuerung stattfindet. e Wasserstandsglas.

„ **4. desgl., verbunden mit Standrohreinrichtung** (Westfälische Apparate - Vertriebsgesellschaft m. b. H.). Durch den Dampfdruck wird das im Standrohr a befindliche Wasser hochgedrückt und durch dieses der Kupferschwimmer b bewegt. Wird der Dampfdruck zu hoch, so hebt sich der Schwimmer, bis Abschluß des Luftzutritts zur Feuerung stattfindet. Der gewünschte Dampfdruck wird mit Hilfe einer Skala durch Verlängerung oder Verkürzung der Kette c eingestellt. d führt zu einer Nebenluftklappe, die nach Abschluß der Feuerung Luft in den Schornstein einläßt.

„ **5. desgl.** (Gebr. Körting, Akt. - Ges.). Durch den Dampfdruck wird das Wasser im Standrohr a hochgedrückt. Der massive Schwimmer b erfährt dabei eine Gewichtsverminderung, so daß das Gewicht c die Klappen dd zur Feuerung schließen kann. Der gewünschte Dampfdruck wird durch Verschieben des Gewichts c eingestellt. e ist ein schwerer Schwimmer, der bei Wassermangel im Kessel ebenfalls Abschluß der Verbrennungsluft zur Feuerung bewirkt. f ist ein Manometer.

„ **6. desgl.** (Käuffer & Co.). Durch den Dampfdruck wird das Wasser im Standrohr a hochgedrückt. Der Wasserspiegel regelt gegen die feste Wand b den Luftzutritt zur Feuerung.

„ **7. desgl.** (Dicker & Werneburg). Die Wirkungsweise ist die gleiche wie bei Fig. 6. Die Höhe des gewünschten Dampfdruckes wird durch Veränderung der Höhenstellung der Glocke b bewirkt. cc ist die Stellvorrichtung.

„ **8. desgl.** (David Grove). Die Wirkungsweise ist die gleiche wie bei Fig. 1 und 2. Bei weiterer Zunahme des Dampfdruckes drückt die Stange e auf die Platte f, hebt dadurch das Tellerventil g, so daß Luft durch den Kanal h in den Schornstein strömt.

Tafel 26.

Standrohre, Dampfstauer, Heizkörper mit Luftumwälzung, selbsttätiges Kondenswasserventil für Vakuumheizung.

Figur 1. Standrohranordnung (Rud. Otto Meyer). An das Dampfrohr des Kessels schließt sich das U-förmig gestaltete, mit Wasser gefüllte Standrohr ab an. Entsprechend dem Dampfdrucke wird das Wasser in b hochgedrückt und fließt bei Überschreiten des Dampfdruckes nach dem Gefäß c, so daß der Dampf durch d ins Freie abströmen kann. Da das Rohr e mit seiner Unterkante etwas kürzer ist als das eigentliche Standrohr ab, so wird durch e schon ein vorzeitiges Entweichen des Dampfes eintreten und meistens das Hauptstandrohr nicht in Tätigkeit kommen. Hierdurch wird der sonst bedeutende Wasserverlust beim Abblasen des Standrohres vermieden.

„ **2. desgl.** (Eisenwerk Kaiserslautern). Die Wirkungsweise ist die gleiche wie bei Fig. 1. Das ins Gefäß a gedrückte Wasser fließt bei Verringerung des Dampfdruckes wieder durch b ins Standrohr c zurück.

„ **3. desgl.** (Fritz Kaeferle). ab Standrohr, c Sicherheitsventil, das etwas früher abbläst, als das Wasser aus dem Standrohr austreten kann, um auch hier den Wasserverlust beim Abblasen des Standrohres zu vermeiden, d Signalpfeife, ertönt vor Erreichung des höchsten Dampfdruckes vor dem Abblasen.

„ **4. Dampfstauer** (Gebr. Poensgen, Akt.-Ges.). Der Zylinderhahn a hat eine feine Öffnung b, die nur so groß ist, daß nur Niederschlagswasser aus ihr abfließen kann, während der Dampf im Heizkörper verbleibt. Eine kleine Öffnung c läßt die Luft des Heizkörpers entweichen. Etwa sich ansammelnde Unreinigkeiten werden durch die Schraube d bzw. durch Drehung des Hahnes a um 90°, bei der alsdann ein größerer Durchgang frei wird, entfernt.

„ **5. desgl.** (Rud. Otto Meyer). Bei Vorhandensein von Niederschlagswasser hebt sich der Schwimmer a, so daß es durch die dann frei werdende Öffnung am Kugelventil b abfließen kann. Die Kugel c am Entlüftungsrohre d schließt dieses ab, sobald Dampf in den Stauer eintritt. Nach Abstellung des Heizkörpers geht c zurück und findet dann wirksame Belüftung des Heizkörpers statt.

„ **6. desgl.** (Westfälische Apparate - Vertriebsgesellschaft m. b. H.). Die Wirkungsweise ist die gleiche wie Fig. 24, Tafel 20.

Tafel 28.
Dampfwasserheizung, Feuer-Luftheizapparate.

Figur 1. Dampfwasserheizkörper (Rietschel & Henneberg, G. m. b. H.). *a* Wasserraum, *b* geschlossenes Dampfrohr, in das durch Rohr *c* Dampf eintritt, *d* Kiesfüllung zur Verhütung des Geräusches beim Ausströmen des Dampfes.

„ **2. desgl.** (Gebr. Sulzer). *a* Wasserraum, *b* Dampfeintrittsrohr, *c* selbsttätiges Luftauslaßventil, *d* Dampfröhren zur Erwärmung des Wassers, *e* Niederschlagswasserableitungsrohr.

„ **3. desgl.** (Johannes Haag, Akt.-Ges.). *a* Wasserraum, *b* Dampfrohr zur Erwärmung des Wassers, *c* Niederschlagswasserableitungsrohr.

„ **4. desgl.** (Eisenwerk Kaiserslautern). *a* Wasserraum, *b* Dampfraum.

„ **5. desgl.** (Rietschel & Henneberg, G. m. b. H.). *a* Dampfrohr zur Erwärmung des im Heizkörper befindlichen Wassers. Wird das Ventil *b* geöffnet, so fließt das Wasser aus dem Heizkörper ab, der alsdann zum gewöhnlichen Dampfheizkörper wird. Nach Schluß des Ventils *b* sammelt sich das Kondenswasser im Heizkörper wieder an.

„ **6. Feuer-Luftheizapparat** (H. Kori). Der Apparat ist als Zellenheizofen für Arrestanstalten, Gefängnisse usw. dargestellt.

„ **7. desgl.** (Käuffer & Co.).

„ **8. desgl.** (Rietschel & Henneberg, G. m. b. H.).

Additional material from *Leitfaden zum Berechnen und Entwerfen von Lüftungs- und Heizungs-Anlagen* ,

ISBN 978-3-662-00256-8 (978-3-662-00256-8_OSFO26),

is available at http://extras.springer.com

Tafel 27.

Dampfwarmwasserheizung.

Figur 1. Dampfwarmwasserkessel, verbunden mit Feuerbetrieb (Fischer & Stiehl).

„ 2. Dampfwarmwasserkessel mit herausziehbaren Heizschlangen (Rietschel & Henneberg, G. m. b. H.).

„ 3. Düsenapparat zum geräuschlosen Erwärmen von Wasser durch direkten Eintritt von Dampf.

„ 4. desgl. (Gebr. Körting, Akt.-Ges.).

„ 5. Dampfwarmwasserkessel (Gegenstromapparat) (Hoffmanns-werk).

„ 6. desgl. (Gegenstromapparat für liegende Anordnung) (H. Schaff-staedt).

„ 7. Wärmeregler für Dampfwarmwasserkessel (Rud. Otto Meyer). Die Röhren, durch die, von e nach f fließend, das Wasser strömt, erfahren infolge der Erwärmung und der starren Verbindung durch eine Zugstange eine der Temperatur des Wassers entsprechende Ausbauchung, die sich auf den Hebel c und durch die Zugstange d auf die Stellung des Dampfventils überträgt und somit den Dampfdurchgang in gewünschter Weise drosselt.

„ 8. Dampfwarmwasserkessel (Gegenstromapparat für stehende An-ordnung) (H. Schaffstaedt).

„ 9. Vorrichtung zur Aufspeicherung von Wärme bei einer Dampf-warmwasserheizung (Rud. Otto Meyer). a ist der Dampf-warmwasserkessel mit selbsttätigem Regelungsventil b, c der Wärmeaufspeicherer. Durch Ventile kann das Wasser des letzteren nach Belieben mit in Umlauf gesetzt, zur Erwärmung gebracht und zur Einhaltung der gewünschten Wassertem-peratur im Heizsystem auch nach Absperren des Dampfes herangezogen werden.

Additional material from *Leitfaden zum Berechnen und Entwerfen von Lüftungs- und Heizungs-Anlagen*,

ISBN 978-3-662-00256-8 (978-3-662-00256-8_OSFO27),
is available at http://extras.springer.com

Additional material from *Leitfaden zum Berechnen und Entwerfen von Lüftungs- und Heizungs-Anlagen* ,

ISBN 978-3-662-00256-8 (978-3-662-00256-8_OSFO28),
is available at http://extras.springer.com

Tafel 29.

Feuer-Luftheizapparate.

Figur 1. Feuer-Luftheizapparat (Käuffer & Co.).

„   2 u. 3. desgl. (Joh. Sturm).

„   4. desgl. (Käuffer & Co.).

„   5. desgl. (Eisenwerk Kaiserslautern).

Additional material from *Leitfaden zum Berechnen und Entwerfen von Lüftungs- und Heizungs-Anlagen*,
ISBN 978-3-662-00256-8 (978-3-662-00256-8_OSFO29),
is available at http://extras.springer.com

Tafel 30.

Feuer-Luftheizapparate.

Figur 1. Feuer-Luftheizapparat (Rietschel & Henneberg, G. m. b. H.).
„   2. desgl. (Emil Kelling).

Additional material from *Leitfaden zum Berechnen und Entwerfen von Lüftungs- und Heizungs-Anlagen*,

ISBN 978-3-662-00256-8 (978-3-662-00256-8_OSFO31),
is available at http://extras.springer.com

Tafel 32.

Feuer-Luftheizapparate.

Figur 1. Feuer-Luftheizapparat (Schäffer & Walcker, Akt-Ges.).
„   2. desgl. (H. Kori).

———————

Additional material from *Leitfaden zum Berechnen und Entwerfen von Lüftungs- und Heizungs-Anlagen* ,

ISBN 978-3-662-00256-8 (978-3-662-00256-8_OSFO32),
is available at http://extras.springer.com

Tafel 33.

Feuer-Luftheizapparate.

Figur 1. Feuer-Luftheizapparat (Gebr. Körting, Akt.-Ges.)
„ 2. desgl. (Käuffer & Co.).
„ 3. desgl. (Eisenwerk Kaiserslautern).
„ 4. desgl. (Jungfer).